U0382837

社会科学哲学译丛　　殷杰　主编

本书受教育部重点研究基地山西大学科学技术哲学研究中心、
山西省"1331 工程"重点学科建设计划资助

进化 2.0
达尔文主义在哲学、
社会科学和自然科学中的意义

〔英〕马丁 · 布林克沃思〔Martin Brinkworth〕
〔英〕弗里德尔 · 韦纳特（Friedel Weinert）　　○主编

赵　斌○译

科　学　出　版　社

北　京

图字：01-2016-7485 号

图书在版编目（CIP）数据

进化2.0：达尔文主义在哲学、社会科学和自然科学中的意义 /
（英）马丁·布林克沃思（Martin Brinkworth），（英）弗里德
尔·韦纳特（Friedel Weinert）主编；赵斌译.—北京：科学出版
社，2018.9
（社会科学哲学译丛）
书名原文：Evolution 2.0: Implications of Darwinism in Philosophy
and the Scial and Natural Sciences
ISBN 978-7-03-058912-5

Ⅰ.①进… Ⅱ.①马… ②弗… ③赵… Ⅲ.①达尔文学说-研究
Ⅳ.①Q111.2

中国版本图书馆CIP数据核字（2018）第217810号

丛书策划：侯俊琳　牛　玲　邹　聪
责任编辑：牛　玲　张翠霞 / 责任校对：邹慧卿
责任印制：张欣秀 / 封面设计：有道文化

编辑部电话：010-64035853
E-Mail：houjunlin@mail.sciencep.com

科 学 出 版 社 出版
北京东黄城根北街 16 号
邮政编码：100717
http://www.sciencep.com

北京虎彩文化传播有限公司 印刷
科学出版社发行　各地新华书店经销
*

2018 年 9 月第　一　版　开本：720×1000　B5
2019 年 1 月第二次印刷　印张：21 3/4
字数：348 000
定价：108.00 元
（如有印装质量问题，我社负责调换）

总　序

　　社会科学是以社会现象及人的群体行为为研究对象的科学，其所从事的是对人类社会进行理性的、系统的研究；而社会科学哲学则是对社会科学的逻辑、方法和说明模式进行研究的学科，并以社会科学实践的理性重建为基本旨趣。实质上，二者之间呈现出科学与哲学的内在关系。作为人类知识的两种不同形态，自科学脱胎于哲学伊始，其与哲学就不分轩轾，但科学往往以其革命性的动力推动着哲学的发展甚至转向，科学发现为哲学困惑提供了新的出路，同时也使哲学面临着新的问题。

　　一方面，社会科学哲学的发展，从社会科学和自然科学的发展中获得了新的动力，这也是面向科学实践的社会科学哲学发展的基本路径。作为社会科学较为成熟的分支学科，经济学所描述的是，凸显社会状态而非物理状态的人类行为，其方法论被逐步扩展到政治学、社会学、人类学等其他社会科学当中，并且成为社会科学的普遍方法论，比如，理性选择理论依然是当今社会科学哲学所关注的热点之一。自社会学从哲学中分离出来之后，实证方法业已成为社会科学研究的基本方法，由此也开启了社会科学研究的实证主义哲学思潮，当然，实证主义在哲学中的兴盛与当时科学方法论的成功密切相关。时至今日，一系列科学新成果的出现，不断引发社会科学的深刻变化，特别是，人类学与社会学、心理学与认知科学之间的学科交叉发展愈益明显，这更有利于社会科学的"科学性"建设，也有助于社会科学哲学传统问题的实质性求解。比如，用互惠利他理论可以细化囚徒困境的说明，用竞争学习理论来说明跨文化异同，以认知科学中的联结主义来研究社会实践中的"共享"现象，等等。由此，可以看出，社会科学哲学正逐步"参与"到社会科学中来。

另一方面，从本质上讲，作为一种对科学进行的反思性实践活动，社会科学哲学就是要对社会理论的所有内容从根本上进行哲学层面的考察，进而寻找到各种理论性和纲领性的思想。作为哲学学科的分支，社会科学哲学的具体形态必然与一定时期的哲学形态相关联。在当代社会科学哲学中，无论是实证主义到后实证主义的相继出现，还是大陆社会科学哲学与英美社会科学哲学的区分，都与其所在的哲学传统有关。此外，社会科学哲学的历史发展，恰恰是哲学与社会科学互动的历史，也是社会科学不断通过自己的理论和实践表达，阐释和建立自己学科特征的历史。虽然当今社会科学有自觉摆脱哲学形而上瓜葛的倾向，但是社会中价值等规范性现象的合理性，却难以完全依靠经验事实来说明，诸如此类的问题，客观上就要求引入哲学的反思，这就使得社会科学哲学与哲学的发展总是同步进行的。20世纪相继发生于社会科学哲学中的逻辑转向、语言转向、历史-文化转向和知识转向便印证了这一观念。

综上可见，不能孤立地理解社会科学哲学的发展，因为如果仅按流派来描述其发展理路，则有许多具体的焦点问题得不到应有的关注，这些问题恰恰是哲学与社会科学实践最直接相关、理论最中肯的地方。然而，如果只以具体问题的求解来呈现社会科学哲学现实状况，则有可能在整体语境的缺失下，难以周延问题的全部方面。因此，对于社会科学哲学整体研究的概观性图景的把握，就需要将二者统一起来，点线面结合，同时关注问题的历时性与共时性，这也是社会科学哲学的特殊性为研究者提出的根本要求。

　　国外社会科学哲学研究可谓方兴未艾。当前的社会科学哲学不能仅仅被视为科学哲学的分支，而是呈现出一种对社会研究实践进行反思的元理论研究。这是一种以社会科学的独立学科建制为基本定位的观点，它把社会科学哲学的研究视为在社会科学本身中进行的事务。可以说，社会科学哲学新的理论定位，直接以具体社会科学的研究对象为目标，不只限于为社会科学提供哲学认识论和方法论意义上的普遍指导，而且更专注于反思社会科学学科当中的社会科学实践，以及寻求具体学科本身的普遍原则和理论。也就是说，社会科学哲学面向科学实践的发展路径正在成为主流。特别是，在当前科学社会学和科学、技术与社会（STS）研究的推动下，社会科学家有组织的社会行为、认知劳动的组织模式、研究者的社会责任、研究共同体的制度化等方面，也正成为社会科学哲学自我反思的重要内容，这也使得社会科学哲学的理论和实践价值得到前所未有的认同。

　　近30年来，国内社会科学哲学研究基本上在各个问题域都有所展开，但是总体上看：一方面，在具体问题研究方面有所深入，在研究范式的形成方面却尚在起步；另一方面，社会科学哲学研究所涵盖的领域并没有形成统一的理解。事实上，这两方面的问题是相互联系的，研究领域的模糊，致很难形成用以对话交流的明晰问题，于是也就难以形成所谓的范式。这个现状是国际性的，社会科学哲学近一个世纪的发展，其本身特质使研究触角无远弗届。以新康德哲学为代表的大陆社会科学哲学，通过其解释学、系谱学和批判理论传统几乎可横贯整个西方哲学史，特别是，自狄尔泰系统探索用"精神科学"来区分自然科学始，到韦伯时形成了比较成熟的解释主义的社会科学哲学理论。而以语言哲学为代表的英美社会科学哲学，则与分析哲学交织在一起，比如，温奇秉承了维特根斯坦的后期思想，将"语言维度"引入社会科学哲学的研究当中。此外，当前的社会科学哲学又不可避免地与认知哲学、心灵哲学等分支联系在一起。实际上，科学社会学、STS 在一定程度上也被认为是广义社会科学哲学的一部分。更为复杂的是，传统哲学分支中还包括社会哲学、政治哲学、法哲学等，这些哲学分支与相应的具体社会科学哲学关系的界定一直存有分歧。在此，需要特别指出的是，从当前学科建制上来看，社会科学哲学的研究"散落"在外国哲学、科学技术哲学、马克思主义哲学等学科领域当中。虽然这些领域都在研究社会科学哲学，但整体上缺乏一种具有统一性的研究范式，如此一来，各个领域的研究共同体就很难形成相应的学术认同感，由此也导致了学术规范的缺失，使得社会科学哲学也难以作为一门学科持续发展。

　　当然，我们迫切希望社会科学哲学成为一门学科，而不是以一种跨学科的、边缘化的研究状况来呈现，因为它有自己的核心问题，即社会科学的科学地位问题。社会科学哲学学科的建立将有助于其研究范式的形成，而范式的形成更需要学术积累与进步。从近 30 年国内社会科学哲学发展的状况来看，其积累有一定的成就，但是与研究范式的形成还有距离，至少在与该学科相关的学术资料特别国外学术资料方面的丰富程度还不够。因此，我们启动"社会科学哲学译丛"的初衷就是，致力于为社会科学哲学研究范式的建立做一些推动性的工作。事实上，只有对国际学术进展有深入细致的了解，并具备广阔的学术视野，才能建立起自己的合理的学术规范乃至学术话语格局，进而做出理论与实践层面的创新。本译丛总体上出于学科建设的需要，遴选代表西方社会科学哲学最新进展的优秀著作，突出学术观点间的异质性，反映一个时期观点间的对话与交锋，重点关注原创性的作品，同时在国内同行已做好的工作基础上，力求呈现社会科学哲学近半个世纪以来的发展图景，为其学科建设做一份厚实的基础性积累。这将是一项艰巨的任务，所以我们把本译丛设计成开放的体系，徐图渐进，以期虑熟谋审，争取力不劳而功倍。

　　本译丛的整体框架由四个部分组成。第一部分的内容以史为主，包括社会科学史、社会科学思想史和社会科学哲学史，如《社会科学的兴起 1642—1792》《1945 年以来的社会科学史》《社会科学的历史与哲学》。社会科学是社会科学哲学研究的对象，是哲学依赖的事实基础；社会科学发展的规律和本质的研究离不开对历史的审视与重构；社会科学思想史介于科学与哲学之间，是社会科学范式转换发展的呈现；社会科学哲学史是社会科学哲学教学与科研倚重的方面，一门学科的建立首先是其学科历史的建立，有史才有所谓的继承与发展，有史才有创新的基础。第二部分的内容体现为具体社会科学哲学，如《社会科学与复杂性：科学基础》《社会科学的对象》。当今社会科学的发展从深度上讲专业化程度越来越高，从广度上来看交叉发展是不可逆转的趋势，呈现出学科间协作解决问题的态势，学科间的大一统越来越不可能，学科间的整合则时有发生。因此，对社会科学的哲学批判与反思已不能完全是一种宏大叙事，而需要参与到具体社会科学中来。第三部分的内容聚焦于社会科学哲学专论，主要包括名家名著、专题文集、经典诠释等，旨在呈现某一时期学界关注焦点、学派特色理论、哲学家思想成就等，如《在社会科学中发现哲学》《卡尔·波普尔与社会科学》。第四部分的内容专注于与社会科学哲学相关的教材，如《社会科学哲学：导论》《社会科学哲学：社会思想的哲学基础》。教材建设是学科教学建设的重中之重，成熟教材的译介，为我们编写适合实际情况的教材提供了重要的参照。对此，我们从两个方面来展开：一是社会科学哲学通识课教材；二是其专业课教材。总之，本译丛的规划框架兼顾史论，点线面结合，从科研与教学两方面立意，以期能满足社会科学哲学研究范式建设在著作和教科书方面的需要。

　　山西大学科学技术哲学研究中心一直以积极的姿态推动中国科学技术哲学的学科建设，以促进中国科学技术哲学的繁荣与发展为己任，在译介西方哲学优秀成果方面形成了优良的学术传统、严谨的学术规范和强烈的学术责任感，曾做过大量而富有成效的工作，并且赢得了国内同行的广泛认可。21 世纪初我们陆续推出山西大学"科学技术哲学译丛"，2016 年我们组织翻译的大型工具书《爱思唯尔科学哲学手册》9 部 16 册已陆续出版发行。我们将一如既往地秉承传统、恪守规范、谨记责任，以期本译丛能够实质性地推动我国社会科学哲学的教学与科研迈上新的台阶。由于本次翻译工作时间紧迫，翻译和协调难度大，难免在某些方面会不尽如人意，我们诚盼学界同人不吝指教，共同推动这一领域学术研究的进步。

　　在译丛即将付梓之际，作为丛书的组织者，有许多发自肺腑的感谢之言。首先我谨向各著作的原作者致谢，他们的原创性的成果为我们提供了可珍鉴的资源；其次，感谢科学出版社科学人文分社侯俊琳社长，他的远见卓识和学术担当，保证了本译丛的成功策划和顺利出版，他为此付出了难以言表的辛劳；再次，感谢每一部书的责任编辑，他们专业高效的工作保证了译著能够以更好的质量呈现出来；最后，还要感谢诸位译者，他们克服种种困难，尽最大可能保质保量地顺利完成了翻译工作。总之，我希望我们的工作最终能够得到广大读者的认可，以绵薄之力推动国内社会科学哲学事业的蓬勃发展。

　　"哲学社会科学是人们认识世界、改造世界的重要工具，是推动历史发展和社会进步的重要力量，其发展水平反映了一个民族的思维能力、精神品格、文明素质，体现了一个国家的综合国力和国际竞争力。"[①]社会科学哲学是哲学，同时是社会科学发展必不可少的思想前提，为社会科学澄清基本概念，以理论模式提供合法化辩护的工具性手段等；社会科学哲学的繁荣必将有力推动社会科学的发展。社会科学哲学译丛的长远意义也正在于此，"安知不如微虫之为珊瑚与蠃蛤之积为巨石也"[②]。谨序。

殷　杰

2017 年 10 月 10 日于山西大学

[①] 习近平 . 2017-10-10.（新华网授权发布）在哲学社会科学工作座谈会上的讲话（全文）. http://news. xinhuanet.com/politics/2016-05/18/c_1118891128.htm.

[②] 蠃，通"螺"。出自：章太炎 . 1981. 译书公会叙 // 朱维铮，姜义华，等编注 . 章太炎选集 . 上海：上海人民出版社：36.

序

围绕达尔文主义的争论

2009 年，全世界不乏各种纪念达尔文（C.R.Darwin）的
会议。举办于北部城市布拉德福德（Bradford）的一场会议
在这个纪念性时刻显得恰如其分，并且作为会议论文集的这
部杰出书卷中收录的大部分论文都是首次发表。对于布拉德
福德来说，这里也是所有故事开始的地方。当然，这不是关
于达尔文如何发展他的进化思想的故事，也不是关于他以某
种方式撰写《基于自然选择的物种起源》（*On the Origin of
Species by Means of Natural Selection*）① 从而使得这些思想对
于科学界来说充满说服力的故事。在布拉德福德所开启的是
针对这些思想的意义进行的开创性分歧研究的传统。

对于当《物种起源》在 1859 年 11 月 24 日发表时达尔文
曾在城北的伊尔克利（Ilkley）村的情况，即便在当地也少有
记忆。11 月初达尔文在伊尔克利首次看到了印刷出版的《物
种起源》。"在我的孩子问世的时刻我感到无比欣喜与自豪。"
达尔文在写给位于伦敦的出版商约翰·默里（John Murray）
的书信中如此写道。驻留期间，在当地邮局的帮助下，达

v

---

① 简称《物种起源》——译者

尔文也开始了艰难的传道工作，或者就像他朋友们的玩笑之言，他开始让他的同伴们去堕入这种新的思想。迈克·迪克逊（Mike Dixon）和我曾在《达尔文在伊尔克利》（*Darwin in Ilkley*）一书中讲述了达尔文在此逗留的 9 周里所发生的全部故事 [1]。这里我只想概述一下达尔文在此重要时刻北上旅行的背景，并简要考察一下最初的部分争论，特别是与心灵的进化、进化中的目的和目的论问题，以及进化中的政治以及意识形态内容引发的棘手问题等。

在 1859 年的秋天，是什么让达尔文来到了伊尔克利？答案相当简单：他来这里进行水疗，或者说来这里接受广为人知的水疗法治疗。这曾是一种盛行的替代疗法。相信此疗法的患者需要忍受冷水浴、湿床单，大量饮用冷水，并结合以简单的食物以及户外漫步。1859 年年中的达尔文已经 50 岁了，并且他在成年后长期忍受着难解的病痛，从而迷恋上了各种疗法。对伊尔克利的造访是他在之前几个月为《物种起源》进行艰苦论证之后的放松之旅。他带着疲病的身躯于 1859 年 10 月 4 日抵达，12 月 7 日则带着轻松的心态离开。"白天大部分时间里，我漫游山丘并试图回归健康。"他在 11 月 30 日给作为牧师、博物学家以及文学家的查尔斯·金斯利（Charles Kingsley）的信中如此写道。并且在 12 月中旬回到肯特（Kent）郡后，他对他的兄弟伊拉斯谟（Erasmus）写道："在伊尔克利的后半段时光对我来说太好了。"

达尔文独自待在豪华的水疗院（现在变成了豪华公寓）有数周之久。其间他曾与他的妻子和孩子们一起居住在离水疗院不远的地方，那座建筑今天依然存在。他的全家于（1859 年）11 月 24 日，也就是《物种起源》出版的那天离开。

尽管达尔文打算在这里好好休息，但这本书一直放在他手边有 9 周之久。在伊尔克利他对书稿进行了最终的修改，并决定哪些人会获赠新书样本。甚至在出版后，他还做了一些微小但意义重大的改动。这些改动体现在《物种起源》1860 年 1 月发行的第二版中。同样也是在这里，他等待着科学界对他的书的评价。当然，这些评价包括许多报纸及杂志评论，以及来自新书样本获赠人的意见。但是没有什么意见能够比得上来自他的朋友兼导师查尔斯·赖尔爵士（Sir Charles Lyell）的看法，赖尔花了 1859 年的整个夏天阅读了该书的修正校稿。

达尔文在刚抵达伊尔克利后便开始与赖尔通信，其中涉及一场被认为十分深入且极其重要的辩论，达尔文在其书中也曾探讨过该问题。赖尔是英国 19 世纪最伟大的地质学家之一，他主张地球总是以一种缓慢方式发生变化，小规模原因导致的渐进的累积效应构成了今天可观察的变化：风、雨、地震等等。当达尔文还是在小猎犬号（Beagle）上游历的年轻人时，他就是个赖尔观点的支持者。在游历结束不久后，门徒身份发展为一种友谊。对于达尔文来说，赖尔高出其他博物学家一筹，他是达尔文的"大法官"。所以当达尔文向其致信时，赖尔的回应无论在个人层面还是策略层面显然都意义非凡。达尔文料想，有了赖尔的引领，其他人也将会追随。

在 1859 年的 10 月和 11 月期间，达尔文和赖尔信件互动频繁，并且其中记录了一场探索性的、广泛的并且不设限的关于达尔文在《物种起源》中各种观点的讨论。赖尔以一个好导师的身份，用各种方式对其进行鼓励和帮助。但是赖尔并不是个进化论者，所以达尔文在关于其进化理论的论证方面煞费苦心，其所强调的因渐进的累积效应过程而导致的可观察变化是典型的赖尔式理论。众所周知，自然选择使得我们不再需要假设上帝的存在，除非是假设谁创造了自然选择背后的自然法则。相反，对于赖尔来说，植物和动物物种从上至下的所有细节都是上帝的杰作。正如他在其《地质学原理（1830—1833 年）》[*Principles of Geology (1830—1833)*] 结尾处所写的那样："无论我们在什么方向上进行研究，身处什么样的时空，我们都可以发现他创造性智慧的证据，并见证他的远见、睿智以及力量。"

在伊尔克利期间，达尔文和赖尔通信中的一个议题在于，将上帝的知识以及远见置于公开化的讨论中继而引发的各种忧虑是进化论发展所面临的一个问题。在一次又一次给达尔文的信中，赖尔以不同的方式问道，基于自然选择的进化（evolution by natural selection，ENS）其自身是否可以满意地解释在过去的某一时期，一个星球何以可能被那些还不如美洲肺鱼（一种原始的南美洲鱼类）智慧的动物所占据，并最终支持这些动物变得像赖尔一样聪明。正如赖尔所赞赏的，自然选择是关于常规繁殖过程遭遇到常规生存斗争时的理论。但正如赖尔所疑问的，这不是从一个像鱼一样简单的物种向一个像人类一样极端复杂的物种的转变。要达到如此程度，对于它的解释是否必须涉及某种超越这些常规过程的东西？或许我们需要诉诸某些更为深层且非凡的原理——一种复杂化的原理，其过程从生命的初始便已编程。基于这种观点，进化并不是始于达尔文所认为的机遇以及无方向性的事件，而是逐渐展开或逐步实现的上帝的计划，随着人类的出现而达到最终目标——一种终极目的（telos）。

不用说，这种观点对达尔文主义者来说是个"诅咒"。他们将很高兴地看到，达尔文对于赖尔的回应没有让他们失望。接受自然选择作为从鱼到人转变的解释需要承认以下几点：①某些个体要比其他更为智慧；②至少某些智力上的变化是遗传的；③在生存斗争中变得更聪明是一种优势。若满足这些条件，达尔文认为它们便不再有限制，进而自然选择可以在智力上进行累积。正如达尔文为赖尔所总结的："最为智慧的个体被持续受到选择不存在任何困难，并且新物种的智力也会因此而得到提高……"

所以，不需要任何令人毛骨悚然的多余原理。但达尔文的读者们为他们的英雄欢呼还为时尚早，达尔文又继续向赖尔提供了有说服力的证据，证明自然选择的力量能够增加智力，并认为该过程现在也能观察到："对于人类不同种族，那些不够智慧的种族将会被淘汰掉……"这样的段落出现在达尔文的作品中，不论是公开场合还是私下里。这在 21 世纪总是让人听起来不舒服，也让人想要忽略它们。但作为纪念活动，应该提供场合不仅反映我们所赞同的达尔文方面，同时也应反映那些我们所发现的不正确甚至应当排斥的方面。

让我们继续讨论关于从鱼到人转变话题的信件。达尔文继续给出了达尔文主义者们为之欢呼的东西，一段强有力并能让人们充满热忱地肯定达尔文在科学中所进行的祛魅的陈述。他对赖尔写道："如果自然选择理论对于生命世系的任一阶段需要任何奇迹式的附加理论，那么对此我绝对无法给出任何结论……我觉得你最终要么拒斥全部要么承认全部。"在阅读接下来的段落时，这最后一行值得深思。从拉马克主义的达尔文主义化变化的可能性，到达尔文主义的医学前景，再到对于作为我们伙伴的动物的伦理对待问题等任何事物，都与此有关。对于达尔文，接受他的理论，要么全部，要么不要；要么全面与他保持一致，要么彻底反对他（赖尔从未完全承认人类也处于常规进化的图景中）。对于我们来说，在一个半世纪之后，是否应虔诚地笃信他的理论，是否全面地与他保持一致，依然是个开放的论题。并且，如果我们希望全面接受他的理论，那么该承诺将会把我们带向何处这一依然开放的问题会一直持续。

格雷戈里·雷迪克（Gregory Radick）
科学史与科学哲学中心
利兹大学
英国利兹

参 考 文 献

[1] M. Dixon, G. Radick: Darwin in Ilkley. The History Press, Stroud (2009)

供　稿　人

萨拉·阿什福德　英国布拉德福德，布拉德福德大学健
康科学学院护理部

Sarah Ashelford　Division of Nursing, School of Health
Studies, University of Bradford, BD7 1DP Bradford, UK,
S.L.Ashelford@Bradford.ac.uk

史蒂文·邦德　爱尔兰利默里克，利默里克大学，圣母
无玷学院哲学系

Steven Bond　Department of Philosophy, Mary Immaculate
College, University of Limerick, Limerick, Ireland, Steven.Bond@
mic.ul.ie

马丁·布林克沃思　英国布拉德福德，霍顿大道，布拉
德福德大学医学科学学院

Martin Brinkworth　School of Medical Sciences,
University of Bradford, Great Horton Road, Bradford BD7 1DP,
UK, M. H. Brinkworth@Bradford.ac.uk

尤金·厄恩肖-怀特　加拿大安大略省，多伦多大学科学技术史与科学技术哲学研究所博士生

Eugene Earnshaw-Whyte　PhD Candidate, Institute for the History and Philosophy of Science and Technology, University of Toronto, Ontario, ON, Canada, malefax@rogers.com

杰拉德·M. 埃德尔曼　美国圣迭戈，约翰·杰·霍普金斯大道，神经科学研究所

Gerald M. Edelman　The Neurosciences Institute, 10640 John Jay Hopkins Drive, San Diego, CA 92121, USA, eshelman@nsi.edu

柯林·亨德里　英国利兹，利兹大学心理科学研究所

Colin A. Hendrie　Institute of Psychological Sciences, The University of Leeds, Leeds LS2 9JT，UK, c.a.hendrie@leeds.ac.uk

大卫·艾尔斯　英国利兹，利兹大学心理科学研究所

David Iles　Faculty of Biological Sciences, University of Leeds, Leeds, UK

史蒂夫·琼斯　英国伦敦，伦敦大学学院高尔顿实验室

Steve Jones　Galton Laboratory, University College London, London WC1E 6BT, UK, j.a.jones@ucl.ac.uk

格拉谢拉·屈希勒　德国威腾，威腾黑尔德克大学

Graciela Kuechle　Witten Herdecke University, Witten, Germany

罗布·劳勒　英国利兹，利兹大学，跨学科应用伦理学专业

Rob Lawlor　Inter-Disciplinary Ethics Applied, University of Leeds, LS2 9JT Leeds, UK, r.s.lawlor@leeds.ac.uk

大卫·米勒　英国利兹，利兹大学遗传、健康与治疗研究所，生殖与早期发育研究小组

David Miller　Reproduction and Early Development Group, Leeds Institute of Genetics, Health and Therapeutics, University of Leeds, Leeds, UK

贡萨罗·穆涅瓦　美国绍斯菲尔德，劳伦斯技术大学，人文学与社会科学专业

Gonzalo Munevar　Humanities and Social Sciences, Lawrence Technological University, 21000 W. Ten Mile Road, Southfield, MI 48075, USA, munevar@ltu.edu

罗伯特·诺拉　新西兰奥克兰，奥克兰大学哲学系

Robert Nola　Department of Philosophy, University of Auckland, Auckland, New Zealand, r.nola@auckland.ac.nz

安东尼·奥希尔　英国白金汉郡，白金汉大学教育系

Anthony O'Hear　Department of Education, University of Buckingham, Buckingham MK18 1EG, UK, anthony.ohear@buckingham.ac.uk

阿拉斯代尔·皮克尔斯　英国利兹，利兹大学膜与系统生物学研究所

Alasdair R. Pickles　Institute of Membranes and Systems Biology, The University of Leeds, Leeds LS2 9JT, UK, a.r.pickles@leeds.ac.uk

迭戈·里奥斯　德国威腾，威腾黑尔德克大学

Diego Rios　Witten Herdecke University, Witten, Germany, diego.martin.rios@ gmail.com

迈克尔·鲁斯　美国塔拉哈西，佛罗里达州立大学哲学系

Michael Ruse　Department of Philosophy, Florida State University, Tallahassee, FL, USA, mruse@fsu.edu

蒂莫西·泰勒　英国布拉德福德，布拉德福德大学考古学系

Timothy Taylor　Department of Archaeology, University of Bradford, BD7 1DP Bradford, UK, timtaylor@gmail.com

戴维德·韦基　智利圣地亚哥省，圣地亚哥大学哲学系

Davide Vecchi Philosophy Department, Universidad de Santiago de Chile, Santiago, Chile, davide.s.vecchi@gmail.com

沃尔什　加拿大多伦多，多伦多大学

D. M. Walsh University of Toronto, Toronto, ON, Canada, denis.walsh@utoronto.ca

弗里德尔·韦纳特　英国布拉德福德，霍顿大道，布拉德福德大学人文学系

Friedel Weinert Division of Humanities, University of Bradford, Great Horton Road, Bradford BD7 1DP, UK, f.weinert@brad.ac.uk

目　　录

总序 / i

序 / ix

供稿人 / xv

导论 / 001

第一部分　心灵研究中的达尔文主义 / 009

第一章　心灵的具身性 / 011

　　第一节　导言 / 011

　　第二节　意识的特征 / 012

　　第三节　身体、大脑与环境——从科学的途径 / 013

　　第四节　意识的神经基础 / 014

　　第五节　大脑理论的需求 / 016

　　第六节　一种关于意识的生物学理论 / 018

　　第七节　意义 / 021

第二章　抑郁：一种由第三脑室构造的进化适应性 / 024

　　第一节　导言 / 024

　　第二节　行为的途径 / 026

　　第三节　第三脑室周围的组织 / 028

第三章　抑郁是否需要一种进化的解释 / 039

　　第一节　导言：达尔文与情绪 / 039

　　第二节　抑郁是否需要一种进化的解释？ / 040

　　第三节　抑郁的本质 / 041

　　第四节　抑郁的进化模型 / 042

　　第五节　结论 / 046

第四章　自我和自由意志的达尔文主义解释 / 051

　　第一节　导言 / 051

　　第二节　神经科学与自由意志和自我 / 052

　　第三节　对于自我的一种达尔文主义与神经科学辩护 / 057

　　第四节　作为大脑自我知觉的幻象与"意识"自我 / 058

　　第五节　一种关于自由意志的论证概要 / 060

　　第六节　达尔文式自我：从理论到实验 / 065

第五章　"达尔文主义化"文化的问题（或将模因作为新燃素） / 078

　　第一节　导言 / 078

　　第二节　模因的来历 / 080

　　第三节　生物和技术 / 084

　　第四节　进化与文化的历史 / 087

　　第五节　一元论与多元论 / 091

　　第六节　结论 / 095

第二部分　达尔文主义对社会科学与哲学的影响 / 101

第六章　进化认识论：它的愿景与局限 / 103

　　第一节　现代认识论 / 103

　　第二节　进化认识论 / 104

　　第三节　起点的选择：方法论的考量 / 104

　　第四节　进化认识论：局限 / 105

　　第五节　托马斯认识论 / 107

第六节　针对托马斯认识论的质疑 / 108

第七节　人择认识论 / 109

第七章　大彗星兰：达尔文的伟大"赌博" / 113

第一节　导言：卡尔·波普尔的"改弦易辙" / 113

第二节　大彗星兰的奇妙历史 / 115

第三节　卡尔·波普尔、伊姆莱·拉卡托斯和海王星的发现情况 / 119

第四节　非洲长喙天蛾的事例 / 125

第五节　结论 / 131

第八章　达尔文主义的推理 / 137

第一节　导言：假说演绎体系 / 137

第二节　一些最佳说明推理形式 / 141

第三节　一些方法论原则的应用 / 146

第四节　结论 / 154

第九章　打破生物学的束缚——纳尔逊、温特进化经济学中的自然选择 / 158

第一节　导言 / 158

第二节　如何进化？ / 159

第三节　基于自然选择的进化 / 160

第四节　新颖性和解释 / 162

第五节　机制 / 163

第六节　阐释纳尔逊和温特 / 165

第七节　探索 / 169

第八节　探索作为选择 / 170

第九节　变化的原因 / 172

第十节　结论 / 173

第十章　动物的伦理对待：达尔文理论的道德意义 / 177

第一节　导言 / 177

第二节　物种主义 / 178

第三节　通常的论证：诉诸共同祖先 / 179

第四节　物种主义的道德地位解释 / 180

第五节　道德地位和传递性 / 181

第六节　环物种和分类学 / 184

第七节　这些思想对环物种的影响 / 185

第八节　对"物种"的定义 / 186

第九节　与道德地位的物种主义十分相似的一种立场 / 187

第十节　物种主义的关系解释 / 188

第十一节　祖先崇拜和物种主义 / 189

第十二节　物种主义关系解释的第一个挑战 / 189

第十三节　祖先崇拜、物种主义和种族主义 / 191

第十四节　物种主义关系解释的第二个挑战 / 193

第十五节　将两个问题放在一起考察 / 194

第十六节　结论 / 195

第三部分　生命科学中达尔文主义的哲学探讨 / 197

第十一章　人类进化终结了吗？ / 199

第一节　突变 / 201

第二节　自然选择 / 204

第三节　随机进化 / 208

第十二章　进化医学 / 213

第一节　导言 / 213

第二节　什么是进化医学？ / 214

第三节　预设 / 217

第四节　疾病与健康 / 220

第五节　最接近的原因与最终的原因 / 222

第六节　价值 / 224

第七节　健康 / 225

第十三章　生存斗争与生存环境：达尔文进化的两种阐释 / 229

第一节　达尔文的两个原则 / 230

第二节　自然选择 / 232

第三节　复制子生物学 / 236

第四节　以生物体为中心的进化生物学 / 238

第五节　生物体 / 环境的关系 / 241

第六节　机遇与遗传 / 243

第七节　结论 / 246

第十四章　基因与文化协同进化中的频率依赖争论 / 252

第一节　导言 / 252

第二节　鲍德温的猜想 / 253

第三节　生成性侵染与可塑性及固化的算法 / 256

第四节　正频率论证 / 257

第五节　博弈理论和策略交互作用 / 259

第六节　概括评论 / 262

第七节　结论 / 265

第十五章　认真对待生物学：新达尔文主义和它的诸多挑战 / 268

第一节　导言 / 268

第二节　新达尔文主义和达尔文教派 / 269

第三节　绘制生物学的未来 / 271

第四节　进化发育生物学：一种后现代的综合？ / 272

第五节　微观世界的奇观 / 278

第六节　病毒进化 / 285

第七节　结论 / 290

第十六章　新达尔文正统遗传观点理解方面最新进展的启示 / 296

第一节　导言 / 296

第二节　遗传性突变的变异 / 296

第三节　表观遗传学 / 297

第四节　结论 / 299

索引 / 302

后记 / 319

导　　论

马丁·布林克沃思　弗里德尔·韦纳特

　　本书为现代达尔文主义研究前沿中的包括哲学方面的挑战与开放问题提供了讨论平台。现代达尔文主义应当理解为达尔文关于进化与自然选择的原初思想与基因遗传的发现之间的综合，即达尔文《物种起源》（1859年）中所概括的经典达尔文主义原则，与始于孟德尔遗传定律（1865年）的遗传学发现的综合。尽管达尔文曾推测遗传与生殖系统的扰动相关 [1, p.131-132]，但他没有预期到基因遗传定律。按照现代综合理论，基因变化是随机的，但驱动它的进化却并非随机，而是采取累积性的方式趋向于保留有益的突变。新达尔文主义的综合得以向现存的达尔文主义说明中潜入更多的细节说明模型。同时，经典的达尔文主义说明诉诸"变化的世系"（descent with modification），将遗传整合到达尔文主义范式之中，使得生物学家们能够提出许多更为具体的关于不同变化世系的遗传路径的主张。

　　基切尔（P. Kitcher）将现代综合运动的兴起划分为两个阶段 [2, Ch. 3.7]。

　　I．数学方面的研究（费希尔、霍尔丹、赖特）导致了达尔文与孟德尔学说的决定性联盟，使得研究种群特征分布在一定时期内的变化的理论群体遗传学精密化。新达尔文主义将遗传轨迹植入达尔文主义的论证当中，进而拓展了进化说明的视野。"大体上，我们以一个种群中的潜在遗传变异出现为出发点，就基因以及等位基因组合频率变化的因素提出分析，并使用遗传轨迹（基于它，我们可以提出关于表型特征分布的主张）获得关于随后遗传变异的结论。" [2, p. 46]

Ⅱ.一旦数学的细节被建立，就需要锻造数学研究与自然中的进化研究之间的关联。按照基切尔所说，就如杜布赞斯基（Dobzhansky）"努力的核心在于将达尔文生命的分支构想从遗传学的视角中清晰地表达出来"的主张。他致力于理解"基于数学群体遗传学的方案如何能够具体揭示连续遗传变异如何使截然不同的地方性种群表现出基因频率的差异，以及经过较长时期后这种频率差异如何放大并形成新的物种，并最终形成更高的分类"[2, p. 49]。值得注意的是，正是杜布赞斯基提出了"没有了进化论生物学便没有意义"的著名言论[3]。迈尔（E. Mayr）在这一阶段的贡献在于，分析了物种形成的进程并提出了一种"生物学的物种概念"。新物种的形成得益于各种生殖隔离的存在，它阻止了相似物种间或物种中成员间的交配。其中一种重要的生殖隔离是地理隔离，其会导致新物种从其姐妹种群中割裂出来。迈尔将物种定义为一个"与其他类似群体在生殖上隔离的实际的或潜在的自然杂交"的群体[4, p. 120]。

丹尼特（Daniel Dennett）如此形容达尔文主义所带来的冲击，基于达尔文思想的多彩类比明显"类似一种普遍的酸：它近乎侵蚀了所有传统概念，并唤起一种革命化的世界观，即便最为古老的标志性概念，虽仍可辨识，但也从根本上发生了转变"[5, p. 63]。丹尼特想要表达的是从关于物种存在的创世论图景到进化的解释这一伟大转变。神创论者们所描绘的情节强调复杂器官所表现出的设计的重要性，例如眼睛；而进化所描述的情节则强调设计仅仅是表象，可以通过自然的力量而得到解释，例如自然选择。关于世界的图景由关于生命的巨大链条转变为达尔文的生命树。

生命的巨大链条观念根植于古希腊思想之中，提供了一种生命等级观。有机世界被刻画为一种梯级，囊括了最为复杂到最为原始的所有生物，表现为降序的复杂性。包括人类在内的每一物种都永久地处在不同的梯度上，不存在任何进化的可能，生命的规格是静态的，其后代不会发生任何变化[6]。

相比之下，达尔文的生命树概念将每一物种都视为源自某一共同的先祖并享有某一共同的特征（同源性），这一进化分支的引擎就是自然选择原理。因此有机世界是进化的，是随机突变和环境压力的结果。达尔文的进化理论是统计性的，其主张自然中存在保留受环境青睐的特征的倾向，而不受青睐的特征则逐渐消亡。受青睐的特征具有在生殖和生存过程中对物种成员产生助益的倾向。

　　正如之前论述所表明的，对传统概念的质疑并没有止于现代达尔文主义自身。与此同时，生物学家们就新达尔文主义的基本原理达成共识，但从作为范式的细节来讲，这种共识并不受欢迎。例如，近期关于自然选择单元的争论：它是道金斯所认为的基因 [7]，或是达尔文本人以及一些生物学家们所认为的个体生物 [8]，抑或我们需要一种将基因、个体生物以及物种选择同时纳入的选择遗传理论 [9]。更进一步的关注焦点聚集在渐进主义（一种跨越很长时间的、极为缓慢且难以觉察的自然选择运作）是否是看待选择操作的正确方式。古尔德（S. Gould）与其合作者埃尔德雷奇（N. Eldredge）提出了替代方案点断平衡说（punctuated equilibrium），该理论认为"地质学意义上的突发事件出现，随后蔓延至静滞的物种致其发生改变，并将之视为进化现实的恰当描述" [9, p. 39]。

　　正统的达尔文主义重心主要放在适应论上，而其另一问题的关注点放在了适应性的作用和范围上：在这一意义上，一个生物的所有特征都可以作为面向环境挑战的适应来进行说明。古尔德又一次提出了替代性方案：构造主义与内部限制的重要性。"我们必须承认许多重要（并且现在是适应的）特征源于非适应的原因，因而不能归因于自然选择的直接作用。" [9, p. 1248]

　　在本书中，达尔文主义的扩展呈现出两种形式：①达尔文主义是业已确立的纲领，但是，正如许多学者所认为的，它需要扩展，甚至超越了现代综合论（the Modern Synthesis）。因为这些学者认为，现代综合运动没有对作为适应性变化引擎的生物个体能力进行足够的关注，同样忽视了发育生物学、表观遗传以及学习特征的作用，所有这些都为进一步的遗传变化提供了可能。②达尔文的研究纲领同样已经超出了生命科学及其应用，正如一些论文所展示的针对社会科学与哲学领域的研究。事实上进化概念被应用于众多领域，本书中，我们覆盖了进化认识论、进化医学、进化经济学、心灵哲学以及模因论，但进化思想甚至已渗透至宇宙学中 [10]。这种存在于进化生物学自身与进化生物学之外领域之间的类比促进了进化思想的应用。例如，达尔文主张自然选择可以用来说明心理以及道德能力的进化 [11]。在 19 世纪的常识中，大脑就是心灵器官 [12, Ch. II.5.2.2]。正如埃德尔曼（G. Edelman）所认为的，大脑被自然所采纳，经由这一途径心灵基于脑功能而突现。另一引人注目的相似案例是模因（meme）概念，其可类比于基因。最后，对突变、选择、遗传的类比也被用于针对某一产业的经济学变化模型中。不过，在所有这些讨论中应当铭记一项警示原则，那就是"每当存在类比就必当存在迥异"。例如，基因和模因都可被视为复制子，但模因是一种文化单元，基于意识主体的活性；而基因是一种生物学主体，遵从于盲目的机制。同样也存在自然选择与市场竞争之间的类比，但是人类能动性是基于有意识的决策，这期间又是迥异的。

　　"进化 2.0"这一标题正是为了反映达尔文主义范式的持续发展与扩展，本书中的论文回应了各种问题引发的挑战，即各种进化的概念如何能够跨越它们当下的领域，以及在 21 世纪进化意味着什么。新达尔文主义范式中的细节将会如何不断演进，以及达尔文主义范式"最终"会是何种形式，这些成为 21 世纪初留存的开放问题。书中不同章节共同反映了当下进化生物学中研究与思考的现状，它们所讨论的议题需要扩展新达尔文主义的范式，而且同样还要将之应用于社会科学和哲学问题当中。我们接下来将要小篇幅介绍这些主题的细节。

　　第一部分讨论了心灵研究中的达尔文主义路径。意识基于大脑状态的突现依然是现代科学的一个未解之谜。达尔文在其《人类的由来》（*Descent of Man*，1871）中曾尝试解决这一问题，提出意识和意识状态可能经由自然选择的操作而突现自大脑状态。这一部分的论文主要通过现代途径来揭示这一问题及其某些蕴含。埃德尔曼通过神经科学的途径来讨论心灵与意识，并表达了他的神经达尔文主义理论的主要思想，即将心灵解释为被大脑所"蕴含"（entailed）。"按照神经达尔文主义，大脑是一个选择性系统，而非指导性系统。就其自身而言，它包括了广泛的指令以及指令间的关联，并引发数量庞大的动态状态。行为是这些多样化状态的选择的结果。"正如我们的主题是人类心灵，人们很自然地就会问到对我们心灵造成影响的抑郁是否也可以从达尔文主义的视角来审视。亨德里（C. A. Hendrie）和皮克尔斯（A. R. Pickles[①]）撰写的"抑郁：一种由第三脑室构造的进化适应性"章节中，采纳了严格的进

---

① 英文原书拼写错误，此处已改为正确形式，全书此类修改后不再注明。——译者

化途径来研究抑郁，提出抑郁是一种进化的适应，而非病理疾病。相反，阿什福德（S. Ashelford）认为抑郁应当被视为一种针对不利生活事件适应不良的反应。特别是，阿什福德为"离别悲痛"（separation-distress）系统概念进行辩护，按照这一观点，抑郁是一种发育问题。通过对心理现象的持续研究，穆涅瓦（G. Munevar）对一种关于"自我与自由意志"的达尔文主义研究路径提出辩护，他讨论了许多实验发现，包括由他的研究小组所展开的实验结论，主张"自我很大程度上是无意识的"，因为大多数大脑的认知功能同样也是无意识的。在生物学语境里，最近各种争论中一个饱受争议的议题就是模因概念。该概念由道金斯引入，用于类比基因概念，将它们都视为"复制子"，并推广这一概念。"对于这一新复制子我们需要有一个名称，一个能够表达文化传播单元思想的名词。'模因'（mimeme）源于希腊词根，但是我想要一个单音节词从而使其更接近于'基因'（gene）。我希望我那些传统的朋友能够原谅我将 mimeme 缩写为 meme。如果说这里存在任何慰藉的话，那就是可以替代性地将之与'记忆'（memory）联系起来，又或是法语 même。它应当与'奶油'（cream）的发音押韵。"[7, p. 192] 基因是遗传进化中的复制子，而模因是文化进化中的复制子。泰勒（T. Taylor）在撰写的章节"'达尔文主义化'文化的问题（或将模因作为新燃素）"中高度批评了这一概念，并认为模因更类似于一种"新燃素"——一种在氧气被发现之前用于解释燃烧过程的虚构的颗粒。泰勒反对"达尔文主义化"文化的还原论倾向，而他的替代性观点聚焦于与生物学不可通约的材料学。泰勒认为，文化远非通过模因所能够理解，而是通过那些作为被达尔文所信奉并运用的自然选择机制进一步拓展的各类因素中的某一种而被无争议地理解。

　　第二部分主要面对的是社会科学与哲学领域中的达尔文主义。奥希尔（Anthony O'Hear）说明并列举了进化认识论的局限。奥希尔将进化认识论描述为持有这样的观点，即"我们（在一定程度上）能够可靠地知晓世界，因为我们在生存与繁殖过程中被世界所塑造"。按照奥希尔的观点，进化认识论无法解释一个正常运作的自我意识的心灵的全部活动范围。他进而提出一种基于宇宙学中人择原则的新路径，他称其为人择认识论（Anthropic Epistemology），其主张"宇宙之初的微调可能预示着生命与心灵铭刻于宇宙的结构之中"。之后的两个章节从达尔文的方法论方面进行讨论，是紧贴达尔文内心的话题。邦德（S. Bond）考察了达尔文关于为马达加斯加星兰花传粉的飞蛾的预测，进而讨论了在何种程度上一个正确的预测能够算作某一科学理论（在此处情况下是进化理论）应当受到青睐的证据。他将关于海王星存在的、基于牛顿力学的预测与达尔文的预测进行对比。诺拉（R. Nola）和韦纳特（F. Weinert）继续了这一主题，在其章节中，他们揭示了达尔文在其研究中使用了一种针对最佳说明推理的版本，而非人们时而主张的假说演绎法。确切地说，这是一种关于最为可能的说明的推理：给定现有证据的前提下，进化假说的推理较之智能设计论的推理更为可能。事实上，达尔文明确地认识到对比性说明在科学中的重要性，因为其在《物种起源》中发展而来的"长论证"（long argument）存在于将创世论说明的弱点与自然选择的说明力所进行的对比上。这一部分的最后两个章节专注于达尔文主义原则在经济学（厄恩肖-怀特）以及动物的伦理对待（劳勒）中的应用。厄恩肖-怀特（Earnshaw-Whyte）探讨了关于经济变化的进化理论（归功于纳尔逊和温特），其意在"预测和阐明"特定产业中的经济增长模型。他引入了许多类比，同时也包括了经济学与进化之间的迥异之处，其结论认为这种比较会增强我们关于进化的理解。"通过从生物学进一步扩张我们的视野，我们获得了对于自然选择式进化的宝贵替代性视角，其可以重铸我们对进化的理解，因此同样可能会在生物学视角下产生丰富成果。"劳勒（R. Lawlor）认为达尔文的理论可以用来在关于动物的伦理对待中反对"物种主义"。物种主义是一种主张个别动物（特别是人类）与其他动物之间存在差别具有合理性的观点，"其仅仅是基于物种身份做出这种判断的（而非道德相关的考量，比如感觉或自我意识）"。劳勒针对物种主义的支持者们提出一系列应当处理的问题，并进而提出达尔文主义具有道德意蕴。

第三部分聚焦于生命科学中的达尔文主义，特别是这些章节涉及新达尔文主义研究纲领的各种应用与拓展。琼斯（S. Jones）就人类进化是否终结进行发问，基于遗传信息提出，至少在西方世界，即便人类进化没有在真正意义上终结"也变得相当缓慢"。健康与疾病也是人类生存与进化的一个方面，鲁斯（M. Ruse）介绍了进化医学的原理，其中自然选择被应用于健康与疾病议题。在这些关于如何将达尔文思想应用于医学领域的例证之后，下一章节直面新达尔文主义式综合的拓展需求，将新达尔文主义扩展至更深层领域。沃尔什（D. Walsh）着眼于进化理论今日的状况，提出 20 世纪的现代综合是否是达尔文理论唯一的"合理拓展"这一问题。与现代综合不同，他提出了一种尚处于发展期的生物学体中心的进化观念，该替代方案符合"生物个体的能力作为适应性变化引擎成为中心解释角色"的观点，在该方案看来，是生物个体的可塑性导致了适应性进化的进程。之后三章继续就达尔文主义研究纲领如何能进一步拓展并纳入领域内最新发现展开探讨。屈希勒（G. Kuechle）和里奥斯（D. Rios）对鲍德温效应（Baldwin effect，一种通过非拉马克式机制将学习性状整合进基因组中的过程）展开研究，为了支持"鲍德温化"的动力学特征，主张一种博弈论的途径而非正频率论证。韦基（D. Vecchi）也同样就新达尔文主义作为一种关于进化如何运作的合格范式表达了某种程度的不满，他提出一种新的进化多元论理论，其中整合了发育生物学、基因组学以及微生物学。最后，布林克沃思、米勒以及艾尔斯考察了突变遗传的影响因素以及表观遗传的影响因素。表观遗传学是关于基因行为可遗传性变化的研究，其并不涉及突变，但后者被认为与进化思想存在巨大潜在性相关，因为它可以引发生殖隔离，并进而导致那些处于同一生态位的种群拥有更为迅速的进化率。回到本书的其中一条主题，表观遗传需要得到整合并与当前的新达尔文主义观点保持统一。

　　本书的编辑们在此对布拉德福德大学给予本书出版的财力支持表示感谢，并特别感谢我们的编辑安吉拉·莱希（Angela Lahee）在斯普林格出于兴趣而对本项目所给予的支持。

　　我们同样也要对特莎·布林克沃思（Tessa Brinkworth）在语言翻译以及索引编撰方面的工作表示由衷感激。

参 考 文 献

[1] Darwin, C.: The Origin of Species, vol. 1. John Murray, London (1859)

[2] Kitcher, P.: The Advancement of Science. Oxford University Press, Oxford/New York (1993)

[3] Dobzhansky, T.: Nothing in biology makes sense except in the light of evolution. Am. Biol. Teach. **35**, 125–129 (1973)

[4] Mayr, E.: Systematics and the Origin of Species. Columbia University Press, New York (1942)

[5] Dennett, D.: Darwin's Dangerous Idea. Penguin, London (1995)

[6] Lovejoy, A.O.: The Great Chain of Being. Harvard University Press, Cambridge, MA/London (1936)

[7] Dawkins, R.: The Selfish Gene. Oxford University Press, Oxford (1989)

[8] Mayr, E.: What Evolution Is. Basic Books, New York (2001)

[9] Gould, S.J.: The Structure of Evolutionary Theory. Harvard University Press, Cambridge, MA/London (2002)

[10] Smolin, L.: The Life of the Cosmos. Phoenix, London (1998)

[11] Darwin, C.: The Descent of Man (First Edition 1871, quoted from Penguin Edition, Introduction by James Moore and Adrian Desmond). Penguin Books, London (2004)

[12] Weinert, F.: Copernicus, Darwin & Freud. Wiley Blackwell, Chichester (2009)

第一部分
心灵研究中的达尔文主义

第一章
心灵的具身性

杰拉德·M. 埃德尔曼

第一节 导　言

"心灵"一词的使用比较宽泛，正如我在这里所使用的是《韦氏大词典（第三版）》（*Webster's Third International Dictionary*）中的定义："心灵——某一个体所有意识状态的总和。"在此，我想要提出一种与美国哲学家奎因（Willard van Orman Quine）[1] 观点相协调的针对意识问题的考察方式。奎因曾以其惯常的直率略带嘲讽地说：

> 我曾因拒斥意识而受到责难，但我并没有觉得我是这样做的。意识对我来说是个谜，但并不意味着它应被消解。我们清楚什么是被意识，但却不清楚如何用满意的科学术语去表述它。不论意识究竟是什么，它必然是一种身体状态——一种神经状态。
>
> 我在此所呼吁的路线作为如今的传统观点并不是要否认意识，出于多种原因，该路线常常被称为"否认心灵"，完整来说是否认身体之外作为第二物质的心灵。其可被较为宽泛地描述为一种具有某种身体官能、状态以及活性的心灵标识。心理状态与事件是人类或动物身体状态或事件的一种特殊子类。

千年来，哲学家们被所谓心身问题所困扰，他们致力于探索意识如何出现的努力最终强化了对笛卡儿（R. Descartes）二元论的信奉。于是存在两种物质概念：广延物质（extended substances，拉丁文为 *res extensa*），其易受物理现象影响；思维物质（thinking substances，拉丁文为 *res cogitans*），其独立于物理现象。这两个概念至今依然影响着我们。物质的二元论面临着一个关键问题：在物质的秩序中何以会出现心灵？对于该问题进行回答的尝试涉及很广。除了各种形式的二元论之外，我们可能会提及一些观点：泛心论（意识内在于不同程度的所有物质当中），心身同一性（心灵不过是大脑中的神经元运作），以及最近提出的主张量子力学最终会揭开意识本质之谜的观点[2]。还有很多类似观点，但除了伯克利主教（Bishop G. Berkeley）和黑格尔（G. Hegel）所信奉的极端唯心主义之外，它们都受到一个问题的困扰：我们如何使用关于身体的术语来解释意识？

回答这一问题的尝试往往始于对意识特征的考察，进而形成一系列更具针对性的问题。我应当遵循这一路线，但我不希望从哲学的观点来考察这一主题，而是基于神经科学中的一些重要进展来表述一种关于意识的理论。

第二节　意识的特征

意识是一种过程而非某种实物，它作为不间断进行着的无数种状态的序列，被我们所体验，每种状态各有不同却又表现出统一性。换句话说，我们并没有体验到"这不过是支铅笔"或"不过是红的颜色"，有一段时间我称此为"被记忆的现在"（remembered present）[3]。意识是由各种要素共同构成的，包括外部知觉的各种组合，涵盖视觉、听觉、嗅觉在内的各种生理感觉，其他作为肌肉运动知觉的感觉，还有意向、记忆、心境、情绪等。它们并非碎片化地参与到组合当中，而是作为整体构成一个情景。意识具有意向性或"相关性"（aboutness），它通常与对象、事件、图像或观念相关，但它并不能穷尽它所指向的对象的特征。而且，意识是定性和主观性的，并因而在很大程度上是私有的，其细节与真实感觉显然与他人有所不同，因为他人也是意识个体，具有通向持续现象体验的广泛第一人称。

这一简要总结促使我在这里提出三个具有挑战性的问题：①意识的定性

特征如何能与物质性身体和大脑的活性相调和（感受性问题）？②意识过程是否具有影响？换句话说，意识过程是否是因果性的（心智的因果关系问题）？③意识活动如何与对象相关或指涉于对象，甚至是不存在的对象，例如独角兽（意向性问题）？

第三节　身体、大脑与环境——从科学的途径

有大量的哲学思想方面的文献试图回答这些问题。关于这些问题，19世纪的科学家们所做的工作相对粗糙。但从20世纪50年代开始情况发生了转变，从科学途径展开的意识研究开始变得生机勃勃[4]。神经科学研究揭示了大量关于人类大脑的解剖学、生理学、化学以及行为方面的知识，为建立基于生物学的意识理论奠定了基础，并且我相信我们已经可以去揭开奎因的疑团。在这篇简略的文章①中，我想要提出若干与意识本质直接相关的想法，以及关于其他一些问题的观点，包括我们如何知晓、发现并创造意识，该如何寻找真相。这里存在一种本质，同时也存在人类的本质，那么它们是如何交集的？

首先，我们必须认识到，意识是通过大脑、身体以及环境的三角关系形式而被体验的。当然，大脑也是我们希望去进行检测的器官，但是它是具身性的，并且大脑与身体是嵌入世界的，它们在世界中活动并且是基于世界来运作的。

我们知道，脊椎动物特别是人类，其大脑的发育（例如其知觉图谱的组织结构）依赖于眼睛、耳朵以及四肢接收来自环境的知觉输入方式。即便对于成年生命来讲，活动的序列以及对于大脑的输入发生变化，脑图谱的边界以及响应特征也相应改变。而且，我们能感觉到我们的整个身体（本体感受）、四肢（运动感觉），还有我们的平衡（前庭功能），这可以告诉我们它们在意识上是否是相互影响的。我们同样也能知晓大脑的损伤，例如，涉及大脑皮质的脑卒中可以迅速地改变我们在意识上"感觉"世界以及阐释自身身

---

① 此处指本章，英文原书为论文集格式，翻译时添加了章节序号，全书此类余同。——译者

体的方式。最终，通过记忆作用于某些睡眠状态，大脑引起让我们的身体表现出不正常行为的梦境。尽管古怪，但快速眼动睡眠（REM sleep）的梦境事实上是一种意识状态。

第四节　意识的神经基础

　　大脑结构中的交互作用是意识状态的原因，那么我们该如何讨论大脑结构？其中的一种交互结构就是大脑皮质[5]。许多人对大脑皮质都很熟悉，将之视为一种褶皱的覆盖物。它是一种纤薄的六层结构，如果将之展开大概有一块大餐桌布那么大、那么厚。它大概包含 300 亿个神经元或神经细胞，有 10^{15} 个突触连接它们。此外，其区域还接收来自大脑其他部分的输入信息，同时也输出信息到中枢神经系统的其他部分，比如脊髓。存在部分皮质区域从感觉感受器接收信号，其在功能上与视觉、听觉、触觉、嗅觉等相隔离。还有其他皮质区域，位于更靠前额的位置，它们彼此之间相互影响，也与靠后区域的部分相互影响。还有与运动相关的区域，例如运动皮质。

　　皮质的一个关键特征是，其拥有许多数量巨大的并行神经纤维，使不同皮质区域彼此连接起来。这种皮质-皮质束斡旋于各种互动之中，对于连接与协调各种皮质活动至关重要。

　　另一种对于意识至关重要的结构是丘脑，其体积相对较小，位于大脑核心位置，被称为中枢，居中调节来自各个皮质区域的输入、输出信号。例如，丘脑处理来自眼睛通过视神经输入的信号，而后其从被称为树突的神经纤维发送到称为 V1 区的后部皮质，接着，又从 V1 区经由交互的神经纤维发回到丘脑。相似地，丘脑皮质和皮质丘脑的连接存在于除嗅觉之外的所有感官之上，每种感官都由特定的丘脑核来介导。

　　脑卒中会损伤特定皮质区，就像 V1 区损伤会导致失明一样。相似地，其他皮质区的机能缺失会导致麻痹、语言功能丧失（失语症）乃至各种古怪的综合征，例如某些患者仅能觉察其右侧的感官世界（偏侧忽略）。大脑皮质特殊区域的损伤会导致意识内容的变化。

　　丘脑从丘脑核的特定区域经由神经纤维以扩散的方式向广泛的皮质区进

行信号投射。相比于脑卒中导致的特定皮质区损伤，丘脑核的损伤会导致毁灭性的后果，包括完全、永久地丧失意识，即所谓持续性植物状态，因而丘脑核对潜藏于意识反应之下的皮质神经元的活动设置一个门槛似乎是必要的。

丘脑皮质对于整合广泛分布的不同大脑区域的大脑活动是至关重要的。它是一个高效动态系统，其在刺激与协调散布式的神经组织集群方面的复杂活动导致它被定义为一种动态核心。该动态核心对于意识、对于有意识的学习至关重要[6]。交互作用主要发生于该核心内部，从而引导信号的整合，其同样也与皮质下区域发生关联，对于非意识活动十分关键。例如，在经过有意识的学习之后，就是这些区域使得你不依赖有意识的注意便能够骑自行车。

我到目前为止提到的结构都是通过加强或削弱使它们关联的众多突触的反应从而实现其机能的动态性的。作为这些变化导致的结果，当来自身体、环境以及大脑自身的信号被接收后，会体现在特定神经通路的活性上。这些活性使得短期内知觉类的发育以及长期内记忆的发育成为可能。

除了源于并伴随个体行为所导致的变化，大脑同样还拥有一套通过进化选择塑成的遗传性估值系统来限制特定行为。该系统由不同神经群组构成，经由轴突向不同脑区发送递增的扩散信号。例如，蓝斑由位于脑干每一侧的数千神经元构成，经由神经纤维向更高脑区发送信号，就像花园的漏水软管，当收到例如巨大噪声般的显著信号时，神经纤维释放去甲肾上腺素。该物质会通过改变活性门槛来调节或改变神经反应。

另一套重要的估值系统是多巴胺系统。在奖励性学习的情境下，这一系统中的神经元释放多巴胺，这一化合物对大量标靶神经元的响应门槛进行调节，例如大脑皮质中的神经元。若没有这一估值系统，大脑就不能基于功能有效性将行为与生存需求关联起来，也就是说，这是为了确保适应的身体行为。应当注意，在这里我所讨论的"估值"并不是指"分类"，当估值系统通过奖励或惩罚来塑成个体的行为时，学习、对客体或事件的知觉以及记忆都是源于发生在个体生命周期内的活动，而这些活动是大脑中数量巨大的神经元指令集通过持续进行的选择的方式而形成的。

这些巨大指令集中的指令可能是有序的，结合大脑解剖构造的复杂性，突出动态性的变化可以引起巨大数量可能的功能回路。例如，大脑皮质的

10^{15} 个突触中发生的变化能够提供天文数字级的回路，以供在行为过程中进行选择。

第五节　大脑理论的需求

到目前为止，我所提到的关于意识理论的基础不仅仅强调脑区的活动，还包括它们之间的交互作用。一些科学家试图从相反的方向上进行推测，主张大脑中存在"意识神经元"或"意识区域"。在我看来，这些观点对于回答对意识来说至关重要的脑区间的交互作用是有帮助的。

要以生物学的术语来说明意识就需要一种大脑活动的理论以及与之相关的意识的理论，这两种理论都必须以进化的视域来进行构建。要将这些理论置于这一视域之中，就有必要区分原意识（primary consciousness）与高阶意识（higher-order consciousness）[3]。原意识是一种在场的认识（awareness），正如我们在猴子与狗身上看到的一样。其并不表现出明确的、可觉察的自觉意识，很少或没有关于过去和未来的意识性叙事概念（narrative concept），并且不存在社会性建构个体自身的明确认识。高阶意识产生的概念依赖于原意识，但其包含诸如类人猿所拥有的语义能力，例如黑猩猩的最高水平能达到如人类掌握的真正意义上的语言。

简单起见，让我们聚焦于原意识的进化突现。为什么我要坚持以潜在的大脑理论作为基础来进行解释？其中一个原因源于一种观点，即认为潜藏于意识之下的神经结构必须对数量庞大的输入信号和活动进行整合。一种基于简约性的假说设想，这种输入与输出的巨大差异的整合机制是中枢性的，而不是多样化的。与之相反的假说则需要针对每一种意识状态设置不同的机制，诸如知觉、想象、感觉、情绪等。

什么样的理论能够对这些状态的多样性进行统一解释？我曾在别的地方提出，这一理论必须基于达尔文的应用于个体脊椎动物大脑的种群思想。一种合成理论——神经达尔文主义（Neural Darwinism）或神经元群选择理论（the theory of neuronal group selection，TNGS）认为，大脑是一种选择系统，而不是像计算机那样是一种指导性系统[5]。在一个选择系统中，多样化的指令集中要素是预先存在的，当出现输入信号时，系统接着便开始选择合适的要素与该输入信号匹配。在显微解剖学意义上大脑的巨大多样性是大脑演化期间的选择规则造成的：某些神经元被绑定在一起同时运作。这一规则是表观遗传运作的，也就是说其不直接依赖于基因。这种演化选择的重复操作是一种经验性的选择：甚至是在大脑解剖学得到发展之后，所谓突触在连接强度上的变化仍被视为一种个体经验的结果。它改变了动态信号传输所经由的神经元路径。通过这种方式，天文数字级浩大的由神经元群组或群体组成的神经回路指令集被建立起来，基于该集合，更进一步的选择得以发生，并且记忆也是以此为基础的。作为结果，没有两个大脑在其细节方面是一致的。

这些指令集对于引导行为的回路选择的基础来说至关重要。然而，它们自身的存在不能对大脑在时空方面响应的整体性做出解释。为此，一种基于更高级大脑动态特征的特定结构特征被推论出来，这一关键特征就是重入（re-entry）：脑区间的循环信号传输，并通过被称为轴突的巨大并行排列的神经纤维映射。通过这些轴突纤维，重入活动与脑区活动同步协调。这种并行连接的典型例子就是脑胼胝体，这一部位由数百万个轴突组成，它们一起直接连接左右脑皮质。贯穿这一结构的重入活动将会改变个体行为，同样也会对放电神经元动态活性的整合与同步产生影响。这一整合性同步使得各种脑图谱通过选择与它们的活动相协调。不存在更高级或具有裁决性的脑区，这意味着不同脑图谱在功能上是相互独立的，例如，视觉、听觉、触觉等，但是尽管如此，它们可以像原意识的单一情景中所体现的那样变得整合。

基于以上，通过与原意识的单一情景相一致的方式来理解重入的丘脑皮质系统（一种动态核心）如何整合各种功能性隔离的皮质区域的复杂活动，对于某种设想或隐喻可能会十分有用。其中的一个设想是众多弹簧的密集耦合聚集。这一结构中某一区域的扰动将会传导至整个结构中，但可以肯定的是，其分布式的震荡态是整合的且被其他区域所青睐的。疏松且松散地与其他弹簧耦合就和核心与皮质下脑结构进行交互作用的情形类似。这里的要点在于，这种密集连接的聚集中的交互作用将会最终产生某种受青睐的状态，以一种更为连贯的方式整合各种局部变化。当然，这仅是简单的机制模拟，但是我希望它能够帮助理解由能产生大量不同状态的重入作为中介，继而调节核心神经元的微妙电化学交互作用。

在具有选择效应的脊椎动物大脑中，重入是一种核心组织原则。有趣的是，动态重入过程所必需的底层结构在昆虫大脑中似乎消失了。出于我们的目的，重入将会为意识的进化突现提供一种本质基础，很明显：缺乏大规模重入活动的动物无法像我们一样去意识。

第六节　一种关于意识的生物学理论

我们现在将这些基于解剖学的观察与神经动力学联系起来从而对意识进行分析。正如我所认为的，基于大脑、身体以及环境之间相互作用的意识理论必然是以进化的框架为根基的 [6]。按照扩展的神经元群选择理论，原意识出现于数亿年之前，此时源于它们兽孔类爬行动物祖先的鸟类以及哺乳类动物刚刚出现。在这些节点上，丘脑核的数量以及类型都出现了极大增长。将这些更多地反映到我们这里的讨论，那就是新的以及大量的重入的连通性出现于大脑皮质区域，引发知觉分类以及更为靠前的脑区对类别估值的记忆（value-category memory）进行调节。这些记忆是选择性突触的可塑性赋予的，它通过估值系统对回报或损失进行响应从而在整体上进行约束。大脑通过这一重入系统实现了整合，包括广泛分布的丘脑连接，进而生成单一的意识或现象经验。

现在，我们必须面对困扰着研究者们的心身问题中的一项议题，即如何将整合的动态核放电现象与感受性的主观经验联系起来。"感受性"这一术语曾被狭义地用于诸如有关热感的温暖性、有关绿色的绿色度等。在当下理论看来，所有的意识经验，特别是各种整合的单一经验所附随的核心态，就是感受性。如何通过神经科学的形势对它们进行解释？

上段中问题的答案涉及进化。按照该理论，拥有动态核心的动物可以从数量巨大的不同交互作用中区分并辨别出各种知觉、记忆以及情绪状态 [7]。这种辨识能力的巨大加强显然是一种适应的有利性。缺乏这一动态核心的动物则具有相对较弱的辨识能力，相反，拥有原意识的动物能进行预演、计划，通过它们的能力造就了对行为进行计划所必需的数量巨大的辨识能力，从而增加它们的生存机会。

这为回答我们所关注的神经状态与感受性关系的问题提供了关键答案。感受性是由各种核心态所提供的辨识能力，因而，尽管每一种核心态是单一的，但反映的是其活动的整体性，其在几分之一秒内变化或分化为新的状态，这取决于外部与内部的回路和信号。不过你仍可能问：我们何以能将神经活动与感受性经验关联起来？答案在于，特定的动态核心态可靠地蕴含了包括各种辨识能力或感受性在内的特定组合。核心态并不能引起感受性，就好像不是血液中血红蛋白的结构导致了其特征光谱，而是量子力学结构蕴含了这一光谱。从这一观点来看，意识状态并不是原因性的，大脑潜在的核心活动才具有原因性与可靠性。这样就可以将理论与物理状态联系起来，而不需要引入热力学所需要的幽灵般的力量对理论进行再调整从而解释意识。

还有一点需要强调，那就是该意识模型与主观自我的关系。简单来说，该关系取决于不同估值系统——大脑中的各个主体控制内分泌、运动响应乃至情绪 [7]。在丘脑皮质核心的重入交互作用中，早期且内在的这类系统活动紧随其他输入信号，这种情况存在于胎儿、婴儿以及成人身上，恒定的身体感受性与运动感觉信号从身体以及四肢输入。不可避免地，自我指涉的要素会出现于这些情形之中。

这一解释为人类某些高阶意识特征的出现提供了解释背景。随着高阶意识的出现，拥有新的一组重入连接的更大大脑得到进化，使得语义交流、社会定义的自我得以出现，使得对于过去的叙述以及对于未来情景的广泛规划变得可能，从而出现了可被意识到的意识。

有人可能会发现这一观点退回到有些令人厌恶的副现象论，该观点认为意识其自身不具有原因性。但通过再三考察可以看到，核心过程是相当可靠的，以至于我们可以说，我们的辨识能力或感受性是原因性的。除了这里所提出的机制的保真度外，我们也可以指出它的普遍性：不论是感觉的、抽象的、情绪的抑或充斥着幻想的，所有辨识能力都是通过在丘脑皮质核心中使用相同的一套机制操作所整合的。向核心发送输入信号的脑区中的先在的神经源头，造就了感受性之间的差异。感受性存在差异是因为神经受体与回路彼此之间存在不同。触觉感受器与回路不同于视觉感受器与回路，神经回路所调控的荷尔蒙与运动响应也是如此。每一种可感受特性都是通过其在其他所有感受性集（universe）中的位置被辨识的，不存在孤立的单一感受性，除非是在哲学家们的语言表述中。

我们现在可以将所有的内容在这里进行一番概括。

按照神经达尔文主义，大脑是一个选择系统，而不是指导系统。同样地，其包含了广泛的神经元指令系统及它们的关联方式，进而引发巨量的动力学状态。行为是对这些多样性状态进行选择的结果，当大脑在演化和行为上外成性地对来自身体与世界的信号进行响应时，它也拥有遗传性的限制。这些不仅仅包括身体的形态学以及功能方面，还包括大脑估值系统的操作。这样的结构和系统在进化的过程中被选择，进化选择和躯体选择（somatic selection）之间的相互影响引导了适应性行为。

为了提供这样一种行为，人类大脑中组合方式的丰富性与独特性是通过重入的动态过程进行协调并整合的。重入回路在动态丘脑皮质核心中的进化使得无数辨识能力从包含了原意识过程的连续整合态中突现出来。感受性的丰富组合构成的现象经验恰恰是这些辨识能力，它们被核心活动可靠地蕴含。拥有原意识使得对行为的计划成为可能，获得该能力的脊椎动物从而被赋予了适应的有利条件。

重入的动态核心中的神经元群活动是原因性的，因为它提供了对适应性响应进行计划的方式。意识作为一种现象过程在物理性的世界中无法作为原因，其不能作为任何事物的原因，除了在物质-能量的交互方面。尽管如此，说意识状态似乎具有原因性通常影射动态核心才是真正的原因。

作为伴随着每一个体发育的历史性选择事件的集合，其事实上是身体、大脑以及环境三者间独特交互作用的功能，没有两个或一组大脑状态是完全一样的。意识的状态及其自身的隐私性和主观性是身体-大脑交互作用所必然导致的结果。在人类的进化中，更为复杂的自我作为社会性交互作用的结果而突现，而这种交互作用是通过新的重入核心回路的出现所推动的，它的出现也使得高阶意识以及最终语言的突现成为可能。即便这种高阶意识系统能力强大，其仍严重依赖于原意识的操作。无论如何，这里提出的重入的核心机制是普遍性的，也就是说，其适用于所用的心理状态，无论是关于情绪的还是抽象思考的。

作为得到语言加强的高阶意识，人类拥有关于过去、未来以及社会认同的概念。这些非常重要的能力源于重入的动态核心对来自身体和外部世界的多重输入信号的响应活动，大脑对于语言符号的使用也是出于同样的原因。心灵的具身性无疑是自然选择所导致的最为显著的结果之一。

以上这些考察为感受性问题以及心理因果性问题提供了一种暂时性的回答。在这篇简要的指南中，我无法对意向性问题进行更深入的探讨[8]，但我描述了该假说框架，即意识需要知觉的分类系统与记忆系统之间的重入。通过它们的特质，知觉系统依赖于大脑与来自身体和外部世界的信号之间的交互作用，某种意义上，这是一种关联系统。此外，记忆系统使得大脑可以和自身对话，为与所谓"不存在的对象"进行关联提供了各种方式，像是独角兽或僵尸。伴随着高阶意识的突现，语言和意向性便可以达到一定程度，也就是说，对于所有意向和目的来说，它们是无限的。

第七节　意　　义

我在本章中提出了一种理论，对于它的检验依赖于两点。首先是其潜在概念的自洽性；其次是实验手段的支撑。很明显，找寻意识历程的神经关联机制十分重要。最近的证据表明，对于某人觉察到一个对象来说，重入机制在其中发挥着作用[9]。但还需要其他的证据，即当某人从一个无意识状态向一个意识状态转变时，动态核心变化的重入活动是如何进行的。当然，对于针对意识的神经关联的实验探索所体现出的多样性，我们应当表示欢迎，这样便有望发现某些没有预见的关联支持或改变我们目前的理论观。

就目前而言，如果我们设想这里所提出的理论是正确的，那么关注这一理论可能带来的结果是有必要的。如果该理论得到支持，那么作为我们关于现象经验的解释的二元论、泛心论、神秘论或幽灵力（spooky forces）等便不再具有考察的必要。我们拥有了关于我们在世界秩序中位置的更好观点，从而能够更进一步地证实达尔文的观点，即人的大脑和心灵是自然选择的结果。

显然，这种基于意识响应的形式将身体、大脑、环境关联起来的理论如果是正确的，那么便会有助于理解某些精神病学以及神经心理学方面的综合征或疾病。即使是在正常的范围内，这一理论或多或少地也可以为我们提供一种研究人类幻想的基础的更好构想。

作为切入点，这种基于大脑的理论可能使我们获得一种相对清晰的关于硬科学的客观描述，与伦理学以及美学中引发的主观规范性议题之间关联的理解。通过这种方式获得的理论可以避开愚钝的还原论，从而帮助弥合科学与人文学科之间的裂痕。

本章开始时提及的奎因，认为认识论、知识的理论通过与经验科学特别是心理学的链接可以实现其自然化[10]。他的方案中包含了物理学，但将其限定在感觉感受器的意义上，通过这种限定主张物理的外延性，从而使他的立场得到了辩护。但不幸的是，他的立场与哲学上的行为主义类似，以至于抑制了意识问题的重要性。如果这一点得到认可，那么当下的探讨会进一步拓宽这一问题，促成一种基于生物学的认识论构想，其中包括了针对意向性的分析。其虽然与物理学保持一致，但会体现出一种将真实关联于意见和信念的知识解释，也包括对情绪的看法。在对人类知识的分析中，这样的一种解释将会包括基于大脑的主观性方面，这样一种研究的内在核心在于，对知识、意识或无意识的理解取决于主体在世界中的活动。

最终，我们必须对出现一种人工的具身性心灵的未来可能性予以足够的重视：我们可能在未来某一天制造出一种意识的人工物，一种可以在环境中行动的基于大脑的设备，可以自主性地锁定已存在的目标并演化出适应性的响应[11]。尽管如此，我们距离实现一种意识的人工物还为时尚早，但可以确定的是，如果这一目标实现，那么当我们评判这一设备的神经与身体性能时，我相信其需要拥有某种报告其现象状态的能力。这一设备是否会拥有一种我们无法想象的感知世界的方式？恐怕除了收到来自地外文明的信息外，没有什么事情能够超越这项研究所带来的兴奋。

至少在目前我们应当庆幸，这样的一种与我们身体构造不同的设备将不会摧毁或挑战我们的现象经验的独一无二性。

参 考 文 献

[1] Quine, W.V.: Quiddities: An Intermittently Philosophical Dictionary, pp. 132–133. Belknap Press of Harvard University Press, Cambridge (1987)

[2] Penrose, R.: The Emperor's New Mind. Oxford University Press, Oxford (1989)

[3] Edelman, G.M.: The Remembered Present: A Biological Theory of Consciousness. Basic Books, New York (1989)

[4] Dalton, T.C., Baars, B.J.: Consciousness regained: the scientific restoration of mind and brain. In: Dalton, T.C., Evans, R.B. (eds.) The Life Cycle of Psychological Ideas, pp. 203–247. Kluwer Academic/Plenum Publishers, New York (2004)

[5] Edelman, G.M.: Bright Air, Brilliant Fire: On the Matter of the Mind. Basic Books, New York (1992)

[6] Edelman, G.M.: Wider Than the Sky: The Phenomenal Gift of Consciousness. Yale University Press, New Haven/London (2004)

[7] Damasio, A.R.: The Feeling of What Happens. Harcourt Brace, New York (1999)

[8] Searle, J.R.: Consciousness and Language. Cambridge University Press, Cambridge (2002)

[9] Srinivasan, R., Russell, D.P., Edelman, G.M., Tononi, G.: Increased synchronization of magnetic responses during conscious perception. J. Neurosci. **19**, 5435–5448 (1999)

[10] Quine, W.V.: Ontological Relativity and Other Essays. Columbia University Press, New York (1969), Ch. 3

[11] Krichmar, J.L., Edelman, G.M.: Machine psychology: autonomous behaviour, perceptual categorization and conditioning in a brain-based device. Cereb. Cortex **12**, 818–830 (2002)

第二章
抑郁：一种由第三脑室构造的进化适应性

柯林·A. 亨德里　阿拉斯代尔·R. 皮克尔斯

第一节　导　言

　　抑郁在全世界范围都是一种最为令人困扰的疾病[1]。该症状还存在一些局地的地理性变异[2]，但通常只有 3%～6% 的人会在某一时间接受治疗，并且人一生中有 15%～25% 的概率会变得抑郁[3-7]。女性相比男性通常更易感，在接受治疗的人数方面前者比后者高 2～3 倍[8]。

　　从历史的角度来看，当下基于抗抑郁疗法的药物出现于第二次世界大战结束时期，是在找寻便宜且简易可行的疗法的仓促过程中发展出来的。正如其所期望的，这阻止了第一次世界大战以来一系列社会和精神病问题中的大部分。这一医学探索并没有很好地接受当时科学思想的指导，却意外发挥了重要的作用[9]。

　　最为普遍被接受的关于抑郁的神经化学理论是"一元胺假说"。其认为抑郁是由血清素或脑中的去甲肾上腺素匮乏导致的[10-14]。该理论同时还提出，单胺氧化酶抑制剂诱发的情绪提升作用源于突触间隙中一元胺水平的提高[14]，并进而催生出选择性血清素再吸收抑制剂 [selective serotonin reuptake inhibitor，SSRI's，例如氟西汀（百忧解）、帕罗西汀（赛尔特，帕罗西汀）]，如今常用于治疗抑郁。

　　然而，这些抗抑郁药物背后的逻辑实际上与"阿司匹林缺陷假说"无异，

24

后者认为头痛症状是一种因缺乏乙酰水杨酸所导致的后果，因其拥有缓解该症状的疗效。因而毫不奇怪，只有很少的证据支持一元胺假说[15-19]，以其为基础的药物也不过是作为一种精神疾病"创可贴"，与"治疗"的概念相差甚远。

尽管如此，患者和医师们都被引导并相信这些药物是高效的（案例可参考文献 [17] ），而事实是，这种基于抗抑郁疗法的药物仅对 70%～80% 的患者产生疗效[15, 19, 20]。该疗法复发率高并且存在疗效延迟的情况，甚至那些适合该疗法的潜在自杀患者在数星期时间内会变得十分脆弱，而事实上使得他们看起来要比接受治疗前表现得更糟[20, 21]。因此，依然有很大一部分人群更青睐依赖酒精或其他非处方药的"自我治疗"（案例可参考文献 [22] ）。

基于抗抑郁疗法的药物已经不再被视为一种过去所认为的灵丹妙药（案例可参考文献 [23] 和 [24] ），对这一现状的最大不满也许全部来自那些制药公司，他们抱怨这种现象是对他们致力于开发抗抑郁药物的努力的蔑视，特别是 GSK——世界最大的公司，不久前宣布他们完全退出这一领域[25]。为了改变这种现状，越来越多的人认识到，在确认一种新的药物疗法的过程中存在一些困难，这些困难几乎全部是由于普遍接受一元胺假说所导致的，事实上，该假说是错误的（案例可参考文献[17]、[19]、[20] 和 [26]～[28] ）。这意味着，迄今，这种药物的发现过程中所包含的机理没有被很好地认识[29]。目前该药物的发现过程明显是一种循环论证，其中涉及使用该药物作用于一元胺系统作为其动物检验的标准，使得系统本身对药物演化出敏感性，并且仅仅是对"已知"的抗抑郁药物表现出敏感性（例如单胺类药物）。这些药的检验被按照它们的"预期""表象"以及假定存在的"构想"的有效性进行分类（案例可参考文献 [30] ），这种分类方式源于如同问卷编制般的目的，从而使得一些本来无法看到的特征可以通过这些模型被揭示。

虽然在某些恰当的环境下会是这种情况，但不幸的是，对此问题很少有基于物种视角的考量，没有尝试去认定物种之于单胺类化合物的敏感性，从而确定它们之于药物的适配性。结果，当下很多文献在做与新抗抑郁药开发相关的研究时，都是基于那些并没有实际上患上抑郁的物种的[29]。作为直接后果，出现了许多奇异的实验操作，例如将老鼠的尾巴用胶带固定在升降杆

上使其悬在空中 [31, 32]，或是将实验用的啮齿动物放于盛满水的水桶中（案例可参考文献 [33]），仅仅通过基于它们对已知（单胺类）抗抑郁药的敏感性，从而将这些方式确立为"抑郁的模型"。

即便是对于最为业余的观察者来说都是显而易见的，这些模型对于确定新的治疗实体来说并不是很有用，还得通过其他的途径，即各种非单胺类机制，并且，使用已知的抗抑郁药去判定抑郁模型的循环论证阻碍了科学的进步，也决定了需要一种新的研究途径。

第二节　行为的途径

若是无法获得关于抑郁的行为后果及其潜在机制的全部知识，就无法达成对于抑郁的完全理解。情绪状态在这一语境中是次要的，比如体验抑郁心境时可能感受到的不快。

抑郁过程中表现出的行为变化 [34-37] 揭示出，患者会遭受睡眠障碍，并且这些会导致经常性无法入睡以及过早醒来的困境 [38]。同时也会缺乏食欲以及性欲。抑郁也会导致困乏不振，非常倦怠。抑郁患者的伙伴或亲属会注意到患者们开始不注意他们的仪容和个人卫生，拒绝开口并且愁眉不展。特别是与他们交谈时他们会蜷作一团并惧怕眼神交流（案例可参考文献 [39]～[41]）。

将这些行为联系起来很明显会发现，这些行为组合的整体基调表现为一种自我防卫。蜷缩姿势以及避免与人眼神交流是人类在应对威胁或感受到威胁时的典型行为。食欲和性欲的降低减少了由此导致的竞争冲突的概率，而睡眠障碍确保了在其他同类睡眠时期的活动。社交退缩使得该个体处于社群边缘，从而避免了因处于社群中央而导致的冲突。因此，以功能术语来说，抑郁有助于降低个体的攻击倾向性因素，从而也降低了它们遭受群体中其他成员攻击的可能性。

其他的一些研究也注意到了抑郁的防卫性本质（案例可参考文献 [39] 和 [42]），并有观点认为其拥有一种进化的起源（案例可参考文献 [43]）。然而，同时将抑郁视作一种进化适应以及病理现象 [43-46] 是自相矛盾的，因为自然选择只会选择那些能带来有利性的特征。

由此而论，我们之前提出抑郁是作为一种进化适应而演化的，其使得社群中失去原有支配地位的男性或女性通过促进他们在社群中向更低地位的过渡，从而确保其在社群中的存在[27, 29]。较低社会地位下的生殖机会（或后代质量）通常十分贫乏（生殖机会在某种程度上必然存在，只不过是比较贫乏，否则促成作为适应性的抑郁的选择压力将不复存在）。因此，我们的观点同时也主张，社会主导地位的丧失其最显著的进化效应是随之而来的生育优势地位的丧失。因此，我们认为，*生殖潜力的损害是一项关键刺激*，在拥有抑郁这一适应性特征的现代人类群体中触发了抑郁，而不是损失其自身社会地位。

这一分析解释了为什么诸如配偶或子女离世等生活事件会成为抑郁的原因（案例可参考文献[47]和[48]）。同时可以预测，女性更易于患上抑郁，因为在人类生殖的代价方面，性别间存在不对称，女性在这方面投入会更多。将视野放大到所有层面，从卵细胞相比精子的大小，怀孕导致的能量损失，乃至在产后一段时期内无法继续去吸引配偶[49, 50]，这些都是例证。生殖对于女性来说要付出巨大代价，而损害生殖潜力的代价（包括对作为他们基因携带者的孩子们的损害）因而也同等巨大。施加于人类女性生殖期的严格限制会进一步放大这一效应，会增加产生诸如在围绝经期所能看到的类抑郁综合征的预期[51]。生命中重要时期的关系崩溃、至亲的丧失、失业或经历过受虐的童年都会对个体的生殖潜力产生影响，这些进一步地支持了该论点，即这是一种进化的适应而非疾病。

将抑郁理解为进化的适应并不是指我们应当接受这一结果。相较于物理性疾病，抑郁造成的心理创伤对于遭受它折磨的患者来说是无法忍受的，而且找到一种更为有效的治疗方式的需求始终迫切。这对抑郁的理解并不是要我们去重新调整对于抑郁的观点，而是强调以此为指导找到一种更为有效的基于药物的疗法。

人们普遍认为抑郁是一种病理现象，其发生的原因有很复杂的解释，并且由于基于早期假设没得到证实，这种解释有可能变得越来越复杂。（案例可参考文献[52]～[54]）。这一设想同样也聚焦于需找一种基于病理学的说明。而且，如上所述，许多基础工作被引用来支持这样的理论，从而导致使用尚未表现出抑郁症状的实验物种[29]，以至于它们并不能很好地支持临床数据。

例如，在促肾上腺皮质激素释放因子理论案例中，只有一半被检测到的抑郁症状皮质醇等级超标（案例可参考文献 [55] 和 [56]），并且基于这一理论的预测也不曾得到学界的支持（案例可参考文献 [57]）。

在改进基于药物的抗抑郁疗法的有效性方面进展乏力的情况下（案例可参考文献 [23]），已经出现了愿意接受一些新的在统计上显著但仅具最小可觉差别的抗抑郁疗法的患者（案例可参考文献 [58]）。当然它们最终走向失败，而公众对此也愈发嘲讽。

奥卡姆剃刀（Occam's razor）原理（一种哲学原则，主张当面对相同一组观察存在两个竞争性说明的情况下，若两者其他方面均同，则应选择简单的那个）在药物心理学中的应用变得十分及时，避免其沦为缺乏严谨的牺牲品（案例可参考文献 [59]）。这样的一种研究途径被认为是导向一种拥有更佳预测性理论的通路（案例可参考文献 [60]），如果这样的研究得到确立，那么使用实验动物的研究方式将会得到调整。

第三节　第三脑室周围的组织

认为抑郁是进化的适应而不是病理现象的观点需要其自身建立一种简单的说明，或至少可以追溯至一个较为简单的起源。由此而论，许多将行为簇与抑郁关联起来的脑区在物理上十分接近第三脑室。例如，松果体与睡眠周期的调节有关，下丘脑调节食欲与性欲，而杏仁核——终纹由其穿越第三脑室——主要进行输出，会对社会交往产生影响，其余诸如恐惧以及防御性行为也是如此。因此，有充分的理由可以认为这些位置是抑郁行为表达的源头。

图 2-1 展示了第三脑室的各种解剖视图，以及衔接或穿过其的组织。图 2-2 是关于这些组织可能的主要功能的概略图表，同时也列出了它们发生病变时继而引发的各种预期临床表现。

使用这一分析明显会发现，如果第三脑室果真是与抑郁关联的行为簇的起源位置，达成这一结论的最简单方式是在脑室空间中释放毒素（或某种能对之前所提到的毒素的免疫造成抑制的物质）。某种短脉冲或脉冲可以迅速导致所需行为簇的表达。

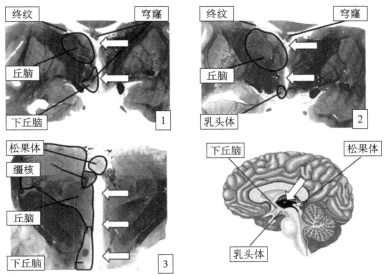

图 2-1　第三脑室周围结构的详细视图

在所有图块中，第三脑室如白色箭头所示。图块1展示了人类大脑矢状切面（右下图）上标示"下丘脑"位置的人类大脑的冠状切面。穹窿连接下丘脑和乳头体。终纹是源于杏仁体的主要投射通路。图块2展示了标示为"乳头体"的相同切面。图块3展示了横跨脑室的横切面。松果体以及下丘脑的损伤将会扰乱生物周期节律与完成行为。终纹的损伤会给杏仁体带来影响，导致恐惧以及防御性行为。单胺类神经通路的损害会穿越缰核并由此导致附带影响

28

通过尸检或磁共振成像（MRI）技术来检查抑郁患者的大脑，揭示了与这里所提观点一致的损伤类型。包括：①通过放大第三脑室，显示出环绕其的组织缩水[61]；②与第三脑室直接毗连的各种组织，比如存在乳头体（案例可参考文献 [62]）、海马体（案例可参考文献 [63] 和 [64]）的体积变化的证据；③与穿过第三脑室的组织相连接的组织在形态上的变化，诸如（通过穹窿连接的）海马体（案例可参考文献 [65] 和 [67]）以及通过终纹连接的杏仁核（案例可参考文献 [68] 和 [69]）。综合起来，这些表现提供了有足够说服力的证据，说明这些结构变化的源头皆来自第三脑室，或至少说明其涉及第三脑室在其中的传播作用。

必然可以预期，在与抑郁有关的行为簇表达方面有效性不明显的区域存在更深层的损伤位点。因为在脑脊液中释放有毒物质的效果并不能被精确地控制。通过缰核穿过第三脑室从而作用于单胺系统的各种效应可以很好地归

29

直接连接至第三脑室	主要功能	功能被破坏后导致的主要临床表现
松果体	生物周期节律（案例可参考文献 [72]）①	睡眠障碍
丘脑	整合 / 调整	记忆与认知障碍
丘脑髓纹	下丘脑和松果体之间直接相连	睡眠紊乱
下丘脑	生物周期节律、完成行为	睡眠紊乱，丧失食欲、性欲，体重降低
乳头体	回忆（案例可参考文献 [74]）	社会疏离
经由穿过该脑室的某些组织进行连接		
经由穹窿连接的海马体	复杂记忆、积极性、情绪（案例可参考文献 [74]）	嗜睡，注意力降低
经由终纹连接的杏仁体	社会交往、针对情绪性事件的恐惧 / 防卫记忆（案例可参考文献 [75]）	社会疏离，防御性增强（蜷缩，避免眼神交流）
经由缰核连接的单胺类神经通路		与单胺类神经通路中涨落的非特定扰乱相关的事件

图 2-2 与第三脑室紧密关联的组织的功能

此图展示了与第三脑室直接相连或是通过某种经穿越其的组织间接相连的组织。与抑郁有关的行为簇的可能功能减少了由攻击所引发的刺激的进一步扩散。通过增加防御性、降低进行完成行为的动机以及睡眠紊乱达成该目的，进而当其他个体处于不活跃状态时，使抑郁个体达到活跃度的顶峰。由于有毒物质释放到脑脊液（CSF）中所导致的损伤很难精确，因此，并不是所有以这一方式所导致的效应都表现得显著或有效

为这一范畴。

关于新的抗抑郁疗法的研发方面，目前已经有了两种不同的策略。一种方式是通过尝试去确认所设想的造成损伤的有毒物质，通过阻止其活性或防止对其的释放来达到治疗目的；第二种途径则是开发出一种能锁定损伤的疗法，从而逆转其效应[27]。这两种途径中，有一点十分重要，即通过恰当的物种[29]和情景来进行考察（案例可参考文献 [70] 和 [71]），而不应当仅关注单胺活性的动物模型。

总之，当下手稿概括了这样一种观点，即抑郁是一种围绕第三脑室在解剖学意义上构造的进化的适应性，关于这一适应的行为表达通过在脑室中释

---

① 英文原书中即先出现序号 [72]～[75]，且未出现序号 [73]、[76]，此处遵照英文原书，全书此类余同——译者

放某种刚刚被确认的毒素因子来进行调节。这并非一个精确的传送系统，除此之外对于抑郁临床症状自身的表达同样重要的各种组织也将不可避免地被影响。最后，希望这里所提供的分析对未来寻找更为有效的基于药物的抗抑郁疗法具有启发价值。

参 考 文 献

[1] World Health Organization: The ICD-10 Classification of Mental and Behavioural Disorders: Diagnostic Criteria for Research. WHO, Geneva (1993)

[2] Weissman, M.M., Bland, R.C., Caninio, G.F., Faravelli, C., Greenwald, S., Hwu, H.G., Joyce, P.R., Karam, E.G., Lee, C.K., Lellouch, J., Lepine, J.P., Newman, S.C., Rubiostipec, M., Wells, J.E., Wickramaratne, P.J., Wittchen, H.U., Yek, E.K.: Cross-national epidemiology of major depression and bipolar disorder. J. Am. Med. Assoc. **276**(4), 293–299 (1996)

[3] Angst, J.: The epidemiology of depressive disorders. Eur. Neuropsychopharmacol. **5**, 95–98 (1995)

[4] Blazer, D.G.: Mood disorders: epidemiology. In: Sadock, B.J., Sadock, V.A. (eds.) Comprehensive Textbook of Psychiatry, pp. 1298–1308. Lippincott, Williams & Wilkins, New York (2000)

[5] Keller, M.B.: Depression: a long term illness. Br. J. Psychiatry **165**(s26), 9–15 (1994)

[6] Kessler, R.C., Berglund, P., Demler, O., Jin, R., Koretz, D., Merikangas, K.R., Wang, P.S.: The epidemiology of major depressive disorder: results from the National Comorbidity Survey Replication (NCS-R). J. Am. Med. Assoc. **289**, 3095–3105 (2003)

[7] Wittchen, H.U., Knauper, B., Kessler, R.C.: Lifetime risk of depression. Br. J. Psychiatry **165**, 16–22 (1994)

[8] Burt, V.K., Stein, K.: Epidemiology of depression throughout the female life cycle. J. Clin. Psychiatry **63**(Suppl 7), 9–15 (2002)

[9] Bloch, R.G., Dooneief, A.S., Buchberg, A.S., Spellman, S.: The clinical effects of isoniazid and iproniazid in the treatment of pulmonary tuberculosis. Ann. Intern. Med.

40, 881–900 (1954)

[10] Brodie, B.B., Shore, P.A.: A concept for a role of serotonin and norepinephrine as chemical mediators in the brain. Ann. NY Acad. Sci. **66**, 631–642 (1957)

[11] Bunney, W.E., Davis, L.M.: Norepinephrine in depressive reactions. Arch. Gen. Psychiatry **13**, 483–494 (1965)

[12] Carlsson, A.: Brain monoamines and psychotropic drugs. Neuropsychopharmacology **2**, 417 (1961)

[13] Maas, J.W.: Biogenic amines and depression. Biochemical and pharmacological separation of two types of depression. Arch. Gen. Psychiatry **32**, 1357–1361 (1975)

[14] Schildkraut, J.J.: The catecholamine hypothesis of affective disorders: a review of supporting evidence. Am. J. Psychiatry **122**, 609–622 (1965)

[15] Brown, S.L., Steinberg, R.L., van Praag, H.M.: The pathogenesis of depression: reconsideration of neurotransmitter data. In: den Boer, J.A., Sitsen, J.M.A. (eds.) Handbook of Depression and Anxiety: A Biological Approach, pp. 317–347. Marcel Dekker, New York (1994)

[16] Heninger, G., Delgado, P., Charney, D.: The revised monoamine theory of depression: a modulatory role for monoamines, based on new findings from monoamine depletion experiments in humans. Pharmacopsychiatry **29**, 2–11 (1996)

[17] Lacasse, J.R., Leo, J.: Serotonin and depression: a disconnect between the advertisements and the scientific literature. PLoS Med. **2**(12), e392 (2005)

[18] Mendels, J., Stinnett, J., Burns, D., Frazer, A.: Amine precursors and depression. Arch. Gen. Psychiatry **32**, 22–30 (1975)

[19] Stahl, S.M.: Essential Psychopharmacology: Neuroscientific Basis and Practical Application. Cambridge University Press, Cambridge (2000)

[20] Moller, H.J., Volz, H.P.: Drug treatment of depression in the 1990s. An overview of achievements and future possibilities. Drugs **52**, 625–638 (1996)

[21] Jick, H., Kaye, J.A., Jick, S.S.: Antidepressants and the risk of suicidal behaviours. JAMA **292**, 338–343 (2004)

[22] Hendrie, C.A., Sarailly, J.: Evidence to suggest that self-medication with alcohol is not

30

an effective treatment for the control of depression. J. Psychopharmacol. **12**, 112 (1998)

[23] Hughes, S., Cohen, D.: A systematic review of long-term studies of drug treated and non-drug treated depression. J. Affect. Disord. **18**, 9–18 (2009)

[24] NICE: Depression: Management of Depression in Primary and Secondary Care. Clinical Guideline 23. National Institute for Clinical Excellence, London (2004)

[25] Ruddick, G.: GSK seeks to abandon 'White pill and Western markets' strategy, (The Daily Telegraph 5 Feb 2010)

[26] Cocchi, M., Tonello, L., Lercker, G.: Platelet stearic acid in different population groups: biochemical and functional hypothesis. Nutr. Clín. Diet Hosp. **29**, 34–45 (2009)

[27] Hendrie, C.A., Pickles, A.R.: Depression as an evolutionary adaptation: anatomical organisation around the third ventricle medical hypotheses. Med. Hypotheses **74**, 735–740 (2010)

[28] Moncrieff, J.: Are antidepressants as effective as claimed? No, they are not effective at all. Can. J. Psychiatry **52**, 96–97 (2007)

[29] Hendrie, C.A., Pickles, A.R.: Depression as an evolutionary adaptation: implications for the development of preclinical models. Med. Hypotheses **72**, 342–347 (2009)

[30] Willner, P., Mitchell, P.J.: The validity of animal models of predisposition to depression. Behav. Pharmacol. **13**, 169–188 (2002)

[31] Steru, L., Chermat, R., Thierry, B., Simon, P.: The tail suspension test: a new method for screening antidepressants in mice. Psychopharmacology **85**, 367–370 (1985)

[32] Cryan, J.F., Mombereau, C., Vassout, A.: The tail suspension test as a model for assessing antidepressant activity: review of pharmacological and genetic studies in mice. Neurosci. Biobehav. Rev. **29**, 571–625 (2005)

[33] Porsolt, R.D., Bertin, A., Jalfre, M.: Behavioral despair in mice: a primary screening test for antidepressants. Arch. Int. Pharmacodyn. Thér. **229**(2), 327–336 (1977)

[34] American Psychiatric Association: Diagnostic and Statistical Manual of Mental Disorders, 4th edn. American Psychiatric Association, Washington (1994)

[35] Beck, A.T., Ward, C.H., Mendelson, M., Mock, J., Erbaugh, J.: An inventory for measuring depression. Arch. Gen. Psychiatry **4**, 561–571 (1961)

31

[36] Hamilton, M.: A rating scale for depression. J. Neurol. Neurosurg. Psychiatry **23**, 56–62 (1960)

[37] World Health Organization: The World Health Report 2002: Reducing Risks, Promoting Healthy Life. World Health Organization Geneva, Switzerland (2002)

[38] Neylan, T.C.: Treatment of sleep disturbances in depressed patients. J. Clin. Psychiatry **56**, 56–61 (1995)

[39] Dixon, A.K., Frisch, H.U.: Animal models and ethological strategies for early drug-testing in humans. Neurosci. Biobehav. Rev. **23**(2), 345–358 (1998)

[40] Fossi, L., Faravlli, C., Paoli, M.: The ethological approach to assessment of depressive disorders. J. Nerv. Ment. Dis. **172**, 332–340 (1984)

[41] Schelde, J.T.M.: Major depression: behavioral markers of depression and recovery. J. Nerv. Ment. Dis. **186**, 133–140 (1998)

[42] Dixon, A.K.: Ethological aspects of psychiatry. Schweiz. Arch. Neurol. Psychiatr. **137**(5),151–163 (1986)

[43] Price, J., Sloman, L., Gardner, R., Gilbert, P., Rohde, P.: The social competition hypothesis of depression. Br. J. Psychiatry **164**, 309–315 (1998)

[44] Gilbert, P., Allan, S.: The role of defeat and entrapment (arrested flight) in depression: an exploration of an evolutionary view. Psychol. Med. **28**, 585–598 (1998)

[45] Sloman, L., Gilbert, P. (eds.): Subordination and Defeat: An Evolutionary Approach to Mood Disorders. Lawrence Erlbaum, Mahwah (2000)

[46] Sharpley, C.F., Bitsika, V.: Is depression "evolutionary" or just "adaptive"？A comment. Depression Research and Treatment 10.1155/2010/631502 (2010)

[47] Kreicbergs, U., Valdimarsdó ttir, U., Onelöv, E., Henter, J.I., Steineck, G.: Anxiety and depression in parents 4–9 years after the loss of a child owing to a malignancy: a population-based follow-up. Psychol. Med. **34**, 1431–1441 (2004)

[48] Zisook, S., Shuchter, S.R.: Depression through the first year after the death of a spouse. Am. J. Psychiatry **148**, 1346–1352 (1991)

[49] Buss, D.M.: Sex differences in human mate preferences: evolutionary hypotheses testing in 37 cultures. Behav. Brain Sci. **12**, 1–49 (1989)

[50] Emlen, S.T., Oring, L.W.: Ecology, sexual selection and the evolution of mating systems. Science **197**, 215–223 (1977)

[51] Usall, J., Pinto-Meza, A., Fernández, A., de Graaf, R., Demyttenaere, K., Alonso, J., de Girolamo, G., Lepine, J.P., Kovess, V., Haro, J.M.: Suicide ideation across reproductive life cycle of women. Results from a European epidemiological study. J. Affect. Disord. **116**, 144–147 (2009)

[52] Connor, T.J., Leonard, B.E.: Depression, stress and immunological activation: the role of cytokines in depressive disorders. Life Sci. **62**, 583–606 (1998)

[53] Middlemiss, D.N., Price, G.W., Watson, J.M.: Serotonergic targets in depression. Curr. Opin. Pharmacol. **2**, 18–22 (2002)

[54] Reul, M.H.M., Holsboer, F.: Corticotropin-releasing factor receptors 1 and 2 in anxiety and depression. Curr. Opin. Pharmacol. **2**, 23–33 (2002)

[55] Nemeroff, C.B.: The corticotrophin releasing factor hypothesis of depression: new findings and new directions. Mol. Psychiatry **1**, 336–342 (1996)

[56] Arborelius, L., Owens, M.J., Plotsky, P.M., Nemeroff, C.B.: The role of corticotropin-releasing factor in depression and anxiety disorders. J. Endocrinol. **160**, 1–12 (1999)

[57] Strickland, P.L., Deakin, J.F.W., Percival, C., Dixon, J., Gater, R.A., Goldberg, D.P.: Biosocial origins of depression in the community: interactions between social adversity, cortisol and serotonin transmission. Br. J. Psychiatry **180**, 168–173 (2002)

[58] Kramer, M.S., Cutler, N., Feighner, J., Shrivastava, R., Carman, J., Sramek, J.J., Reines, S.A., Liu, G., Rupniak, N.M.J.: Distinct mechanism for antidepressant activity by blockade of central substance P receptors. Science **281**, 1640–1645 (1998)

[59] Hendrie, C.A.: The funding crisis in psychophamacology: an historical perspective. J. Psychopharmacol. **24**, 439–440 (2010)

[60] Blumer, A., EhrenFeucht, A., Hauseler, D., Warmuth, M.K.: Occam's razor. Inf. Process. Lett. **24**, 377–388 (1987)

[61] Baumann, B., Bornschlegl, C., Krell, D., Bogerts, B.: Changes in CSF spaces differ in endogenous and neurotic depression: a planimetric CT scan study. J. Affect. Disord. **45**, 179–188 (1997)

32

[62] Bernstein, H.G., Krause, S., Klix, M., Steiner, J., Dobrowolny, H., Bogerts, B.: Structural changes of mammillary bodies are different in schizophrenia and bipolar disorder. Schizophr. Res. **98**, 7–8 (2008)

[63] Dasari, M., Friedman, L., Jesberger, J., Stuve, T.A., Findling, F.L., Swales, T.P., Schulz, S.C.: A magnetic resonance imaging study of thalamic area in adolescent patients with either schizophrenia or bipolar disorder as compared to healthy controls. Psychiatry Res. **91**, 155–162 (1999)

[64] Dupont, R.M., Jernigan, T.L., Heindel, W., Butters, N., Shafer, K., Wilson, T., Hesselink, J., Gillin, C.: Magnetic resonance imaging and mood disorders: localization of white matter and other subcortical abnormalities. Arch. Gen. Psychiatry **52**, 747–755 (1995)

[65] Sheline, Y.I., Sanghavi, M., Mintun, M.A., Gado, M.: Depression duration but not age predicts hippocampal volume loss in women with recurrent major depression. J. Neurosci. **19**, 5034–5043 (1999)

[66] Sheline, Y.I., Gado, M.H., Kraemer, H.C.: Untreated depression and hippocampal volume loss. Am. J. Psychiatry **160**, 1516–1518 (2003)

[67] Stockmeier, C.A., Mahajan, G., Konick, L.C., Overholser, J.C., Jurjus, G.J., Meltzer, H.Y., Uylings, H.B.M., Friedman, L., Rajkowska, G.: Cellular changes in the postmortem hippocampus in major depression. Biol. Psychiatry **56**, 640–650 (2004)

[68] Sheline, Y.I., Gado, M.H., Price, J.L.: Amygdala core nuclei volumes are decreased in recurrent major depression. Brain Imaging **9**, 2023–2028 (1998)

[69] Hastings, R.S., Parsey, R.V., Oquendo, M.A., Arango, V., Mann, J.: Volumetric analysis of the prefrontal cortex, amygdala, and hippocampus in major depression. Neuropsychopharmacology **29**, 952–959 (2004)

[70] Hendrie, C.A., Pickles, A.R., Duxon, M.S., Riley, G., Hagan, J.J.: Effects of fluoxetine on social behaviour and plasma corticosterone levels in female mongolian gerbils. Behav. Pharmacol. **14**, 545–550 (2003)

[71] van Kampen, M., Kramer, M., Hiemke, C., Flügge, G., Fuchs, E.: The chronic psychosocial stress paradigm in male tree shrews: evaluation of a novel animal model for depressive disorders. Stress **5**, 37–46 (2002)

[72] Falcón, J., Besseau, L., Fuentès, M., Sauzet, S., Magnanou, E., Boeuf, G.: Structural and functional evolution of the pineal melatonin system in vertebrates. Ann. NY Acad. Sci. **1163**, 101–111 (2009)

[73] Tsivilis, D., Vann, S.D., Denby, C., Roberts, N., Mayes, A.R., Montaldi, D., Aggleton, J.P.: A disproportionate role for the fornix and mammillary bodies in recall versus recognition memory. Nat. Neurosci. **11**, 834–842 (2008)

[74] Gray, J.A., McNaughton, N.: Comparison between the behavioural effects of septal and hippocampale lesions: a review. Neurosci. Biobehav. Rev. **7**, 119–188 (1983)

[75] Aggleton, J.P.: The Amygdala: A Functional Analysis. Oxford University Press, Oxford (2000)

[76] Lecourtier, L., Kelly, P.H.: A conductor hidden in the orchestra? Role of the habenular complex in monoamine transmission and cognition. Neurosci. Biobehav. Rev. **31**, 658–672 (2007)

33

第三章
抑郁是否需要一种进化的解释

萨拉·阿什福德

第一节　导言：达尔文与情绪

在达尔文 200 周年诞辰（2009 年）之际，我们不禁联想到达尔文是最早以进化的观点来考察人类情绪的学者之一，该观点出现于其在 1872 年出版的著作《人与动物情绪的表达》（*The Expression of Emotions in Man and Animals*）中。书中达尔文考察了人类与动物的各种情绪，认为人类情绪表情是普遍的（涵盖所有文化）、先天的，并且遗传自我们的非人灵长类祖先。与许多今天的人类情绪解释相反，达尔文认为许多人类情绪表达（行为）对于人类来说并不是适应的，而是在我们的灵长类祖先那里尚且适应的表达的残迹。典型的证据如受惊吓时的毛囊末梢（鸡皮疙瘩），这对于人类来说用处有限，但对于我们布满毛发的哺乳类祖先来说曾经是一种适应性，这样可以使它们在面对捕食者或同类威胁时显得体型更大些 [1]。这些残迹证据支持了达尔文关于物种连续性的观点：我们从我们的灵长类祖先那里遗传了许多情绪行为和表达。这一论点反驳了每一物种都是独立的创造的观点，也就是说，是否存在一个造物主设计了拥有不具任何功能的情绪行为的人类？可以确定，从逻辑上我们更倾向于相信这些表达是通过遗传获得的，尽管是源自非人类的祖先。

很明显，提供一种关于人类情绪行为的进化解释并不一定非要提供一种适应的解释。达尔文主要聚焦于情绪的表达，比如皱眉、哭泣、眉毛上扬等，

34　因此关注人类或动物的神经与肌肉系统。这些情绪的外部表达可以概念化为情绪的"生理学"方面，动物与人类之间在生理学上的一致性被很好地确立。达尔文很少关注与人类情绪有关的思想感情——这些在今天被称作情绪的心理学方面，而且尚不清楚它们的进化起源。达尔文曾区分了许多人类情绪类型，比如"兴奋"中会导致有力的行为的愤怒，又比如会导致消沉行为的"抑郁"。有趣的是，与之后所讨论的进化模型有关，疼痛、恐惧、悲伤情绪被达尔文首先描述为兴奋，但认为它们"最终导致彻底的力竭"[2]。

第二节　抑郁是否需要一种进化的解释？ ①

我对于该问题的初步回答是，抑郁需要一种进化的解释，毕竟，被普遍认可（至少是被进化论者们）的事实是，"没有了进化论的光芒生物学将是空洞的"[3]。如果抑郁和其他人类情绪状态是人类大脑及其与身体交互作用的产物，那么它就像其他所有生物学实体那样，经历过生物进化。如果抑郁在我们的进化历史中发挥过有益用途，从而被赋予了一种进化有利性，那么它就有可能是通过自然选择逐步形成的。另外，在达尔文看来，抑郁也可能是一种曾在非人类哺乳类祖先那里有益的某种情绪反应的残迹。相较之下，抑郁还可能是一种"边际效应"，是对于某种不同类型脑功能选择的不幸结果，比如悲哀[4]或"情感反应"，表达了一个人在社会互动中情绪反应的程度[5]（参见本章第四节中的情感反应部分）。

在今日社会，抑郁是一种严重且潜在的对生命存在威胁的状态。它位列在世界范围内导致残疾的重要原因之一，预计到 2020 年，将成为全年龄段男性和女性共同面临的第二大全球性疾病负担[6]。

近期针对抑郁的进化起源问题的研究开始兴起，部分动机在于，希望能够解释这样一种明显的悖论，即为何一种严峻且让人衰弱的状态能够存于今日并且表现出如此之高的全球性出现频率[7]。

----

① 英文原书此节标题与第三章章标题重复，此处遵照英文原书处理。——译者

第三节　抑郁的本质

关于抑郁的本质及其病因学问题始终存在着巨大的争论。在西方，抑郁（连同躁狂症）被分类为一种情绪障碍和一种心理疾病的形式。表 3-1 给出了关于抑郁疾病的国际疾病分类（international classification of diseases，ICD）。

表 3-1　ICD-10：症状需符合抑郁发作的标准（世界卫生组织）[8]

A

- 抑郁情绪
- 丧失兴趣与乐趣
- 活力减少与活跃度降低

B

- 专注度降低
- 自尊心与自信心降低
- 存在内疚与自贬思想
- 存在悲观想法
- 存在自我伤害的思想
- 睡眠紊乱
- 食欲减弱

轻度抑郁：至少满足 A 中 2 项并且满足 B 中 2 项

中度抑郁：至少满足 A 中 2 项并且满足 B 中 3 项

重度抑郁：满足 A 中全部 3 项并且至少满足 B 中 4 项

症状的严重性以及功能障碍的程度同样需要指导分类

这些症状的列表不仅仅包括情绪的改变，还包括认知障碍、运动与言语迟缓、睡眠与食欲紊乱。

然而，在非西方的文化中，抑郁很少被以心理学的形式体验，当作一种消沉和负面的想法，而是以身体症状的形式被体验，比如生理疼痛、疲倦以及眩晕[9]。抑郁的表达和体验根据文化特色而呈现出多样化，但有证据表明抑郁是普遍性的。特别是，其症状涉及快乐以及正常兴趣的丧失、悲伤或绝望、从惯常活动和人际关系中退出，以及失去活力，这些通常与困难的生活体验有关，而这一点被认为是跨文化的[9]。

第四节　抑郁的进化模型

　　今日社会中抑郁的高流行以及抑郁在拥有相近患病率（4%～10%）的不同文化中的表现，为将抑郁作为一种人类进化的适应性的观点提供了论据 [10]。不过，抑郁并不仅仅是一种人类现象，"抑郁"同时也存在于许多非人类动物当中。例如，曾观察到当幼年黑猩猩和猕猴与它们的母亲分开时会表现出与人类抑郁患者相似的悲痛行为。正如后面会描述的，瓦特（D. Watt）和潘克塞普（J. Panksepp）[11]认为，人类的抑郁源于一种其所保留的"离别悲痛"情绪系统的再激活与关闭，该系统的主要功能覆盖了整个哺乳类动物，其引起了个体与其母亲的社会联系。

36　　在这一节中，我将回顾一些主要的抑郁进化模型。

　　（1）社会等级模型

　　在许多存在等级序列的群居哺乳类动物中，个体是等级化的。在一个等级序列中个体的地位通常是通过侵略与冲突确立的，但等级一旦确立便可以减少冲突、促成稳定 [1]。在生态学中得到确认的观察显示，那些在群体竞争中被击败（或称社会性屈从）的个体将遭受相当大的压力，展现出与人类抑郁类似的行为。普赖斯（J. de Solla Price）等 [12]作为一种最早假说的研究者，认为人类的抑郁是在向对手表达屈服的信号，表示没有"威胁"。倦怠与消极、与沮丧相关的悲观认识被设想为是在阻止任何进一步的冲突。为了支持这一模型，曾有观点认为抑郁症患者表现出过度的顺从和自我贬损，这与群居非人类动物的屈服表现相似（至少是在表面上）[13]。认为抑郁进化是一种社会屈从的观点仍需证据支持 [14]。不过，这些社会等级模型是在回避这一问题，即现代人类是在一个等级序列中进化的，就像我们的近亲黑猩猩那样。或许我们看到的是源于人类心灵进化之前的行为反应的残迹。此外，尚不清楚动物屈从的"某种抑郁的反应"是否是一种适应。抑郁-屈服反应也可能是在个体被置于从属地位的情况下，伴随着不断增大的压力而产生的副作用，不过这一点也有争议 [15]。这一可能性将在后面的结论部分进一步讨论。

　　吉尔伯特（P. Gilbert）[16]在一种扩展的社会等级模型中将我们进化遗传残迹的"无力感的进化"描述为抑郁的起源，这意味着，在今日社会，那些感到在社会情境中陷入困境的人会觉得自卑且失去能力，从而面临发展为抑郁的风险。也就是说，在人类中进化的抑郁直接来自等级排定行为。今天，人们充分认识到抑郁的人群会有失落、失败、被拒绝和被抛弃的感觉体验[17]。有相当多的证据表明，抑郁是由不利的生活环境，尤其是导致诱惑和羞辱感的事件引发的[18]。吉尔伯特的模型十分有趣，因为其超越了以某种行为反应的形式来描述抑郁，即将抑郁作为一种屈服信号的反应，是一种原因因素，而之前我们所知更多的是抑郁的心理学方面。该模型包含了自尊低下、无助、失落等感觉[19]。然而，要确定这些负面想法和感觉在抑郁中是否可以作为原因因素还面临相当大的困难。可能它们只是心情低落的结果而非诱因[20]。

"社会等级"模型是基于抑郁的"习得性无助感模型"（learned helplessness model）所构想的[21]。动物遭受应激情境时，由于逃避无望，所以很快放弃并展现出无生命力、消极以及经常性恐惧的状态。这一行为被描述为习得性无助感，取决于动物自身情况，会存在数月或数年。在许多案例中，那些正在经历抑郁感的个体无法掌控逆境，他们会发现他们自己正经历耻辱和陷落的感觉[18]。在某种意义上，它们会演化为某种习得性无助感的形式。

（2）交涉模型

抑郁也被设想为一种"交涉"（bargaining）的方式。在这种情况中，患者发出了从社群中抽离的意愿信号，除非群体对患者继续进行投入，否则会导致患者在群体中的威严损失，这一行为将会帮助患者重新恢复其在群体中的角色定位[22]。抑郁相当于在这里告诉患者他们"正在（或是最近）体验的情况与进化时期的净适合度代价存在确实关联"，并因而促成了投入决策。这一模型特别针对产后抑郁症，其中由于新生儿所带来的适合度损失的风险被凸显。因为抑郁具有显著的发病率，并且在一些案例中存在发病死亡率，这一策略的好处在于将会使个体避开潜在的风险。在今日社会中，这种类型的行为类似于一种隐晦的敲诈，但是在我们的祖先那里这种手段是富有成效的。

（3）分析沉思假说

"分析沉思假说"（analytical rumination hypothesis，ARH）聚焦于提供一种与抑郁关联的认识（思想）改变的进化说明[7]。其认为，与抑郁关联的沉思有助于在导致抑郁的社会问题上"聚焦于心灵"，并进而加强寻找适当解决方案的能力。同样地，它还主张这种沉思分析的能力必将为我们患有抑郁的、可能的人类祖先提供一种选择的优势，或是使他们或多或少更"有心眼"。

不过，与之相反的观察显示，患有抑郁的个体会注意力不集中，可能会被制止（通过健康护理人员）做出改变生活的决策，直到他们痊愈。此外，贝克（A. Beck）的抑郁高度影响的认识模型提出，抑郁患者全然负面的思想（和沉思）作为抑郁的*原因*，或至少是作为维持抑郁的重要因素，并不能帮助摆脱抑郁[20]。

（4）情感反应

该模型提供了一种抑郁的适应论方案，内特尔（J. Nettle）认为抑郁的倾向发生于那些被称为"情感反应"的人类个性特征分布的最末端区域[5]。情感反应被描述为一个人在面对负面事件时所表现出的反应等级的量度，比如"神经过敏或负面情绪"。情感反应的变化性符合一般正态分布表明它具有多基因性。情感反应的最佳等级可能主要围绕在群体的均值位置，表明这种情况是一种稳定选择的结果。拥有一种"相当被动的消极情感系统"意味着促使人们"努力追求并避免消极后果的东西是值得的，而且这些可能与适合度的增加相关"。抑郁可以被视为是对这种最佳反应等级进行选择的副产品。这一模型实际上描述了可能导致对抑郁敏感的某种潜在个性特征的可能遗传分布。

为了支持这一模型，遗传学研究表明对抑郁的敏感性具有多重因素，暗示了存在许多具有微小效应的基因[23]。孪生子研究得出的遗传可能性估值达37% 左右[23]。这意味着存在对抑郁敏感性的变异，其中 37% 可归因于基因差异（遗传变异）。已适应的特征拥有较低的遗传可能性（通常低于 0.2），因为选择移除了大部分的遗传变异性[24]。这便为抑郁不是一种人类的适应性特征的观点提供了更进一步的支持。最后说明，高度神经过敏的倾向和那些易患重度抑郁的倾向之间存在稳定的关联[25]。

（5）离别悲痛

关于人类心灵（包括抑郁）进化的研究中存在一种路径，即情感的神经科学研究[26]。其研究路径描述了一种进化保留（evolutionary-conserved）的情绪系统。该研究在所有的哺乳类动物中区分出七种基本的情绪系统：追求

（seeking）、愤怒（rage）、害怕（fear）、恐慌（panic）、嬉戏（play）、性欲（lust）、关怀（care）。特别是其中的恐慌与人类以及其他动物中的抑郁有关，每种情绪系统由特定的神经化学网络所表征，它引起确定的神经递质以及情绪趋向[26]。

恐慌系统调节社会性依附，特别是婴儿出生后对父母的依附性。当恐慌系统通过诸如哭泣等悲痛发声成功达成这一结果时，从术语上定义为离别悲痛。在人类或其他动物中，当幼小动物被独自留下时就会引起悲痛发声，当幼崽紧紧靠近照料者时悲痛发声就会被抑制。恐慌的神经回路激发被假设为引导社会联系建构的主要因素之一，通过悲痛发声能促使其与双亲再接触。对这一神经系统的神经递质调节包括促肾上腺皮质激素释放因子（corticotrophin releasing factor，CRF）和谷氨酸盐，与内啡肽和催产素一起能抑制这一系统[11]。

瓦特和潘克塞普[11]假定对于离别的抑郁反应出现于最初的抗议反应之后，该特征在哺乳动物大脑进化过程中被选择。抑郁反应的功能在于缩短悲痛发声，从而减少个体被捕食者侦听到的可能。这里抑郁被当作一种"关闭"机制。在强烈的发声期过去之后，从能量利益的角度考量"为了保存身体资源，行为上退回到抑制性的绝望阶段"。该观点认为人类继承了这种关闭机制，从而使这种机制具有一种可以再激活的遗传倾向，或是作为针对于几乎任何慢性压力的反应，通过其他发病诱因所激活，比如早期经历的丧失或离别创伤。这种反应与灵长类动物对于丧失-离别的二阶反应相似，其中，当抗议激活之后随之而来的是消极的绝望[26]。离别之后所经历的痛苦可能是重新找回父母的动机。值得注意的是，体内内生的镇静止痛剂内啡肽抑制了这一系统，当其产生时幼崽开始重新寻找双亲。

离别悲痛反应某种程度上是由 CRF 调节的，后者激活了下丘脑—垂体—肾上腺（HPA）轴，引导肾上腺皮质分泌肾上腺皮质醇。这些都是压力反应的重要介质。特别是压力反应能够提升皮质醇的水平，长久以来被认为是人类抑郁发作的一个因素[19]。

幼儿早期与双亲的离别以及其他发生于童年时期不利的生活事件能够导致脑中发生神经化学变化，从而使幼儿在未来生活中易患抑郁[17]。这些早期

39

生活经历可能包括失去父母、双亲的忽视或虐待。观点认为，这些早期不利生活事件激活了脑中的恐慌/离别悲痛系统。在动物模型以及遭受过早期逆境的人类中，神经化学变化包括肾上腺皮质醇与 CRF 受体数量的变化。这些变化导致了 HPA 轴调控机制的损伤，引起 CRF 与肾上腺皮质醇水平提升。当动物遭受压力时，包括前面讨论的社会从属关系压力[15]，这些神经激素反应被激活。HPA 轴调控机制受损可能导致对未来生活中压力的敏感度上升。

在离别悲痛模型中，自然选择青睐于作为缩短悲痛发声的手段的"关闭"机制，从而使得个体不易被捕食者侦测到，或是帮助保存身体资源。这种关闭机制表现为一种进化的适应，从而使我们从我们的非人类祖先那里将之继承下来。这一模型的要点在于，其将情绪反应，特别是那些在婴儿期所产生的早期依恋情结，与关键的神经化学路径结合起来。这一观点中最为重要的神经关联在于，HPA 轴的激活构成了离别悲痛的首次抗议阶段，作为"关闭"的神经化学机制尚不清楚，但其可能与不断增加的细胞因子产生或强啡肽-阿片样物质系统激活有关。

是否某种"关闭"机制因其减缓离别悲痛反应的功能被选择，或者说，"关闭"对于持续的压力来说是否是一种不利的心理学反应，这一点尚存疑问[15]。这些在后面还会进一步讨论。

第五节　结　　论

在本章一开始，我主张抑郁需要一种进化的说明。这是因为抑郁是一种情绪状态，是人类大脑的产物，而人类大脑是数百万年进化的结果。

问题在于，抑郁是否是一种适应。也就是说，在我们的进化历史中其是否具有有用的功能，从而赋予了我们祖先选择的有利性。反过来说，抑郁可能并不是一种适应，而是一种心理反应，其发生是作为持续压力所导致的结果。

前面所讨论的全部模型的共同思路在于，认为抑郁是一种对不利生活环境的反应，特别是那些使得个体感到无力、屈从或无助的环境。例如，离别悲痛模型强调婴儿和双亲分离有关的悲痛体验，这一反应可能在其成年时当面对相似的丧失或逆境体验时被激活。另一共同思路在于，认为抑郁是某种形式的屈服或无助状态，抑或神经性的关闭。这种"关闭"或消极行为被认为具有重要的功能，不论其是在发出"无威胁"的信号，或是保存能量，抑或暗示需要来自他人的更大程度的投入。认为这种消极行为或关闭曾受到选择的观点将抑郁视为一种进化的适应。尽管抑郁反应似乎具有多种功能，但抑郁的脆弱性源自个性的其他方面，比如情感反应[5]。

正如普遍承认的那样，今日社会中表现出抑郁的人拥有某种潜在的脆弱性或倾向性，这种本性可能至少是部分遗传的[23]。许多研究表明，这种脆弱性是环境性的，其频率与童年时期经历的丧失或忽视有关[20, 27]。换句话说，抑郁已经越来越多地被视为一种发育问题。这一观点与关于抑郁的精神分析模型相呼应，在该模型中，抑郁被视为源于早期某种人际关系方面（通常是与母亲）矛盾心理的失败感的哀伤。发生于后期生活中的丧失会重新激活最初的悲哀、悲痛以及被抛弃感[28]。正如前面瓦特和潘克塞普所认为的，这种观点的生物学基础可能是离别悲痛系统[11]。因此，我们可能遗传了重要的离别悲痛系统，其功能有助于童年时期母子关系的黏合。抑郁的脆弱性所可能导致的后果与我们本性所接收到的东西相关，即与我们的早期生活环境和我们与照料者的关系有关。同样地，我发现我们祖先所拥有的抑郁更可能是离别悲痛反应的某种不幸的边际效应。在神经化学的层面上，这会表现为某种形式的内稳态失衡，在其中，应激激素肾上腺皮质醇的持续分泌导致了与人类抑郁有关的生物胺（去甲肾上腺素、血清素、多巴胺）的耗损[15]。这样的失衡状态可能会引起生理学意义上的关闭，但这种关闭是一种不利的边际效应而非受到选择的某种机制。

因此可以认为，如果我们要提供一种关于抑郁的进化解释，那么我们就需要同时考虑进化的遗传性（我们的种系发生）和我们的发育历史（我们的个体发生）。

41 **参 考 文 献**

[1] Cartwright, J.: Evolution and Human Behaviour, 2nd edn. Palgrave Macmillan, New York (2008)

[2] Darwin, C.: The Expression of the Emotions in Man and Animals. Digireads, Stilwell (2005). 1872

[3] Dobzhansky, T.: Nothing in biology makes sense except in the light of evolution. Am. Biol. Teach. **35**, 125–129 (1973)

[4] Wolpert, L.: Depression in an evolutionary context. Philos. Ethics Humanit. Med. **3**, 8 (2008)

[5] Nettle, J.: Evolutionary origins of depression: a review and reformulation. J. Affect. Disord. **81**, 91–102 (2004)

[6] What is depression World Health Organisation. http://www.who.int/mental_health/management/depression/definition/en/ (2010). Accessed 10 Mar 2010

[7] Andrews, P., Thomson Jr., J.: The bright side of being blue: depression as an adaptation for analyzing complex problems. Psychol. Rev. **116**(3), 620–654 (2009)

[8] World Health Organisation: The ICD-10 Classification of Mental and Behavioural Disorders. WHO, Geneva (1992)

[9] Kleinman, A., Good, B. (eds.): Culture and Depression: Studies in the Anthropology and Cross-Cultural Psychiatry of Affect and Disorder. University of California Press, London (1985)

[10] Keedwell, P.: How Sadness Survived: The Evolutionary Basis of Depression. Radcliffe Publishing, Oxon (2008)

[11] Watt, D., Panksepp, J.: Depression: an evolutionarily conserved mechanism to terminate

separation distress? A review of aminergic, peptidergic and neural network perspectives. Neuropsychoanalysis **11**, 7–51 (2009)

[12] Price, J., Sloman, L., Gardner, R.P., Gilbert, P., Rohde, P.: The social competition hypothesis of depression. In: Baron-Cohen, S. (ed.) The Maladapted Mind: Classic Readings in Evolutionary Psychopathology. Psychology Press, Hove (1987)

[13] Gardner, P., Wilson, D.: Sociophysiology and evolutionary aspects of psychiatry. In: Panksepp, J. (ed.) Textbook of Biological Psychiatry. Wiley-Liss, Hoboken (2004)

[14] Hendrie, C., Pickles, A.: Depression as an evolutionary adaptation: anatomical organisation around the third ventricle. Med. Hypotheses **74**(4), 735–740 (2009)

[15] Sapolsky, R.: The influence of social hierarchy on primate health. Science **308**, 648–652 (2005)

[16] Gilbert, P.: Depression: The Evolution of Powerlessness. Psychology Press, Hove (1992)

[17] Beck, A.: The evolution of the cognitive model of depression and its neurobiological correlates. Am. J. Psychiatry **165**, 969–977 (2008)

[18] Brown, G.W., Harris, T.: Social Origins of Depression: A Study of Psychiatric Disorder in Women. Free Press, New York (1978)

[19] Gelder, M., Harrison, P., Cowan, P.: Shorter Oxford Textbook of Psychiatry, 5th edn. Oxford University Press, Oxford (2006)

[20] Beck, A.: Cognitive Therapy and the Emotional Disorder. International Universities Press, New York (1976)

[21] Millar, W., Seligman, M.: Depression and learned helplessness in man. J. Abnorm. Psychol. **84**, 223–238 (1975)

[22] Hagen, E.: Depression as bargaining: the case postpartum. Evol. Hum. Behav. **23**, 323–336 (2002)

[23] Sullivan, P., Neale, M., Kendler, K.: Genetic epidemiology of major depression: review and metaanalysis. Am. J. Psychiatry **157**, 1552–1562 (2000)

[24] Hartl, D., Clark, A.: Principles of Population Genetics. Sinauer, Sunderland (1997)

[25] Kendler, K., Gatz, M., Gardner, C., Pederson, N.: Personality and major depression: a Swedish longitudinal, population-based twin study. Arch. Gen. Psychiatry **64**, 958–965

42

(2006)

[26] Panksepp, J.: Affective Neuroscience. Oxford University Press, Oxford (1998)

[27] Bowlby, J.: Attachment and Loss: Sadness and Depression, vol. 3. Hogarth Press, London (1981)

[28] Klein, M.: The Collected Writings of Melanie Klein. Love, Guilt and Reparation: And Other Works 1921–1945, vol. 1. Hogarth Press, London (1998)

第四章
自我和自由意志的达尔文主义解释

贡萨罗·穆涅瓦

第一节　导　　言

生物学研究对社会最能产生冲击的一种方式在于有关人类本质传统观点的转型。特别是在达尔文主义语境下的神经科学领域中这一点最为明显，因为它有潜力将被众多哲学悖论所困扰的传统心灵概念置入科学的领域之中。不过，有时生物学的风格会使这些问题表现得更为棘手。比如，近期神经科学中的理论以及实验成果被认为支持了自我和自由意志不过是幻象的主张，该主张的表述显然并且很可能与我们对于心灵乃至人类关系以及刑事审判制度的常识的理解截然相反。

尽管如此，我将会在本章第二节中提出，进化语境下的神经科学事实上支持了相互对立的两种结论：大脑构成了自我并确定了其自身行为（也就是说我们拥有自由意志）。更明确地讲，反对这些观念的科学依据错误地将自我与意志设想为必须是意识的。他们也因而反对笛卡儿式的自我观念，从而不能容忍将大脑作为在达尔文主义语境中经历过进化和发育的高度分布式系统的解释。

本章第三节极具观点性，我将运用相同的达尔文主义论点来批评性地检验神经-心理学家通过关于自我认识的脑成像研究从而确定自我本质的各种尝试。正如我们即将看到的，达尔文主义的路径将为我们指明一种新的关于自我的心理学与神经科学的研究方向。

第二节　神经科学与自由意志和自我

44

　　自由意志是一个传统的哲学研究领域，在最近数十年来开始受到神经科学领域理论以及实验成果的影响。常常会出现这种情况，随着科学的进步，最后得出的结论往往超出我们的直观，正如大卫·韦格纳（D. M. Wegner）在其《自觉意识的幻象》（*The Illusion of Conscious Will*）[1] 中所认为的那样。韦格纳工作是基于众多实验的，有些实验可追溯至 20 世纪 60 年代。实验中，实验对象相信他导致了某一事件［尼尔森（T. I. Nielson）］，尽管他并没有 [2]，或是在实验中他坚定地拒绝承认他造成了某一事件［沃尔特（W. G. Walter）］，尽管确实是他 [3]。

　　在尼尔森的实验中，一个实验对象被要求用铅笔以点-画的方式在一个盒子的内表面画一条直线（图 4-1）。盒子被垂直放置，实验对象不能直接看到他绘画，因为盒子表面与其身体平行。将一面镜子呈 45° 置于盒子内侧，使得实验对象可以以这面镜子所呈现的镜像作为引导，从而看到自己的手绘制线条的过程。但是，实际上这面镜子只是一面透明玻璃，实验对象看到的手并不是他的，而是另一个人的，这个人以点-画的方式绘制一条偏向右侧的直线。尽管如此，实验对象相信那就是他的手以及经他手所画的线，并试图对于纸上发生偏移的线进行纠正，让其偏向左边（图 4-2）。很明显，他认为他应该对他在"镜子"里看到的曲线负责。

　　沃尔特将电极植入数个患者的运动皮质区域并将之与放大器相连接，放大器反过来会向一台操纵幻灯片投影仪的机器发送信号。接着，他要求毫不知情的患者按照他们的意志通过触压按钮来操作投影仪，而这个按钮实际上并没有连接任何东西。当患者按下按钮，实验者偷偷地让投影仪进入下一个画面。不过，实验者偶尔也会让那台连接着运动皮质区域的放大器接管这一工作。由于电子传输要比神经传输快得多，投影仪将会进入到下一画面，使得尚未按下按钮的患者对此十分困惑。即便他们也已做出了改变画面的决定，但他们拒绝承认是他们自己的意志导致了这一行为。

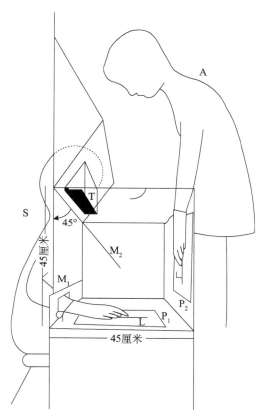

图 4-1　实验对象根据他所以为的镜子反射，用他的左手以点的方式绘制一条线

这面"镜子"其实是透明玻璃，实验对象所看到的正在以点的方式画直线的手其实是研究者的情况，他毫不知情（来自尼尔森[2]，并向 John Wiley & Sons 出版公司致谢）

而且，在这里意志本身似乎外在于因果循环，正如著名的本杰明·李贝特（Benjamin Libet）实验[4]所表明的，实验中，李贝特试图测量实验对象弯曲手掌之后多久其意志出现反应。在一个毫秒级时钟内，显示的是一个大圆点而不是指针，李贝特以此对代表意志的意识思维、准备运动时的大脑准备电位，以及弯曲手掌的行为进行计时（图 4-3）。准备电位通过脑电图机（EEG）很容易计时，手掌弯曲则可以通过肌电图（EMG）来计时，而要对意识事件计时，李贝特十分聪明地要求实验对象记住他们是在钟表圆点处于何位置时决定弯曲手掌的。

46

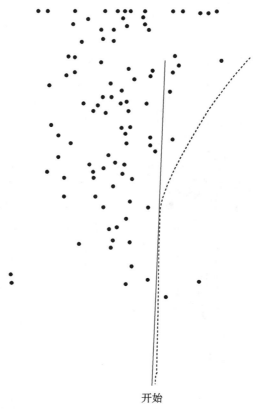

45

开始

图 4-2　实验对象偏向右侧画线，试图对研究者偏向左侧画线的行为进行纠正
（来自尼尔森[2]，并向 John Wiley & Sons 出版公司致谢）

　　很明显可以预判，实验对象有意识地去移动他的手掌，大脑会给出移动手掌的"指令"（准备电位），最终手掌将会移动。出乎大多数人意料的是，李贝特发现大脑（准备电位）先于意志的有意识"活动"平均 350 毫秒开始活动，200 毫秒后才是手掌弯曲。这表明某种潜意识事件导致了有意识的意志和手臂弯曲（图 4-4）。

　　这一结果似乎支持了旧有的关于该哲学议题的一种立场，即认为自由意志不过是一种幻象，例如斯宾诺莎（B. D. Spinoza）、罗素（B. A. W. Russell）以及爱因斯坦（A. Einstein）。然而，正如我们将会看到的，这些杰出的思想家都错了：神经科学实际上支持了自由意志的观念。让我首先以自由意志问

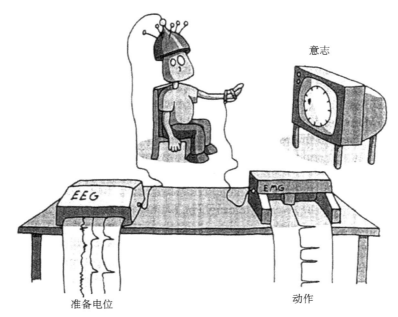

图 4-3　当实验对象即将弯曲他的手掌时，他记下毫秒级时钟上圆点的位置。同时脑
电图确定了大脑准备行为（准备电位）的时刻，而手掌的实际行为则通过肌动电流描
记仪计时。李贝特发现准备电位的发生时间先于意识决定移动手掌，平均为 350 毫秒，
而后者又先于手掌实际开始移动，平均为 200 毫秒［乔利恩·乔先科（Jolyon
Troscianko）绘制，引自布莱克莫尔（S. Blackmore）[5]，向牛津大学出版社致谢］

题的简要哲学说明作为开始。思考该问题的通常方式是，意志是主体体内的　　　47
某种原动机：一种无前因的原因。但正如沃森（G. Watson）对这一问题的解
释[6]，该问题实质应当是是否我们自身决定我们的行为。是否是我决定了我
的行为，抑或是其他的什么东西（又或者什么也没有）？该问题的关键不在
于决定论是否是真实的，正如休谟（D. Hume）所指出的，如果我的行为是由
偶然的原因所导致的，那么它们就不再是我的行为而是其他的什么东西造成
的：我并没有引发它们，因而我也不能对其负责。

　　我在之前的工作中提出过一种解决方案[7, 8]，即大脑就是自我，并且大脑／
自我决定了我们的行为。后面我将会在一定程度上进一步发展这一方案，但
首要问题是，对于任何这类解决方案来说都存在一个艰难的困境：神经科学
似乎认为自我也是一种幻象。

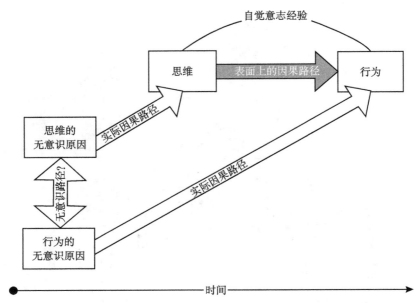

图 4-4　某一无意识的大脑过程导致了行为，并且其直接或间接地导致关于行为的有
意识思维。由于思维先于行为，我们便错误地认为有意识思维是行为的原因（来自韦
格纳 [1]，由 MIT Press 提供）

　　利纳斯（R. Llinas）就提出了一种尖锐的异议，他认为 [9] 自我不过是一
种抽象的概念，通过它我们关涉到最为重要和普遍的脑功能：预测的中心化
（the centralization of prediction）。并不存在中心化的脑部 "器官"，也没有实在
的自我。哲学家丹尼尔·丹尼特（Daniel Dennett）[10] 甚至走得更为深入，他
将自我描述为一种叙述引力的抽象中心（an abstract center of narrative gravity）
（关于我们讲述自己是谁的故事）。而且，对于利纳斯来说，"自我" 与色彩、
声音等感觉性质并没有本质不同，也就是说，是中枢神经系统的 "内在语义"
虚构（invention）。让我对他反对自我概念的案例做一番概括：存在自我中心
化的经验，但脑中并不存在中心化的经验器官，因此自我是一种抽象概念，
在大脑中并没有与之对应之物。自我的抽象概念与知觉（perception）的抽象
概念，以及其他的一些考量引得利纳斯得出如下结论，即自我是一种知觉形
式。但知觉同时也是一种虚构，因而是一种幻象。像大多数研究知觉的神经
生物学家那样，之后我会使用 "建构"（construction）以取代 "虚构"。

不管怎样，一种达尔文主义的路径将让我们能够直面这一反驳。

第三节　对于自我的一种达尔文主义与神经科学辩护

通过认真审视利纳斯对于自我与知觉的对比，我们可以明确指出针对自我与自由意志的神经科学评论是错的。所有这些评论都设想如果存在自我，那必然是笛卡儿式的意识自我。相似地，自由意志也应当是意识的自由意志。然而，这一观念已经相当陈旧，因为神经科学不过是对笛卡儿式自我观念产生侵蚀的众多领域中做得最多的。我们知道大部分的脑功能，包括认知功能，都是无意识的。我们因而应当*预期*，如果自我存在，它很大程度上是无意识的。并且，由于自由意志不过是自我决定其自身行为的手段，我们绝大多数的自由意志也同样根植于非意识过程。

当在进化生物学的语境中思考大脑时，我们会更为准确地得出这一结论。任何生物体都需要从外界区分出自我，但在更为复杂的生物中，比如哺乳动物，达到这一点就需要超越免疫系统的响应，因为其需要协调外部信息与关于生物体内部状态的信息。这种协调机制要起作用就必须考虑生物体的过往经验，同样还包括生物形式上的基因遗传，例如，安东尼奥·达马西奥（Antonio Damasio）就主张基本的情绪能够引导生物体去生存、繁殖等[11]。经验必须基于生物体如何看待自身才能得到阐释。大多数的潜意识任务都是通过中枢神经系统，特别是大脑进行分配的。

如果大脑不能建立必要的连接来完成这个协调和阐释任务，将会置生物体于不利境地。例如，这可能会使生物体难以习得或遗忘其所处环境中至关重要的事实，或者，也可能会导致无法对关键知觉信息进行解读。有个有趣的例子，一位患者患有替身综合征，总是坚持认为他的母亲被一名骗子冒名顶替。对于上述情况，拉马钱德兰（V. S. Ramachandran）[12]判断，该患者的梭状回以及视觉区是正常的，所以患者看到的面前的女人看起来确实是像自己的母亲。不幸的是，杏仁核的视觉连接受到了损伤，所以对于面前的女人他又感到不像是自己的母亲，进而导致替身综合征的病症。与此相反，由于等价的听觉连接并未受损，当患者在电话中听到他母亲的声音时，他毫无困

49

难地可以认出来。

　　大脑在其（或毋宁说其所表征的）历史的语境中，逐步进化进而统一了内部与外部信息，其实是进化出了某种能展开常规功能的自我：自我的出现很大程度上源于大脑。在勒杜（J. LeDoux）[13] 和门罗（R. Monroe）[14] 的研究中可以找到类似的观点。利纳斯、丹尼特以及其他人将自我与其意识方面相混淆，这是一个重大错误。另一个错误在于过于强调大脑中不存在笛卡儿哲学中自我意识所对应的"智能小人"（homunculus）这一事实。大脑能够精确地开展其统一功能，正如埃德尔曼（G. Edelman）和托诺尼（G. Tononi）[15] 认为的，因为巨大量级的神经元连通性使得其能够让处于不同时间的不同大脑系统之间同步。一台混合动力汽车没有专门驱动齿轮的"驱动小人"（motorunculus），负责该工作的有时是电动马达，有时是内燃机，有时它们也会一起工作。但是，概括我们所描述的所有这些过程，其具体表现只有驱动齿轮。

　　确实，知觉可以被看作是抽象，也就是大脑对源于仅与这些特征相关的，复合且复杂的一组输入信号的"抽象"。否则大脑就会被各种输入信号淹没，无法做出恰当回应[16]。但是，即使大脑的自我知觉拥有复杂的现象特征，而在大脑中没有对应的部分，特别是，如果这种知觉同样是一种抽象，那么我们也没必要就此论断不存在作为自我的东西，而只需要记住知觉（抽象的建构）与产生它们的机制之间的区别。一幅抽象绘画可能源于场景中的某一特征，绘画者选择强调该特征并进而将之置于不同的语境中。作为结果的场景就是一种建构和一种抽象，但是绘画本身是一个由物理行为塑造的物理对象。自我也是如此，不论我们通过何种抽象来从意识上觉察它。

第四节　作为大脑自我知觉的幻象与"意识"自我

　　利纳斯认为意识自我充其量是大脑的某种构造（"虚构"），作为次级感官性质，丹尼特对此也持同样看法。这种观点认为，意识自我是某种知觉形式。但正如同一棵树和我们对该树的知觉完全是不同的东西，因而自我以及我们对自我的知觉也同样如此。

　　我们可能被感官知觉和那些相关意识的幻象与自由意志之间的强类比所迷惑。确实，知觉的幻象就是意识的幻象。存在许多视觉幻象，例如，大脑不得不将某些二维图形看成是三维的，或在某些视觉语境中，将两条实际一样长的线中的一条看得更长。大脑对盲点进行填充，同样也填充目标物进而改变盲区和非注意盲区。相似的幻象也影响着其他生理感觉。适当间距的触摸——手腕上五个位置、肘部三个位置、靠近肩膀两个位置——使我们感到好像有一只兔子跳到我们的怀抱［"皮肤兔子幻觉"（cutaneous rabbit）］。如果我们预期大脑在知觉方面的工作是给予我们一个关于"世界"的图景，并以点对点的方式对应于现实，那么所有这些都将看起来自相矛盾。不只是利纳斯对这一实在论观点表示怀疑，他的研究途径同样也被一大批认知神经科学家们所使用，例如霍夫曼（D. D. Hoffman）[17]、约翰斯顿（V. S. Johnston）[18]、科赫（C. Koch）[19]，以及埃德尔曼和托诺尼[15]。大脑是进化的产物，必须将之视为至少是在其基本的功能结构中通过自然选择被塑造的。因而，大脑的某一知觉"建构"，特别是在一个物种中，是由在该物种祖先与其所处环境之间的交互过程中过往的成功所导致的，其并不考虑与环境"对应"，正如我之前提到的[20-22]。如果某一知觉机制工作得足够好，那么它将延续这一通常能良好运作的策略，即使它们有时会表现出显得令人费解的经验。因此，不应当惊讶于有时我们在选定意识内容时会出现困难。

　　所有关于一般意识幻象以及自我意识的问题都应当简单地从所有的知觉形式来预期。但是，需要再一次强调的是，当我们意识我们自身时仅仅是用一种简单方便的方式去理解神经间相互影响的异常复杂一面。可以说，我们仅仅把握到了某种"底线"（bottom line）。霍夫曼[17]将知觉等同于计算机屏幕上的图标：它们根本不同于它们所基于的计算机回路以及处理进程，但是它们能以十分实用的方式处理手头的任务。大脑以某种方式进行组织构成了自我，"意识自我"因而也是具有某种实用价值的知觉"图标"。

　　这一解释以进化理论的形式给予我们一种关于大脑（感官知觉、自我等等）的一致性图景。

　　不能否认，关于自我的问题与关于意识的问题相关联，但是进而设想我们的意识经验必须通过某种意识"主体"，甚至是被意识自我所经验则是错误的。当利纳斯、丹尼特以及其他人指出大脑中并不存在与意识"主体"对应之物时，他们就断言自我不存在。但是我们的经验确实被某种由巨大分布式脑结构系统所组成的自我所经验。并且，尽管意识经验是可能的，但其大多数的运作过程并非意识性的。即便当中一些过程的确是意识性的，但按照弗朗西斯·克里克（Francis Crick）的话来说，我们可以知道某一"决断"是由大脑做出的，而不是曾参与这一决断的运算过程，因为那些运算过程并不对意识开放 [23]。当大脑试图"给它自身解释为何做出某一选择"时，有时"它可以达到正确的结论，但其他时候，它将不会知道，或更可能是进行某种意志的虚构，因为它没有关于针对选择'原因'的意识性知识" [23]。关于这种虚构可参见丘奇兰德（P. S. Churchland） [24]、加扎尼加（M. S. Gazzaniga） [25]，以及加扎尼加和勒杜 [26]。为了充分说明大脑如何工作，我们需要对意识问题进行说明，原因很简单，因为要充分说明大脑的一些操作，我们就需要对意识如何适用于这些操作以及它们如何对此变得适应进行说明。

然而，将克里克的评论以及李贝特 1985 年的实验结果纳入到进化生物学语境中可以揭示出，自我与自由意志与它们的意识方面截然不同。①

第五节　一种关于自由意志的论证概要

和其他人一样，我在之前的工作 [7] 中曾指出，大脑的本质就是许多不同的大脑活动过程，这些过程源于不能充分决定整个过程的众多要素的突现（例如，在主要感觉区突触连接的初始强度）。但是这些工作同时也指出，这样的过程突现于一种更强的意义上，因为这些要素自身是由整体决定的（例如，当大脑对某一模糊知觉或复杂情况进行解读时所进行的选择以及自上而下的神经信息调节）。其结果是，这是一种非线性系统，尽管它使用物理、化学法则，但通过加入其自身的"法则"，将外部"信息"转换到其*世界*之中。这种*自成一类*的系统，大脑作为其自我，决定了其所认定的最为适当的行为。

---

① 尽管达马西奥的工作激励了我的许多关于自我的达尔文主义评论，但我们的分歧在于，他还将意识整合进他的关于自我的多层级方案中［核心意识与核心自我以及他的随拓展意识伴生的自传式自我（autobiographical self）概念相联系］。

我的行为特征化地由我脑中具象化的*自我*所决定。

尽管世界能够对大脑的决断产生影响（比如刺激物、基因等），但像大脑这样的强突现系统相当于一个由其自身突现出的"法则"所统治的关于世界的口袋。也就是说，世界与每个个体大脑所赖以对不同情况进行解读的"法则"之间存在某种不连续性，通过"法则"从中找寻不同情况的相关性，进行评估，并决定如何处理不同情况。大脑中进行的是物理化学操作，但是脑中的动态组织结构将各种要素作为整体，超越了对身体进行纯粹的行为填充，就好像是对那些要素的组织一样，将这些行为关联起来表现出智力水平。而且，神经元不仅仅是在不同时刻被不同的神经网络所征召进行工作，开展大脑功能，突触连接的强度也是通过由其他神经元所影响的复杂阵列所调节的。正如丘奇兰德所指出的 [27, 28]，这些神经元彼此之间相互影响、组合，与其他的"同盟阵营"竞争中心舞台，如同埃德尔曼和托诺尼所解释的那样 [15]。这是一种强突现，因为它导致了某种作为自我的要素，进而可以在一定程度上通过基于该要素的系统性影响进行决断。

强突现同样也存在于非生物学的系统中，例如瑞利-贝纳对流（Rayleigh-Benard convection），当某种流体上下两面的温差变得很大时，就会出现数个平行的圆柱体——贝纳胞（Benard cells）。按照切莫罗（A. Chemero）和西尔伯斯坦（M. Silberstein）[29] 的表述，其展现出"所有流体元彼此之间非局部关系的动态性所决定的……完整性、集成性、稳定性"等属性。这一案例与大脑相似，"大型结构提供了一种控制性影响从而限制了流体元的局部动态性"。与大脑的一点区别在于，大脑涉及了远为巨大的复杂性与可塑性。

对于自由意志来说，正如沃森所指出的，"问题在于为什么一系列自然过程（你无须对此解释）能够导致不受你所控制的过程与事件（对此你有解释的必要）"。在给定我的强突现解释的前提下，用一把手枪指着某人的头，这一行为多数情况下将被视为是出于一种外部的动机，但需要将手枪理解为（不是幻象或玩具手枪）如下情况，即其他的线索都将此解读为确实的危险印象，等等。我们对手枪没有控制权，但是这也不能提供某种行为的动机，直到该情况经由我们大脑的处理并通过某种方式融入其中，进而由我们大脑特有的性格、历史以及当下环境引导做出决断：有的人会跑掉，有的人将会把子弹给所爱的人，有的人会击打拿着枪的手，等等。决断可标示为可以控制它的大脑特质属性。这里的要点也集中于性格，对于性格来说，一种决断的建立基于我们整个生活过程中所做出的全部决断。尽管一些外部或内部过程会影响这些决断，但是在它们通过突现机制混于一体之前它们什么也不能做。当自我决定了一个决断，便形成一个自我的身份，因为是自我控制了各种相关因素并在系统内设置它们的值，使它们相关，让它们与其他因素比较并组合。除非它们构成了*自成一类*的世界的一部分，否则它们在自我决断的过程中不发挥任何作用。

因此，自我独特性地决定其行为并在道德上对此负责。当未被大脑有机同化和控制着的那些因素决定了某人的行动，将继而所发生的事情与这一结论进行比照：很明显，在这种情形下我们无法承担道德责任。设想我们将一些电极植入彼得的大脑中，当彼得自己决定站起来但我们通过无线电信号改变其决定让其保持坐姿，此时彼得的行为并不自由。虽然意识上彼得仅仅达到了其神经机制的"底线"，但他可能仍会感到他在行为上是自由的。当阿尔茨海默病使得约翰丧失了通向过去的意识路径时，他作为自我的一致性被扰乱，我们便无权再对其责任进行指责：他已经不再是自己。当神经传导物质的正常速率被扰乱，玛丽完全无法理解其在正常情况下的处境，或对其具有非凡意义的某一事物变得不再重要（在药物性妄想中的情况），鉴于其失能的程度我们便应豁免（不仅仅是原谅）其道德责任。当然，我们可以因其选择药物滥用的决定而对其进行指责，但对其进行严厉判决的原因只有在推测其当时大脑是正常工作的才成立。

然而，一些人会提出反驳，在他们看来，我们何以能够断定一个人应为其"非意识"决断负责，这一点尚不清楚，因为根据定义，他们无法意识到自身或"掌控"自己。[①] 然而，如果我们大脑的大多数活动是非意识的，并且所意识到的事件不过是无数神经过程的结果，我们的确应当主张人们很大程度上应为其非意识行为负责。并且，基于这一解释，我们是正确的，因为每个人自己"掌控"着他的行为。这里，我认为我们大多数的心理生活是非意

---

① 源于与詹姆斯·S. 罗杰斯（James S. Rodgers）的个人交流。

识的，但这并不是说它们全部都是。比如，某些意识事件对于大脑融合某些经验来说是必要的。如果是这样，意识便参与到大脑评估那些处境并对其做出应对行为决断的过程当中。极有可能在这些案例中，实验对象将会拥有进行某种行为反应的意志的意识经验，就像李贝特的实验对象同样拥有这样的经验，尽管是大脑发起了行为。尽管可能在知觉以及其他案例中同样也需要，但是意识经验并不需要存在于所有我们需要设定责任的案例中。举个简单例子，开车从家去办公室时，我们很难意识到我们在驾驶时做出的许多特定决断。不过，作为普通驾驶者，我们必须把自己训练成时刻将注意力聚焦于任何不寻常情况的发生，开车去工作本身则变得次要。如果你没有专注于驾驶，如果你没有警觉到有孩子跑到路上追回自己的玩具，那么你就有可能正好杀死他。难道之后你可以说"我没有注意到路上有孩子，因此我不必对他的车祸死亡负责"吗？其中要点在于，作为普通驾驶者的你有义务训练你的潜意识使其时刻督促你的大脑在这类时刻下保持警觉。否则，虽然你从没警觉到有小孩出现在路上，但你仍可能被认为是忽视，并因而受到谴责。

经验的统一与解读使得生物体能以达成其有利性的方式表现。之后，大脑作为自我决定了生物的行为。但是，尼尔森和沃尔特的实验呢？他们的案例是否揭示了自由意志是某种幻象？

答案是没有。他们只是表明"*自觉意志*"类似于幻象。正如我之前强调的，如果关于自我的意识是某种内部知觉，那么我们应将此判断为某种知觉幻象。因而，自觉意志的幻象不再是指大脑没有经验其意志，而是指大脑没有看到的视觉幻象。

的确，韦格纳[1]已经针对为何这些*自觉意志*的幻象会发生的问题提出了一种合理的解释。当面对李贝特实验时（图 4-4），韦格纳告诉我们，大脑首先是开始计划并引起行动；接着，大脑引起展开行动的意识思维；最后，行动发生。对于我们来说，相信是我们自己引起的行动，韦格纳对此的解释是，必须满足三项条件：①有意识思维的发生先于行动；②思维与行动是"一致的"；③我们无法探知到行动的其他可能原因。对于"与行动一致"这一点，我认为韦格纳的意思是，作为结果的行动与实验对象的所思基本符合。

我们使用韦格纳的条件对两个棘手实验进行考察。首先，在尼尔森的实

54

验中，我们认识到实验对象拥有以点-画方式绘制直线的意识意向（①）；他通过错误的镜子看到那些点（②），但（③）并不知道这是一个骗局（他看到的是其他人的手）。当然，那些点也没有出现在其所期望的位置上，但这并不影响当时的情况（②）；正如一名球员因罚失点球而对自己的拙劣自责。因此尼尔森实验中的实验对象会认为他应为糟糕的绘线结果负责。

沃尔特实验的情况与之相似。实验对象无论何时按下按钮且投影画面改变，他们都会错误地认为是他们导致了行动，因为满足了条件①～③。但是当投影画面的改变是作为实验对象的决断的直接结果时（通过电极直接"采自"大脑），其发生先于他按下按钮，实验对象则不会认为是他导致了投影画面改变，虽然确实是他。在这一案例中条件②没有被满足，因为他的思维是，如果他按下按钮，则投影画面改变；但是他没有按下按钮，并且他无法观察到其他可能的导致这一效应的原因，因而他对此结果表示困惑。

我们可以注意到，这些种类的说明看起来并不会与在我们可以假定知觉幻象的情况下有什么大的不同。我相信这一要点适用于关于"自觉意志"的新的未来实验。

接着我将会就本章中最具争论的部分概括如下：

（1）其揭示了关于神经科学对社会造成冲击的解释存在错误，并对此纠正。

（2）断定该错误构筑于利纳斯、丹尼特以及其他那些对意识自我与自觉意志持批评看法的人所坚持的观点之上，将之等同于对自我与自由意志的存在的批评。

（3）在进化生物学语境中，当这些概念适应神经科学的进展时，我们可以有理由认为是大脑构造了自我，并且有理由认为自我进而决定了行为。

（4）那么，最后的结果可能足以得出如下结论，即我们在道德上、社会性上都能为我们的行为负责，进而解决了自由意志问题。

第六节　达尔文式自我：从理论到实验

最后一节极具建议性，因为所讨论的主要证据是仍处于进展中的实验工作，其展示了上半程达尔文主义对于自我的考量如何会引发心理学与神经科学实验层面上的方向改变。

即便我的研究主要聚焦于自我，但我还是应当说，我关于自由意志的思想应当在实验结果以及关于自愿选择与成瘾的当代神经科学研究所提出的理论主张的语境下进行考察，特别是主要着眼于自由意志的神经生物学阐明的那些工作，这些工作中的许多都涉及药物成瘾。例如，在成瘾的研究中，正如巴勒尔（R. D. Baler）和沃尔科夫（N. D. Volkow）告诉我们的，"药物滥用导致的脑回路紊乱与那些潜在的自我控制之间似乎存在亲密联系。在与奖赏、动机和 / 或驱使、显著归因（salience attribution）、抑制控制、记仪巩固相关的脑回路中可以侦测到显著的变化"[30]。而且沃尔科夫和李（T. Li）认为，药物成瘾导致了大脑的长期变化，破坏了其自动控制机制 [31]。然而，这些考察超越了本章的视角，所以我在这里所能提出的只是在不远的未来开展该考察的一种展望。

如果自我的意识只是知觉的一种形式，那么就是一种内部感觉。但是这是一种什么样的感觉？正如我们之前看到的，在进化的形式中一个大脑是称职的必须是基于某种自我。达马西奥揭示出，大脑以多种方式"表征"其生物体的内部状态，包括其所谓的"情绪基调"（emotional tone）。那么，可能大脑同样为我们理解自我的功能提供了方式。与前面描述的达尔文主义观点一致，我们应当推测自我散布于许多不同的脑区，并且我们同样也应推测意识之于自我的通路应当依赖于不同脑区的激活，赋予自我锁定目标特定的功能。这种预期似乎与自我的神经科学研究不谋而合。

例如，一个有趣的研究领域关注自我认识（self-knowledge）的脑成像研究，其中产生了许多似乎前后矛盾的结果。按照基南（J. P. Keenan）的研究，自我识别与右前额叶的激活相关，进而引导他将此脑区与自我意识（self-awareness）或自我认识联系起来 [32, 33]。这一思维线索基于盖洛普（G. G. Gallup）的黑猩猩实验，它们可以在镜子里认出自己（正如它们触摸绘在它们脸上的斑点所揭示的）[34, 35]。脑成像研究中，当进行自我认识活动时在右前额叶侦测到了激活效应，在已知右前额叶受损且出现自我认识的不良反应的情况下，似乎自我识别可以简单地推测为某种形式的自我认识。不过，正如莫林（A. Morin）所指出的 [36]，这里的情况更加可能是自我认识而非自我识别，并且非常重要的是，其他关于自我识别的脑成像研究似乎都在强调左半球区的激活。麦克雷（G. N. Macrae）、希瑟顿（T. F. Heatherton）和凯利（W. M. Kelley）的发现看起来尤为重要，即内侧前额叶皮层（MPFC）涉及自我指涉（self-referential）和心理化（心灵理论）工作，但涉及其他认知工作时保持静默 [37]。脑成像研究影响了麦克雷以及克雷克（F. I. M. Craik）等同事们开展的功能性磁共振成像（fMRI）研究 [38]，还有凯利等的研究 [39]。其他有趣的工作，比如普拉特克（S. M. Platek）围绕针对照片的自我识别的fMRI 研究 [40]，"使用个人而言熟悉的且性别、年龄匹配的面容进行控制……发现一种涉及自我面部识别的分布式双向网络，包括右额上回（right superior frontal gyrus）、右顶下叶（right inferior parietal lobe）、双侧额叶内侧（bilateral medial frontal lobe）、左颞中前回（left anterior middle temporal gyrus）"（但没有 MPFC）[41]。

　　结合我之前的预期，这种多元论的结论应当可以被预期。莫林 [36] 带有赞许地引用了吉利汉（S. T. Gillihan）和法拉赫（M. J. Farah）对于脑成像的元分析以及关于自我认识的神经心理学研究结论：

> 通过特定脑区或特定神经网络中位点的聚类（clustered），使得统一的自我系统假说能够得到支持。不过，对于自我的不同方面，脑成像或是患者数据都不能关联到共同的脑区。这并不奇怪，因为即使在自我的特定方面中也存在小的聚类 [42, p. 94]。

　　这些学者中的大多数都将自我或自我的意识方面当作是一体的且相同的，是一种合成体，这有违我在本章第二节的主张。但至少在可能造成的差异方面，结论应当是相同的：涉及自我知觉的脑区应当同样是分布式的。特克（D. J. Turk）[43] 等对此表示赞同："可获得的证据表明，自我感知广泛分布于大脑之中。"但是该论文中的一些合作者（希瑟顿、麦克雷、凯利）继续得出了一些最为重要的成果，将 MPFC 置于首要地位 [44]。这一成果包括了与莫兰（J. M. Moran）的重要合作。莫兰与萨克斯（R. Saxe）[45] 的合作研究同样十分重要。

　　莫兰的 fMRI 研究发现，个性特征的自我关联性（self-relevance）激活了内侧前额叶皮质，但与这些特征被认为是积极的还是消极的无关。萨克斯等进一步补充"当前数据提供了强有力证据，确定了当实验对象针对某一性格的思维进行推理时，以及当他们将某一个性特征归为他们自我时，内侧楔前叶次区域（sub-regions of medial precuneus）和 MPFC 都会牵涉其中"，尽管在其他脑区它们并不会重叠。至少在我看来，关于 MPFC 之于自我意义的强烈认同观点仍需更有力的证据。尤其是我们需要实验结论来排除其他可作为激活原因的认知因素。举个例子，在关注个性特征自我归因期间的脑激活现象的某种实验中，将相同特征的归因与其他特征进行对比，这样的话最好分为两组：其中的一个人熟悉实验对象，另一个人不熟悉。如果在自我归因期间 MPFC 启动，但在其他条件下没有启动，在结合其他研究证据的情况下，我们可以稳妥地认为，自我与 MPFC 的激活存在关联。否则，这就不过是一种会导致激活现象的各种任务的心理化方面。

　　萨克斯等也展开了由卢（H. C. Lou）等提出的一项关于自我认识的重要研究，这项研究看起来恰好符合要求 [46]。在针对自我、挚友以及某一名人（丹麦皇后，因为实验对象是丹麦人）个性特征的预先判断过程中执行记忆检索任务时，该研究通过正电子发射断层成像（PET）来判定区域性脑血流（rCBF）变化并进行对比。研究发现内侧前额叶区（medial prefrontal regions）以及内侧顶叶 / 后扣带回区（medial parietal/posterior cingulate regions）在所有的任务执行过程中都出现大量激活现象。但研究同时也发现，在回想自我关联的判断时，大脑皮质右顶叶区（right parietal region）发生激活现象，不同的是，在针对某一挚友、名人进行同样操作时，激活的则是左颞外侧区（left lateral temporal region）（图 4-5）。

　　关于自我在大脑中如何具现化，这些有趣的发现让关于该问题的理论说明依然保持开放状态，按照托尔文（E. Tulving）的区分 [47]，记忆分为情景记忆（例如，"这件事发生在我生日那天"）和语义记忆（例如，"我出生于纽约"）。情景记忆和语义记忆组成了陈述性记忆的范畴，其与程序性记忆相对照，例如回想如何执行某一特定任务。现在，卢和他的同事们相信他们的实验能够阐明自我的本质，因为情景记忆构成了"感觉上像"是特定的一个

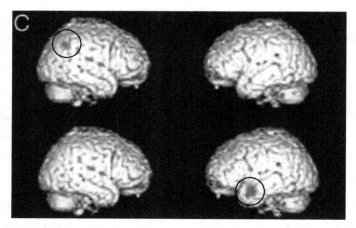

图 4-5　当实验对象回想他们是否属于一系列个性特征时，右顶叶皮质差异性地被激活；但当实验对象回想他们是否能将这些个性特征归于他人时，则左颞叶皮质差异性地被激活 [按照卢 [46] 的描述。版权为美国国家科学院（2004 ）]

人的基础（因为这些我们作为行为主体的情景可能构成了"我们"的经验历史）。因而，自我的具现化极有可能在处理情景记忆的脑结构中被发现。萨克斯等与此观点近乎一致，他们指出"心灵、反省以及自传式情景记忆的理论在儿童的发育过程中是相关联的"，这一点得到了摩尔（C. Moore）和莱蒙（K. Lemmon）的确定 [48]。

　　不幸的是，萨克斯等人并没有意识到，PET 的研究无法反驳 MPFC 零假说：自我归因与其他条件之间在激活现象方面并不存在显著的差异。而对MPFC 假说来说幸运的是，另一种不同的实验检验依然可以为其提供支持，其作为一种达尔文主义式的解释，对 PET 研究路径提出怀疑。要解读原因，我们首先应当从心理学简要考察一下该理论的语境，基于该语境才有可能对卢等的实验进行理解。众多关于个性特征的自我认识的研究工作受到罗杰斯（T. B. Rogers）、凯珀（N. A. Kuiper）以及柯克（W. S. Kirker）[49] 的例证的影响，自我指涉的问题（比如"是否宽容一词能够形容你"）相较那些涉及更为抽象的判断的问题（比如"宽容一词是什么意思"）更容易回忆。而且，对于克莱恩（S. Klein）[50] 来说，程序性记忆与陈述性记忆之间的区别与赖尔（G. Ryle）[51] 关于知道如何与认识那个的区别一致。因为哲学家们倾向于将理性与认识那个联系起来，并因而影响了心理学家们，当涉及一个理性生物的自我时，并不应奇怪于我们应当试图以程序性记忆的形式对自我进行解释。卢等将其进一步限定为情景记忆，间接地吸引了哲学家托马斯·内格尔（T. Nagel）提出了著名的"作为一只蝙蝠是什么样的"[52] 的问题。

在进化的语境中考察知识，特别是将什么样的"认识"的感觉应用于大脑才应当是可行的问题，赖尔的区分充满了疑点，因为知识最终是关于活动的 [20]。神经系统的视角似乎也将会应用于自我指涉问题。在柏拉图的对话中，苏格拉底四处奔走询问人们"公正"或"知识"这类术语的含义为何。人们给他举出许多例子，其中一些例子是关于如何使用这些术语，而苏格拉底对此抱怨道，我问的是一回事，而他们给我的回答则是另外一回事。不过，对于大脑来说，使用"家族相似性"（family resemblances）的有关实例形式要比抽象的定义 [16] 更为贴切。而且，神经网络被这些实例所成功训练，例如按照丘奇兰德 [53, p.12] 的研究，其可以执行诸如从照片中进行面部识别等任务，但从中并没有表现出任何规则，它们也没有"通过遵循某些规则从而实现它们的功能-计算能力，它们仅仅是具象化所渴求的功能，而不是对其进行计算"。这并不是对这一结论提出质疑，即自我指涉的问题会引发更好的回想（可能是情景记忆），而是说，给定具体的例子要比抽象的定义更易于处理，这一点显然可以预期，所以罗杰斯等所建立的关于回想的对比的重要性并没有某些人所想象的那么好。

一种达尔文主义的解释将会引导我们去尝试取代旧有观点，即认为自我应当是某种类似程序记忆的东西的具现化，从而为与世界的互动做好准备。为支持这一路径，我继而要对卢的实验解释提出理论上的和实验上的（尽管在神经科学中这两个范畴并不相互排斥）两方面批评。我将首先考察斯坦利·克莱因（Stanley Klein）用以理解自我的社会神经心理学路径 [50]。克莱因聚焦于自我认识的一点——某人所拥有的个性特征的知识，正如卢等所做的。而克莱因对此的说明是，案例研究揭示出这种知识具有弹性，即便是在恢复情景记忆的能力以及数种语义记忆的能力受损之后。例如，患者 K. C. 和 R. J. 具有关于它们个性特征的可靠知识（他们的自我评价与熟知他们的人所给出的评价具有强烈的关联）。K. C. 在摩托车事故中丧失了其全部情景记忆，并在后来遭受了明显的人格改变。但是，即使他不能完全恢复情景记忆，他还是能给出十分准确的关于其后来病态人格的描述 [54]。

十分有趣且与此相关的是，本章中对给予潜意识辩护的强调关键在于自我认识，即 K. C. 的个性特征的获得和恢复与通向情景记忆的意识无关。克莱因认为个性特征的知识来自特征概括，这是一种语义记忆。但是在缺少情景记忆的情况下，这些特征概括将会以非意识（或潜意识）的方式到来。相比于为了更新奇的自我评价，这在多大程度上将会是一种意识性的新体验？ R. J. 在恢复情景记忆方面的失能是发育性的，也就是说，他可能从来没有过任何情景记忆。这种在某一自我特征方面意识性作用的剧烈减少极有可能会涉及意识。

无论如何，另一位患者 H. M. 在一次手术中丧失了海马体（hippocampuses），而 H. M. 则能为如何回忆提供某种线索，如果这些记忆将要变为自我的一部分，那么必将代之以与程序记忆类似的方式，也就是说，它们必须为即将发生的我们与我们所处环境的交互做好准备，正如我们所看到的，这将是从进化论上为存在自我的观点进行辩护的关键。H. M. 根本无法构造情景记忆，如果你曾对其进行自我介绍并暂时离开为其留下数分钟的反应时间，你回来后，有关你的介绍会被再引入。某天，他的医生们对其进行非正式的实验，医生们按照规程对他粗鲁以待，那么，在未来的遭遇中，即使 H. M. 想到他曾在第一次遇到过这样的规程，他仍会对医生们显现出忧惧。他已经习得将对方的某一姿势作为依据，就好像他同样能够学会某些实践技巧，这样的训练不依赖有意识的记忆。

在我们的实验评论期间，我的同事李顺山（音译）、马修·科尔（Matthew Cole）和我尝试运用 fMRI 扫描来复制卢的 PET 研究 ①。卢和他的同事们为了创造情景记忆将工作分为了两步。首先是实验对象坐在计算机控制台前回答有关他个性特征的问题，一些是正面的，另一些则不是（问题主要是以下类型："你是否诚实？""你是否爱差遣人？"）。数分钟后，实验对象将进入到

---

① 我们在马克·哈克（Mark Haacke）位于密歇根州底特律市韦恩州立大学哈珀医院的 MR 研究实验室使用 3- 特斯拉扫描仪（3 Tesla scanner）来展开我们的实验。这些工作得到了我们的学生克里斯蒂娜·明塔（Christina Minta）、蒂莫西·邦德（Timothy Bond）、卡桑德拉·兰利（Casandra Langley）的协助。

扫描仪器中，被问及是否记得刚才他或她在计算机控制台上的回答。这些很可能是情景记忆，因为在计算机上提问是情景式的，实验对象是该情景中的主体。我们无法复制最初的研究，原因可能在于我们缺少独特设计，因为实验形式间的转化具有相当大的挑战。虽然如此，但就我们的感觉来说，创造情景记忆的特定尝试导致我们在数据收集方面的许多混淆，其中最严重的一次出现于我们尝试调整我们的实验范式时。所有参加这一阶段实验的 5 位实验对象（同一组的成员）都报告了相同的问题：在绝大多数关于我们个性特征的问题中，我们真的怀疑我们是否完全是在使用我们的记忆。如果你同大多数人一样，当问及"你是否说过你是诚实的"时你立即不加真正"回忆"地说"是的"，你这么说仅仅是因为你不假思索地将诚实的标签贴在自己身上。如果是在计算机控制台上被问及"2+2 等于几"，你将会回答"4"。如果之后你又被提问"刚才你说 2+2 等于几"，你是会完全使用你的记忆去回应问题，还是会不假思索地说"4"，因为这类事物对你来说触手可及？

　　假设在实验室条件下具有这样的经验，并且受之前引证的达尔文主义式考察的引导，我们决定完全剔除涉及记忆的任务。一个由 15 名志愿者组成的小组包括 8 名男性、7 名女性，他们仅仅被问到关于他们个性特征的问题，以及他们的密友或某一名人［我们选择了比尔·盖茨（Bill Gates）］所展现出的性格特征。我们的新假设是，大脑处理关于自我的问题的方式异于关于另外两个条件的问题，并且至少是在大脑皮质内，这一处理过程将会激活针对某一活动进行准备的脑区。在写本章时，我们*初步的*组群分析（图 4-6）似乎支持了我们的假设：自我的条件激活最为明显的区域是右辅助运动区，其涉及行动规划，特别是内部控制（一种对于刺激的自动反应）的行动的规划。如果根据最终检查的结果，与密友或是比尔·盖茨的情况形成鲜明对比，那么我们便有充分的理由与其他同事一道，受相似的达尔文主义的考量的指导开展一系列的实验，从而确定潜在于自我之下的神经结构。[①] 最起码，通过直接

----

① 我们此时的意图在于，设计更为复杂的以精神疾病患者为对象的实验，通过其病症表现来观察对自我的影响。例如精神分裂症，病患时常相信他们受到某人的控制。我同时也设计了其他实验，以帮助确定意识在意志过程中的作用，并与马修·科尔以及我的学生们开发出一种扑克游戏实验，在游戏的同时进行 fMRI 扫描以研究赌瘾。

比较这些对于自我以及他人的特征归因，这一实验将会为关于 MPFC 与自我之间强烈关联的假说提供一种检验。

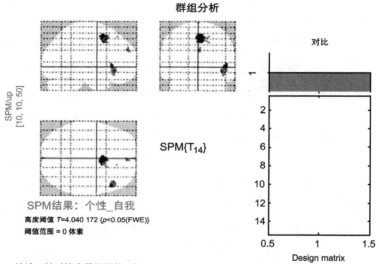

图 4-6　作者及其同事针对自我认识的 fMRI 研究的初步结果

　　当实验对象思考一系列的个性特征是否应当归因到他们身上时，辅助运动区明显激活（对比控制运动的区域）。正如文中提到的，目前数据分析尚不完整

　　需要注意的是，对于行动的规划并不需要意识。最近古斯特（R. Custers）
和阿尔茨（H. Aarts）对于他们实验的巧妙概括，揭示出我们尚未意识到的潜
意识的线索，可以引导我们去考察特定的目标，从而搞清楚获得相关结果的
可能方式，并对这些结果的价值进行评估，也就是说，它们是否是有益的。
这些结论表明，存在针对目标的非意识机制，因为我们能够"非意识性地察
觉待定目标的回报价值，并为实现该目标进行可行的行动准备"[55]。若排除
其他方面，这是可行的，因为行动与它们的结果是相关的，需要在知觉以及
运动层面上预先学习。比如我们以某种方式踢足球，尽管我们没有时间去
（有意识地）思考，但会全力以赴进球得分；比赛之后我们驱车回家，无意识
地作出决定，而此时我们专注于准备去用晚餐。在这些以及其他方式中，自
我正如其所应当的那样，时而有意识地、时而无意识地展现其意志。

62

参 考 文 献

[1] Wegner, D.M.: The Illusion of Conscious Will. MIT Press, Cambridge (2002)

[2] Nielson, T.I.: Volition: a new experimental approach. Scand. J. Psychol. **4**, 215–230 (1963)

[3] Walter, W.G.: Presentation to the Osler Society. Oxford University, Oxford (1963)

[4] Libet, B.: Unconscious cerebral initiative and the role of conscious will in voluntary action. Behav. Brain Sci. **8**, 529–539 (1985)

[5] Blackmore, S.: Consciousness: A Very Short Introduction. Oxford University Press, Oxford (2005)

[6] Watson, G.: Free will. In: Sosa, E., Kim, J. (eds.) A Companion to Metaphysics. p. 178. Basil Blackwell, Oxford (1994)

[7] Munevar, G.: A naturalistic account of free will. Dialogos **33**(72), 43–62 (1998); reprinted as Ch. 12 of [20]

[8] Munevar, G.: El cerebro, el yo, y el libre albedrío. In Guerrero, G. (ed.) Entre Ciencia y Filosofía: Algunos Problemas Actuales (Programa Editorial Universidad del Valle, Cali, Col 2008, 291–308); reprinted as: Apéndice al capítulo 12. *La* Evolución y la Verdad Desnuda (Ediciones Uninorte. Barranquilla, Col 2008, 253–278)

[9] Llinas, R.: I of the Vortex. MIT Press, Cambridge (2001)

[10] Dennett, D.C.: Freedom Evolves. Viking, New York (2003)

[11] Damasio, A.: The Feeling of What Happens. Harcourt Brace & Co, New York (1999)

[12] Ramachandran,V.S.: A Brief Tour of Human Consciousness, pp. 7–9. Pi Press, New York (2005)

[13] LeDoux, J.: Synaptic Self, p. 27. Penguin, New York (2003)

[14] Monroe, R.: Schools of Psychoanalytic Thought. Holt, Rinehart and Winston, New York

(1955)

[15] Edelman, G., Tononi, G.: A Universe of Consciousness. Basic Books, New York (2000)

[16] Munevar, G.: Conquering Feyerabend's conquest of abundance. Philos. Sci. **69**(3), 519–536 (2002)

[17] Hoffman, D.D.: Visual Intelligence, pp. 2–9. W.W. Norton, New York (1998)

[18] Johnston, V.S.: Why We Feel, pp. vii–viii. Perseus Books, Cambridge (1999)

[19] Koch, C.: The Quest for Consciousness. Roberts & Co., Englewood (2004)

[20] Munevar, G.: Radical Knowledge. Hackett, Indianapolis (1981)

[21] Munevar, G.: Evolution and the Naked Truth. Ashgate, Aldershot (1998)

[22] Munevar, G.: Perception and natural selection. In: Frendo, H. (ed.) The European Mind: Narrative and Identity, pp. 222–232. Malta University Press, Malta (2010)

[23] Crick, F.: The Astonishing Hypothesis: The Scientific Search for the Soul, pp. 265–268. Scribner's Sons, New York (1994)

[24] Churchland, P.S.: Neurophilosophy. MIT Press, Cambridge (1986)

[25] Gazzaniga, M.S.: The Mind's Past. University of California Press, Berkeley (1998)

[26] Gazzaniga, M.S., LeDoux, J.: The Integrated Mind. Plenum Press, New York (1978)

[27] Churchland, P.M.: The Engine of Reason, the Seat of the Soul. MIT Press, Cambridge (1996)

[28] Churchland, P.M.: Neurophilosophy at Work. Cambridge University Press, Cambridge (2007)

[29] Chemero, A., Silberstein, M.: After the philosophy of mind: replacing scholasticism with science. Philos. Sci. **75**(1–27), 22 (2008)

[30] Baler, R.D., Volkow, N.D.: Drug addiction: the neurobiology of disrupted self-control. Trends Mol. Med. **12**(12), 559–566 (2006)

[31] Volkow, N.D., Li, T.: Drug addiction: the neurobiology of behaviour gone awry. Nat. Rev. Neurosci. **5**, 963–970 (2004)

[32] Keenan, J.P., Wheeler, M.A., Gallup, G.G., Pascual-Leone, A.: Self-recognition and the right prefrontal cortex. Trends Cogn. Sci. **4**, 338–344 (2000)

[33] Keenan, J.P., Rubio, J., Racioppi, C., Johnson, A., Barnacz, A.: The right hemisphere

63

and the dark side of consciousness. Cortex **41**, 695–704 (2005)

[34] Gallup, G.G.: Chimpanzees: self-recognition. Science **167**, 86–87 (1970)

[35] Gallup, G.G., Anderson, J.L., Shillito, D.P.: The mirror test. In: Bekoff, M., Allen, C., Burghardt, G.M. (eds.) The Cognitive Animal: Empirical and Theoretical Perspectives on Animal Cognition, pp. 325–333. University of Chicago Press, Chicago (2002)

[36] Morin, A.: Self-awareness and the left hemisphere: the dark side of selectively reviewing the literature. Cortex **43**, 1068–1073 (2007)

[37] Macrae, G.N., Heatherton, T.F., Kelley, W.M.: A self less ordinary: the medial prefrontal cortex and you. In: Gazzaniga, M.S. (ed.) The Cognitive Neurosciences III, pp. 1067–1075. MIT Press, Cambridge (2004)

[38] Craik, F.I.M., Moroz, T.M., Moscovitch, M., Stuss, D.T., Winocur, G., Tulving, E., Kapur, S.: In search of the self: a positron emission tomography study. Psychol. Sci. **10**, 26–34 (1999)

[39] Kelley, W.M., Macrae, C.N., Wyland, C.L., Caglar, S., Inati, S., Heatherton, T.F.: Finding the self: an event-related fMRI study. J. Cogn. Neurosci. **14**, 785–794 (2002)

[40] Platek, S.M., Loughead, J.W., Gur, R.C., Busch, S., Ruparel, K., Phend, N., Panyavin, I.S., Langleben, D.D.: Neural substrates for functionally discriminating self-face from personally familiar faces. Hum. Brain Mapp. **27**(2), 91–98 (2006)

[41] Platek, S.M., Wathne, K., Tierney, N.G., Thomsona, J.W.: Neural correlates of self-face recognition: an effect-location meta-analysis. Brain Res. **1232**, 173–184 (2008)

[42] Gillihan, S.T., Farah, M.J.: Is self special? A critical review of evidence from experimental psychology and cognitive neuroscience. Psychol. Bull. **13**, 76–97 (2005)

[43] Turk, D.J., Heatherton, T.F., Macrae, C.N., Kelley, W.M., Gazzaniga, M.S.: Out of contact, out of mind: the distributed nature of the self. Ann. NY Acad. Sci. **1001**, 1–14 (2003)

[44] Moran, J.M., Macrae, C.N., Heatherton, T.F., Wyland, C.L., Kelley, W.M.: Neuroanatomical evidence for distinct cognitive and affective components of self. J. Cogn. Neurosci. **18**, 1586–1594 (2006)

[45] Saxe, R., Moran, J.M., Scholz, J., Gabrieli, J.D.E.: Overlapping and non-overlapping

brain regions for theory of mind and self reflection in individual subjects. Soc. Cogn. Affect. Neurosci **1**, 299–304 (2006)

[46] Lou, H.C., Luber, B., Crupain, M., Keenan, J.P., Nowak, M., Kjaer, T.W., Sackeim, H.A., Lisanby, S.H.: Parietal cortex and representation of the mental self. PNAS **101**(17), 6827–6832 (2004)

[47] Tulving, E.: What is episodic memory? Curr. Dir. Psychol. Sci. **2**, 67–70 (1993)

[48] Moore, C., Lemmon, K.: Self in Time: Developmental Perspectives. Lawrence Erlbaum Associates, Inc., Mahwah (2001)

[49] Rogers, T.B., Kuiper, N.A., Kirker, W.S.: Self reference and the encoding of personal information. J. Pers. Soc. Psychol. **35**, 677–688 (1977)

[50] Klein, S.: The cognitive neuroscience of knowing one's self. In: Gazzaniga, M.S. (ed.) The Cognitive Neurosciences III, pp. 1077–1089. MIT Press, Cambridge (2004)

[51] Ryle, G.: The Concept of Mind. Barnes and Noble, New York (1949)

[52] Nagel, T.: What is it like to be a bat? Philos. Rev. **LXXXIII**(4), 435–450 (1974)

[53] Churchland, P.M.: A deeper unity: some Feyerabendian themes in neurocomputational form. In: Munevar, G. (ed.) Beyond Reason: Essays on the Philosophy of Paul Feyerabend, pp. 1–23. Kluwer, Dordrecht (1991)

[54] Tulving, E.: Self-knowledge of an amnesic individual is represented abstractly. In: Srull, T.K., Wyer, R.S. (eds.) Advances in Social Cognition, 5th edn, pp. 147–156. Erlbaum, Hillsdale (1993)

[55] Custers, R., Aarts, H.: The unconscious will: how the pursue of goals operates outside of conscious awareness. Science **329**, 47–50 (2010)

第五章
"达尔文主义化"文化的问题（或将模因作为新燃素）

蒂莫西·泰勒

第一节 导　　言

　　两千多年以来，人类之于自然的关系一直存在很多争论，这些关系体现在哲学、神学、人类学、历史学、生物学等方面。不论我们认为自己是部分或全部地从属于自然，还是凌驾于自然之上，抑或是与自然并驾齐驱，我们在某种程度上必须依赖于我们构想的自然方式——例如，是将自然看作神的创造，还是偶然而生的，并且或多或少地游离于当下的物质和运动法则表现出随机性。我们的态度同样取决于我们是否相信我们拥有一种与之相关的目的性。

　　作为人类，我们可以有自己的目的；这可以引导我们去认识，不论正确或错误，目的性无处不在。我们也可以研究目的的形式，即目的如何产生。但通过尝试回答这个问题，我们将有望勾勒出人类和非文化生命形式之间的区别。维特根斯坦（L. Wittgenstein）说："人们很容易去想象动物的愤怒、害怕、不快乐、快乐、惊吓等情绪，但动物们希望产生这些情绪吗？……一只狗可以盼望它主人的到来，但它能预料到它的主人是后天才回来吗？"[1, Nos 358,360]哲学家们通过思考推定，人和犬生活模式之间的差异是由于前者使用文化语法而导致的，文化语法是一种关联言语和事物、状态和意向的极其不稳定的符号系统[2]（相关学科背景参见文献[3]）。①

　　作为一个史前学家和考古学家，我想提的问题是，如此独特的人类经验和能力是否完全源自其生物学基础。也就是说，是定位于意向性这种复杂生物系统的突现特性，还是说，我们应该寻求其他的图式化形式，并承认运用文化的人类所表现出的是一种新的生活形式？

　　道金斯和其他支持其模因论的人支持前者：在生物属性的复制子（基因）影响逐渐消退的地方，文化单元（模因）就会取而代之，从表面上延续了达尔文主义式的竞争模式。前者在概念上是无方向性的（即便被拟人化地描述为'自私'），而后者则有明确的方向（如果并不总是处于直接控制之下的话），对于后面观点的支持者来说似乎不会引起任何特殊问题。该观点如果成功的话其影响是巨大的，因为它整合了人类本质问题而不需要额外的说明范式。我对此表示质疑，并认为我们必须继续挑战该难题继而提出某些能够对人类行为进行诊断性说明和理解的特定人类术语。我并不抵触生物学，至少不会比生物学家排斥物理学更甚；相应地，我是在基于三个而非两个图式化系统的分层上提出充分论据的。

　　人类当然是动物。但是，我们也是一个原子集合体，当分开甚至分裂的时候，这个集合体就不会存活也就不会为了生存去竞争。需要强调的是，一些碳基物并不是活着的（比如二氧化碳），其他一些碳基物（比如鲨鱼）就是活着的。相较二氧化碳，鲨鱼随时间推移所表现出的变异并不仅仅是一种频率性问题，而是实质性的问题。它们在基因重组的基础上进化。人类像鲨鱼一样，也是以碳为基础并不断进化的。这使得我们在动物性上和它们有相似之处。但正如鲨鱼不仅仅是原子，人类也不只是基因，我们也不能将模因视为基因扩展的代用品而轻易采纳，进而将我们仅仅视为动物。

　　通过论证一种独特且很大程度上是非达尔文主义的生成过程，以此为策略，我的目的不仅仅是再次指出什么可能是人类根本性的与众不同之处，并

---

① 我应当在开始处澄清，我在这里并不是要赞同二元论，而是作为一名注重物质性原因的唯物主义者，我关注有关物质存在的本体论嵌套层次的特有模式及其潜在或事实上的自治逻辑。这里讨论的是文化对象的研究途径，不管这些文化对象中蕴含了什么，它们可能以某种图式构造了这个世界，以及该图式的类型。

帮助将一些文化理论领域从非建设性的、被误解的生物学还原论（尤其是模因论）中解放出来。我同时也想通过对某些目的论读物进行修正，从而为达尔文的起源机制提供辩护。将生物学从文化中分离出来，特别是辨别各种相关的生成机制，将其在不同案例中分为不同种类的实质性变异，从而使这项工作更易开展。毫无疑问，人类的生物进化和文化进化之间肯定有相似性，但它们的驱动力和演化逻辑并不尽相同。

第二节　模因的来历

　　在 1976 年理查德·道金斯阐述了其极具影响力的新达尔文主义宣言——《自私的基因》（*The Selfish Gene*）时，其实他正面临一个显在的次要问题[6]。这其实是一个比较容易的技术性伎俩，就像将一段绵羊膀胱切片展开制作一个避孕套一样，颠覆了人类异性性行为的生殖逻辑。人类性文化中技术因素与生物不断演化的愉悦系统的结合意味着"自私的基因"的核心使命至少在我们的物种中造成一个矛盾。简而言之，控制智力和发明的基因可能导致一些行为使得创新者不能将他们的 DNA 传递给后代（即促成无子嗣的规划）。然而，这些基因也会有意识地传递他们的技术知识，甚至基于意识形态的正当理由不生产后代。道金斯在《自私的基因》中完成了关于模因的篇章，他在其中提到"我们建立了基因机器并培养了模因理论，但我们有能力反过来对抗我们的创造者。孤独地生活在地球上的我们可以反抗自私的复制基因的暴政"，并且"每当我们使用避孕措施的时候，就是我们以某种微不足道的方式进行抗争"（文献 [6]，第 201 页和第二版第 322 页的脚注）。这里的限定词"微不足道"可能容易使我们的注意力从问题的实际程度上转移，因为文化单位观念的构想对于将人类行为保留在其天性的框架内至关重要。道金斯这样解释说：

　　　　我认为达尔文主义作为一个庞大的理论被限制在狭窄的基因语境之中……我认为最近一类新型的复制子已经出现在这个星球上……它仍处于萌芽阶段并在襁褓之中依然飘忽笨拙地发展着，但它已经以一定的速率实现了进化变化并将老的基因概念甩于身后。新的力量是人类文化发展的动力……我们需要给新的复制基因起一个名字，一个能够传达文化传播单位思想的名词……模因……涉及模因的案例遍及曲调、想法、流行语、时装、制作陶器或建造拱门的方式等方方面面。正如基因通过在生物体间的跳跃实现在基因库中不断繁衍生息一样……模因也通过在大脑间的跳跃在模因库中得到传播，从广义上讲，这个跳跃过程可被称为模仿[6, p.191f]。

通过使用类似于威廉·佩利（William Paley）所偏爱的机械式类比，道金斯补充道："人脑就是模因生存的计算机系统。"[6, p.197]一个新词促进另一个新词的生成，很快就有了"模因复合体"：苏珊·布莱克莫尔（Susan Blackmore）推断，如果基因在染色体中结块，那么模因可以被认为是聚集在一起的"自我复制的模因组"[7, p.19f]。

无论是分离还是聚集在一起，道金斯绝不是试图将文化按照单位对其进行概念化的第一人。事实上，这种趋势在19世纪后期的人种学中是很明显的（尤其在德国），那时文化特征列表首次被草拟用于描述不同民族的特性，就好似他们是天然的物种。古斯塔夫·科辛纳（Gustaf Kossinna）详尽阐述了他的观点，认为这是确定的并且在文化意义上被断定为人工物，这一观点同时由戈登·柴尔德（V. Gordon Childe）引进为英语语种考古学：

> 我们发现某些文化遗产类型——比如盆、农具、饰品、丧葬仪式和房屋形式——时常重复出现。我们将这些复杂的关联特征称为"文化群"或"文化"。我们假设这种复合体是如今我们称之为"人"的物化表现[8, pp.v-vi]。

虽然柴尔德对这种具有吸引力的简单方案逐步失去了信心，但这并没有阻止其他人，例如进化人类学家莱斯利·怀特（Leslie A. White）沿着相同的路线进一步发展术语。怀特列举了文化现象的异质性，这一点与道金斯如出一辙。他说道：

> 不同种类的事物和事件都依赖于符号表征：一种口语、一把石斧、

68

一件神物、回避自己的婆婆、对牛奶的厌恶、进行祷告、洒圣水、一个陶碗、投票、记住安息日以保持圣洁……这些事物和事件构成了自然界中各种各样的现象。由于这些事物迄今都没有名字，我们就冒险给它们起个名字：符号（symbolates）。我们完全明白创建术语有很多障碍，但这类极其重要的现象需要一个名字与其他类进行区分[9, p.230f]。

怀特的目的是建立一个全新的并且客观的文化科学［以及那些受他影响的人，如刘易斯·宾福德（Lewis Binford）在后来调整并明确了"科学的"这一术语，其亨普尔式假设-演绎-法则的考古学方法随后得到来自美国国家科学基金会（US National Science Foundation）的重大项目的资金支持］：

我抽一根烟、进行一次投票、装饰一个陶碗、避开我的岳母、作祈祷或拆解一个楔形符号，这些行为都依赖于符号化的过程；因此，每一种都是符号表现……我们可以把个人和他人的关系也看作是一种符号表现，更不用说它们和人类有机体的关系……如果我们根据它们与人类有机体的关系来对待它们，也就是说，在机体的环境中这些事物和事件就成了人类的行为，也就是我们正在做的心理学。但是，如果我们从人与他人之间的关系去看待它们，把它们完全地从人类有机体中脱离出来，即在体外或外有机体（extraorganismic）的背景下，事物和事件成为文化——文化元素或文化特质——这也就是我们正在做的文化学[9, p.233]。

与怀特同时期的克洛克（F. T. Cloak）对行为中的人们头脑中的指令和物质世界运转时它们的物理效应这两者之间做了区分：

m 文化（m-culture）是由 i 文化（i-culture）建造并运行的，m 文化的基本功能是在某些特定环境中为 i 文化提供维护和传播。并且反过来说，m 文化的特征在环境方面影响着 i 文化的构成，以维持或提高自己执行这些功能的能力。因此，每一个 m 文化的特征都是在那个特定环境下为实现其独特的功能而被塑造的[10, p.170]。

这时期的美国文化生态学是非常典型的，它将环境视为人类文化适应的一个客观目标；简单来说，按照克洛克的想法，指令以计算的或者信息理论的方式被复制。

这种简化伴随着两个命题展开，文化的交互（reciprocating）形式（内部编码产生了外部实践）在道金斯开始修订他的模因构想时被证明是不能回避的：

> 我其实不能够明确区别模因本身的一些内容，如复制子，以及它在其他地方的"表型效应"或"模因产物"。模因应该被视为驻留在大脑中的信息单位（克洛克的"i文化"）。它具有特定的结构，可以意识任何用于存储信息的大脑媒介。如果将大脑存储信息作为一个突触连接的模式，原则上一个模因作为一个明确的突触结构的模式在显微镜下应该是可见的。如果大脑以"分布式"的形式存储信息，那么模因将不会在显微镜载玻片上被定位，但我仍坚持认为它驻留在大脑中。这样做是为了能够从表型效应中辨别它，这是它在外部世界的结果（克洛克的"m文化"）[11, p.109]。

在这个修订了的构想中，道金斯试图深入分析模因单位的同一性问题："模因可能部分地以基因做不到的方式相互融合。在演化趋势方面新的'突变'可能是'定向性'的而非随机的。"[11, p.112]这里存在一个暗示，有些甚至很多模因在某种程度上可能不是定向的：然而，如果我们接受这个术语，那么无论怎样的模因肯定会出现，至少部分地出现，源起于人类的意向并与人类主体紧密关联。这个想法很奇特，但却提供了一种修辞手法来支撑模因尊重进化趋势这一观点，而在没有限定条件的情况下，隐含的进化被假定为达尔文主义。道金斯进一步阐述道：

> 以魏斯曼学说（Weismannism）衡量，其对于模因的严格程度要弱于基因；这里体现的可能是拉马克学说（Lamarckian）从表型到复制因子的因果关系箭头，又或者其他的。这些差异可能足以证明与基因选择进行类比毫无意义，又或者有很大的误导性[11, p.112]。

这里涉及拉马克学说与魏斯曼学说之间的壁垒，并假定基因决定了躯体的发育，反之则不然（该观点本身正面临着来自表观遗传研究进展的冲击，

69

需要接受新的判定性审查），其至多是失实的。现实的物质对象作为后来产物的首要模本，经由复制、修改、改进和创新的过程，工匠观察到其细节。因果箭头仅可以由表型指向其复制品的观点不如说是一种误导案例。显然，无论我们采用什么样的术语，他们必须这样做。

在人类学家丹·施佩贝尔（Dan Sperber）反对模因论的观点中，焦点是模因论逃避意向性问题，并且注意到被动复制指令（instructions）观点的缺陷："指令不能被模仿，因为只有被感知到的对象才能被模仿。当它们被隐晦地提出时，指令必然得到推论。当它们被口头提出时，指令必然得到理解，这一过程涉及混合解码和推理。"[12, p.171] 安东尼·奥希尔同样对模因论表示否定，认为模因解释中暗含的关于人类核心经验的心理反射观点对于该解释来说是致命的 [13]。

第三节　生物和技术

当托比（J. Tooby）和科斯米迪（L. Cosmides）写下"人类思想、人类行为、人工制品和人类文化都是生物的现象"[14, p.21] 时，他们必定是有意识地运用其修辞天分做了一个断定（人类文化可以在包罗万象的、必不可少的新达尔文主义的生物学范畴内被理解）。然而有一个艺术史学家围绕模式的本质做了一个全然相反的论断，认为它们完全不必被认真对待。人类学家莫里斯·布洛赫（Maurice Bloch）沉溺于相同的思维实验，想象一个社会学家不知道达尔文（C. Darwin）和孟德尔（G. J. Mendel），其为动物躯体特征的传播单位发明一种小说术语并试图将其强加于生物学家 [15, p.191]。这确实与道金斯将模因概念强加于跨学科领域的学者身上的行为有点相似，道金斯显然没有吸收皮尔斯（C. Peirce）在符号学或沃尔海姆（Richard Wollheim）在美学分类方面的成就，以至于人们不禁会想知道模因曾经如何会受到重视。

什么能给生物学还原论者们一定程度的公信力呢？首先是达尔文（是某种象征而不仅指其个人）的认可；其次是当达尔文主义不断被卷入与宗教激进主义对抗中时表现出的学术包容性。显然，神学家否认进化并且其代表神而提出的关于起源的宏大设想并没有得到科学家的重视。人类是已经进化来的并且不断进化着的物种，为什么要避开其他物种的变异模式来理解人类的行为呢？尤其在更为复杂动物的后天习得行为规律不断得到证明的情况下，至少在某些指标上，人类和其他物种的距离似乎被拉近了。

人类学家欧内斯特·盖尔纳（Ernest Gellner）合理地认为，人类的"文化倾向"在遗传学角度上是可行的并且包含一种程序上的不完全性或者诞生之时就缺少某种能力[2]。人类需要通过多年的学习才能完成典型的人类工作（比如篮子的制作），然而一只蜘蛛能用一种本能去完成典型的蛛形纲动物的行为（比如织网）。至少从赫尔德（Herder）的时代开始，人类的这种状况已被看成是天生不完全性的标志。赫尔德极力鼓动我们去想象各种全然相异物种所独有的知觉领域（德语 Umwelten），并去思考在不同人类社群（比如不同的信仰、不同的部落、不同的社会阶层）中最为显著的外部知觉以及内心体验是否可能存在一种相似的排他性类型。

在赫尔德之前，我们认为自己是有追求的，想要变成有教养的人，并且将文化看成一个统一的大厦，他的创举在于引入了文化（德语 *Kulturen*）的复数名词形式，从而复兴了这一思想。该词出现于希罗多德（Herodotus）在其民族志写作中所使用的一个敏锐的早期概念形式，表达不同民族为自身所构造的不同的世界[3, p.31ff]。19 世纪，关注点从人类获得作为普遍属性的文化的可能过程转移到了关于人类总是形成一些特定文化的认识。

很久以后，在经历了达尔文理论的遗传学综合运动后，盖尔纳得以表达如下观点：综观所有文化，遗传学支撑了行星上任意物种最大范围的行为变异；尽管如此，在一些文化内，行为差异受到了制裁，包括死亡。从全球来看，物种看起来显然是可变通的，但从局部来看，物种几乎全部由法西斯式的严苛的单位构成，它们各自都相信这种生活方式是保障天赋人权的某种方式。判断敌人的通常方式是看他们做错了什么，因为这样有些违反自然，而不是因他们持对立的价值标准进而在行为上与我们相异。这些被嵌入一种关于衣服、房屋、工具和花式等显然一致的编码材料领域中并全然融入，会威胁我们所构筑的信念的连续性。

我们不仅有能力去创造文化，也被驱动去创造文化，但如果文化倾向显然是遗传的，那么从遗传学角度能够形成一种新的方式，通过非充分决定性促成一种鲍德温效应①的极端版本。因而那些形成的独特文化并没有从遗传学角度明确地得到任何最大程度的断言。仅从历史学和考古学的记录中就可以足够清晰地看出来，其中充满了物质生活革命性变化，以及在遗传学意义上不断演进的群体中伴生行为的急剧变化的实例。从最为接近的含义来讲，文化的"表型"是技术、语言和艺术的产物。遗传角度上它们是否完全由一种进化的达尔文式逻辑所决定是个争论未决的问题。的确，可以推测，技术创新显著引领了目前的生物学，人类生理适应性也在不断追赶这种变化。

在《人造猿》（*The Artificial Ape*）中，我支持目前关于工具使用和人属出现的考古学和古生物学年代学证据的基本真实性，也就是说符合其顺序[16]。原始工具的使用经目前查证可追溯至 330 万年前初具智慧的可直立行走更新纪灵长动物；专门的刀具生产（可以坚信的是，碎石工具是为了能够并且更精确地完成需要工具的更加复杂的任务）出现在 260 万年前；但是，尚不能证实智人出现在 220 万年前。如果仅依据肌肉力量来看，我们是类人猿中最弱的。然而，刀叉、吊索、杠杆和火的发现补完了证据，从逻辑以及目前可用的经验证据上表明，这些物品的出现先于人类祖先犬齿的突然减少，颅骨尺寸的增加，以及我们出生时幼体形态的先天能力的减弱等特征的出现，这些特征代表了我们物种的出现。我们肌体力量的削弱和空前的智力发育都一并发生于技术的雨影之下。关于该争论的一个推论无法在这里展开，其认为我们当时没有开始制作器物是因为我们正在变得更加聪明（归因于某种达尔文式机制使得具有更大大脑的伴侣更具吸引力）；更确切地说，新的人工制品的可供性转嫁了自然选择的压力②。

技术的发展极大地超越了自然选择，很大程度上我们进入了一个生物变异频繁遭遇我们自身抑制的时代，渐渐地，生物变异会被我们自己设计。技术领域的影响也将反映在生物学方面，但是，或许由于从自然到人工物的权利转移在规模和范围上都有所增加，我们低估了原初技术所带来的根本性的

---

① 这里并不讨论或局部去区别人类行为的可塑性与自由意志的突现（或定义）之间潜在关系的复杂性。

② 关于古人类犬齿减少的问题，目前已知其远先于琢石技术的出现，这很好地表明了存在一个使用所发现的物体作为工具进行临时使用的漫长阶段。这也与东非发现的数据相吻合。

转变，甚至很明显，简单技术还会持续给局部世界带去影响。换言之，如果我挑战了有关远古所发生的事情的某些观点，那么我的这一观点同样也对一种质疑表示开放，即认为今日生活着的或古代的人们引导了某种自然存在状态。

达尔文认为基本的技术，尤其是他看到的火地岛和澳大利亚土著居民的技术，或多或少地表明了某种结构性的关系，继而将他们置于从类人猿到人的进化梯度图中较低的位置。达尔文第一次在火地岛遇到当地居民时，他在贝格尔号的日记中写道："我无法相信未开化的人和文明人之间竟有那么大的差异，比野蛮动物和驯化动物之间的差距还大。"[17]（该版中第十章和第197、198页1832年12月17日日记开篇）他在《人类的由来》中坚持认为"进化遍及整个世界"。在他所认为的连接"位于下端的狒狒"和"位于上端'日益完善的'白人或高加索人"的渐变梯级中，"黑人或澳大利亚文明人几乎注定消灭并取代野蛮人种和大猩猩"，该梯级中所有物种也都终将会被进化所抹去，并且从进化角度来看，"人类与其近亲间的裂痕会越来越大"[18, p.168-169][马特·里德利（Matt Ridley）提出：火地岛土著所经历的远比加拉帕戈斯群岛的雀类更多，这也使得达尔文更加确信进化的真实性[19]]。

第四节 进化与文化的历史

至少从19世纪初开始就有许多对人类社会进行分类的尝试，并区分出不同形式的文化。这使得关于我们物种的一系列演化或进化能够被预期，其中自然（身体的）和人工（体外的）方面的研究可以在相同领域里展开，它们相互影响并服从于相同的演化逻辑。术语的交流以及潜在概念的形式化，尤其是涉及生殖方面和目标（目的论）时，影响是双向的。因此，当社会达尔文主义紧跟达尔文自己的生物进化论构想出现时，潜在的目的性措辞"适者生存"经由赫伯特·斯宾塞（Herbert Spencer）的坚持被反转设计为《物种起源》（虽然，公平地说，该思想隐含在达尔文所写的"受青睐物种"的副标题里，是来自他对鸽子饲育者的观察中带有强烈意图的思想遗留）。无论如何，物种世系在变化上的盲目性（或无方向性）让位于具有些许目的性的适应，该思想表明在达尔文与佩利的观点发生严重分歧时，达尔文曾力图调整他的观点。

　　无论达尔文对关于人类物质文化的生物学天赋论者的读物支持与否，作为结果，人种志学者们随后详细论述了文化创造性人群和天然人*人群*（Naturvolk）之间的区别，后者仅比寄居于森林的动物强一点。土著塔斯马尼亚人是规模极小的人种类型，当年轻的达尔文到达刚刚建成的霍巴特时，他们已基本上灭绝。他们不会生火、裸体、无房屋居住，并且生活在又冷又湿的环境中，他们的状况长期被归因于天生智力低下，在人类进化的向上阶梯中，他们处于下端位置。他们简陋的石器工具与那些奥尔杜韦（Oldowan）文化时期最早人类工具使用者所使用的别无二致，甚至等同于那些黑猩猩所用的[16, pp.33-54]。基于模因式的理解，诸如拉兰德（K. N. Laland）和奥德玲-施密（J. Odling-Smee），这可能是文化停滞的一个例子"类似于群体遗传学中由稳定选择导致的基因变异消除现象"[20, p.133]。

　　出于对北欧雅利安人种的信仰，希特勒（Hitler）接受了生物和社会学意义上的达尔文主义的观点。其设想雅利安人是创新印欧语系（或印-日耳曼语系）和文化的"缔造者"。基于这一点，赫尔德的文化被看作是"特性"的继承者和传播者，就像孟德尔豌豆杂交实验中长豌豆和短豌豆品种一样特色鲜明，这些特征被认为是由某些纯系的单位构成的。万字符，即德国纳粹党的党徽（挑选一个有效的例子）就是一个这样的单位。该符号据说在中世纪日耳曼陶器、希腊铁器时代陶器以及印度庙宇的雕带上都能看到，被看成是古代雅利安作为优等民族曾经占领大部分欧洲大陆的痕迹。新石器时代的日耳曼侵略者把文化（和字母系统）带到了希腊北部并传播开来，在亚历山大大帝的预想中，其将会在东方开辟一个帝国，而纳粹党人试图重建该帝国（毕竟，与希腊语一样，梵文曾是印欧语系的一支）。

　　万字符（德国纳粹党的党徽）为模因概念提供了一个有趣的检验，跳过政治的污水，这个经验事实可被分解为历史的和文化的独特现象。也就是说，文化形式可以并且已经以多种方式达成。在印度，九个主神作为正方形中的点规则排列，使得这些点动态地连接起两条线，通过折线形成相同的形状，类似希腊钥匙的某种变体，推测其可能源于早期青铜时代的曲线图案。在日耳曼语化的欧洲，马缰上固定用的金属箍用的是马头的形状，以便使马处于正面朝上的姿态——每四个围绕成轮毂组成一个旋转的设计，从而提供了又一种关于这种熟悉且声名狼藉的几何图案的来源路径。事实上，标志不仅有一个，而是很多，或许在每个大洲都可以发现，并且在大范围的各种文化中，它们彼此在历史上不相关联。对于万字符，其并不是限定的"文化单位"，其形式可以通过多种方式达成，并且可以理解为多重含义，某些特定的形式可以重现或被模仿，但只有通过涉及意向性和文化语法操作的过程——那些基于规则的生成系统（generative system）通过演化语境典型地具有了附加的和 /或改进的内容。

在安杰（R. Aunger）编辑过的文稿中，即《达尔文的文化》(Darwinizing Culture)，亚当·库珀（Adam Kuper）从人类学的视角批评了模因观念（还递交了一份独特、看似令人信服的关于文化和社会进程的分析[21, p.188]），博伊德（Robert Boyd）和里彻辛（Peter J. Richerson）的主张与托比和科斯米迪的相似："从某种程度上讲，文化的传播和基因的传播是相同的过程，我们可以借用已经发展很好的概念范畴，以及达尔文主义的生物学机制来分析问题。"[22, p.31] 库珀回应道："这听起来是一个务实的、科学的、合理的方案，以至于很容易忽视这全然是一种关乎隐喻及明喻的问题……模因不过是一种模糊的实体。"[21, p.185] 他继续说道：

> 如果模因是我们通常可能称作思想（或技术）的东西，那么很明确，思想和技术不能被看作孤立的且独立的特性……那么它传播和转化的方式则与基因的传播截然不同[21, p.187]。

安杰书卷中的另一个异议来自莫里斯·布洛赫，他提出一个引人注目的论点（道金斯的初始例证之一）："首先，某些模因看似是离散的单位，但仔细观察，即便是最为明显的'单位'也缺失其边界。观察到的究竟是模因的全部还只是其中一部分？"[15, p.194] 这些关注的背后是一个哲学中的重要技术问题，即符号（tokens）和类型（types）之间的区别。

正如理查德·沃尔海姆很久以前提出的，口哨吹出的朗朗上口的曲调在别人看来是类型的标志[23]。在表演者与听众构成的语境中，实体就是那个曲调，腔调在诵读的背后当然也潜藏着针对于（也可能不是）特定时间、地点的意识上的意向性，或是非意识性的渴求，这应当被理解为一种符号：一种具体的实例，在某种程度上与生物体的所属类型有关。但这个对比并不准确，在一个"模因"的文化语境中，类型可能会被认为对应于基因，除非不是原初的类型。

沃尔海姆生动地通过贝多芬第五交响乐的原型出处进行举例，其原型可能被认为是其首次演奏，或贝多芬第一次谱写交响乐时的构想，抑或是他在手稿上完成的乐谱，还有可能是作品发表后的首份拷贝。当原型被确定，可肯定的是它不能被重演：听众对于交响乐的认知在新鲜感以及特殊体验上是无法与首场演奏时相比的，现代乐理学家们可能至多是使他们回溯到已经无人知晓的第五交响乐早期阶段，而且他们也必将是那些能最为清醒地体察到在后来古典音乐中，以及在布拉姆斯（J. Brahms）、布鲁克纳（A. Bruckner）和瓦格纳（W. R. Wagner）萦绕于心的回响里的第五交响乐构成要素后续发展的人。

贝多芬的第五交响曲是具有时间因素的艺术作品，但其存在的具体时间尚不清楚。开场时（*Der der der dum*![暂停]*Der der der dum*!）曲段是一种朗朗上口的旋律，我们可以称之为模因；事实上道金斯也认为通过第九交响乐中《欢乐颂》的基本旋律可联系起如下事实："从整个交响乐中抽象出来的富有特色且令人印象深刻的旋律被用作德国广播电台的声音标志。"[6, p.195] 但是它能说明什么呢？诸如在各种语境中（包括考古学，之后会从该角度展开对生物学还原论的批判；而另一方则基于电台的标志案例，或表达出对模因论的支持）"贝多芬第五交响曲"和"贝多芬第九交响曲"的符号类型片段可能意味着各种事物。迈克尔·巴伯（Michael Barber）在概述维也纳现象学家阿尔弗雷德·舒茨（Alfred Schutz）的观点时写道：

> 音乐，不同于语言，是非再现性的，其适用于现象学分析，其所承载的超越了其声波的纯粹物理属性，其特征作为一种理想目标必须经历其逐步展开的阶段，也就是说，一种多元性[24]。

第五节　一元论与多元论

　　尽管关于范畴的哲学很复杂，但大部分的哲学家主张在一元论和多元论两种分类之间有一个明显的差异。前者通过一个筛选过程对个体进行归类，其中，个体表现出来的特定属性对于群体的包含性（inclusion）来说是充分且必要的。例如，钻石是一种碳原子特殊排列形成的物质，如果碳原子由这种形式组合，形成的物质就称为钻石，如果不是，就形不成钻石。而后者则指因缺少充分且必要的群体包容性特质而不根据其来进行类别判断的过程。文化人工制品就是显而易见的例子（下面论证涉及的所有文化人工制品都是多元性的实体）。

　　从一定程度来说，生物学分类法的一元论方法确实存在一些问题（智力领域是复杂的，在这一点上，其他领域方面少许主要指标就已经足够）。圣经的训令认为每一个生物都有自己的种类（一种自然物种的本质主义模型），当生物世系变化的事实动摇了实体概念时，这种观点在概念构想中依然发挥作用。恩斯特·迈尔[25]有效揭示了布冯（C. D. Buffon）的唯名论——仅承认个体是真实存在的，种名仅仅是一种启发式的名称——给很多我们现所使用和争论得越发细致的生物物种概念提供了探讨方式。布冯写道："我们越是不断对自然的产物进行分类，我们就会离真实越近，因为自然中只有个体才是真实存在的。"（翻译自参考文献 [26]，第 160 页）。然而查尔斯·博奈特（Charles Bonnet）发展了他在达尔文时期的进化概念，并写道："在自然中没有跳越，自然中的万事万物都是分等级的、渐变的，如果任意两个事物之间存有真空，那么从一个事物是如何演变为另一事物的？"（英译自参考文献 [26]，第 16 页）按照这种观点，存在中间产物是合理的，并且福柯（M. Foucault）强调，在形而上学中"只有连续性才能确保自然的重演，并因而其结构成为其特征"[26, p.160]。

　　哲学上的困难在于"固定论"（fixism）和"进化论"（evolutionism）之间的对立，福柯认为它们在启蒙时期（也被称为"古典时期"）的分类模式方面是不可通约但互补的关系[26, p.164]，这与康德时期的观点接近。康德主张任何物种定义的试金石必然是实际的生殖配偶选择，该观点放弃了亚里士多德古典的静态排列的分级序列，转而强调时间因素，是一种本质上连续、变化的观念。他的*真实类*（Realgattung）概念与后来关于饲育群中的阶梯变化的 *Fomenkeis* 观念一致。当指非杂交种群时，它暗含了迈尔后来区分与界定繁殖池（breeding pools）的核心构想中的相关定义。

但对迈尔起到直接影响的是伊利格尔（Illiger），他是达尔文的上一代人，其观点被迈尔完整引用（翻译）。特别重要的是，这里包括了伊利格尔在 1799 年的论断"我们仅能基于繁殖来确定物种，并且如果就像通常那样，假定物种源起于数个个体的共有特性的提取，这是错误的。陷入这种错误是因为其混淆了物种本身与博物学家们在他们的体系中用以鉴别物种的特征，因为他们认为需要将种和属的定义像逻辑学那样用于生物"[25,p.169]。对此伊利格尔评论道（正如福柯的精巧论述）：

> 关于事物的语言作为科学论述通过其具有的要素被构造。关于本质的同一性将会存在于设想之中，就好像用一个个字母拼出来的，在修辞空间内自发变化的词将会重现，精确地说，概括性不断增加的事物的同一性……其一般语法将会……成为关于事物的普遍分类方法[26,p.161]。

迈尔认为，伊利格尔对于林奈式双名法核心拒斥是其观点的一部分，即经验实体无法遵照经典逻辑方法；但 1772 年，更具影响的阿丹森（Adanson）为贝克纳（M. Beckner）铺平了道路，后者在 1959 年提出分类群实际上是多元的［正如尼达姆（R. Needham）所讨论的[27]］。

索卡尔（R. R. Sokal）和斯尼思（P. H. A. Sneath）在 1963 年提出另一种多元性的术语，并被大卫·克拉克（David Clarke）于 1968 年将其运用于考古学，作为文化实体分类的标签，用以与生物学区分[25,p.169,fn 7;28,22ff;29,p.13ff;30,p.35ff]。其中存在一些潜在的困惑，一部分困惑记录或隐藏于文本中，并且很明显，这些作者的目的不尽相同，而且题材也不一致。在对其研究之前，提供一种关于两种实体类型间差异的正式分类学定义是有必要的。

阿丹森曾提过以下想法：

> 按照某种给定惯例或相似物对聚集的物体或事实进行的排置，其是通过某种应用于全部这类物体的一般性概念来进行表达的。但其间不涉

及某种基本概念或绝对不变的原则，抑或无法容许丝毫例外的概括性（翻译自文献 [26]1845 年版的序言，第 156 页）。

这捕捉到了一元与多元之间的本质区别。按照大卫·克拉克以及随后的索卡尔和斯尼思的话说，一元群体就是"拥有对于作为成员来说必要且充分的、独一无二的属性的实体所组成的群体"[30,p.35f]。与之相对的多元群体是这样定义的，"该群中的每一实体都具有大量的属性群组，每一属性又被大量的实体所共有，没有任何属性对于群体中成员身份来说是充分且必要的"[30,p.36]。索卡尔和斯尼思意识到"很可能这些群体从未完全是多元的，因为在给定分类单位中所有成员有可能拥有某些同一性的特性（或基因）"[29,p.14]。

克拉克认为生物实体，尤其对于动物物种来说，非常接近于单一性实体。脊柱可能是一系列脊椎动物充分且必要的特征。狮子的 DNA 应是所有狮子共有的。基于阿丹森、伊利格尔和迈尔的观点，事实上与技术人工制品相比，更棘手的问题莫过于其并没有威胁到与人工制品进行通常对比的观念。对于克拉克来说，关键问题在于，运用诊断性关键要素的一元论概念分类方法，不论它在某些或更为实践化的语境中被生物学家充分利用，对于人工制品都是不合适的。按照克拉克的观点，人类物质性的文化物从根本上显然是多元的，但它们在诸如科辛纳、柴尔德和怀特等学者那里仍被看作生物学种类。

例如，一把椅子让人首先想到的是其就像钻石一样是一种自然类。它应该有四条腿，一个用来支撑的座位面和一个用来倚靠的椅背。但很显然，一把椅子也可以有三条腿或者只有一个支柱，抑或是一把摇椅，或是根本没有腿而是直接被固定凸起的表面上；相反地，一个桌子可能也有四条腿，就像一个电气设备支撑平台。因此，即使我们决定了一把椅子必须有四条腿，但是在对椅子种类进行目标分类处理时，这并不是一个充分的特征。但是很显然椅子并不需要四条腿，因此也并不是一个必然特征，事实上，在一些特别的环境中，某些椅子出于特殊情况没有腿是必需的。放眼各种不同规模的椅子，我们称为椅子的东西可以按其他分类分为长条座椅、可折叠的椅子、飞机弹射座椅等。在特质层面上，现代英语中描述的椅子，代表对于种类的预期。这些可以通过很多方式看出来，但是其中一些比其他更加符合预期，更加熟悉。因此，事实上，很多椅子有四条腿，但是当表现在一个属性矩阵中时，总体上的分类表现为一个边缘模糊的交集。正如尼达姆通过这种方式总结道的：分析是精确的，比较是复杂的和困难的[31,p.60]。

如果作为"椅子"实在的 i 文化是一种简单的模因，那么为什么我们会有椅子设计者，并会对他们的原创工作支付高额费用？当然，也可以避免出现这些情况，比如在苏联。但是对存在于当时的椅子有直观体验的人会清楚，苏联国内出于对被理解为资产阶级象征的那些变异物的净化，而沉迷于固定的"风格"，导致那些椅子不仅丑陋而且经常让人毫无坐上去的欲望。不过，这也说明，那些认为应当存在某种类似柏拉图式类型的椅子模因的观点，不仅被新达尔文主义者们所倡导，同时也被那些忽视人工制品中所涉及的真实复杂性等级的思想家们所采纳。

社会人类学家蒂姆·英格尔德（Tim Ingold）强调："要想解决差异性和连续性之间的悖论，我们需要找到一种人类理解的模型，这个理解模型始于我们与世界的接触，而不是我们与世界的分离。"[32, p.94] 例如，每当自然类被转化为某种文化那么这种约定就会出现。如果我被要求给出一枚真正的钻石，那么也就是说我需要给出一个能被一元独断的物质实体。这可能留下一个存在误导的印象，即或许人工制品的类别终究是一元的。但是不难看出任何反对意见是如何被回应的：显然，我可以提出由最少数量原子构成的特定化学排列就是钻石，但是它可能只是一些粉末以至于我无法将之认作钻石。当我被要求给出一枚钻石时，我的大脑便产生一个观念，同当我需要一把椅子时的想法是一样的。正如椅子是固态的物质实体（通常情况下是这样；但在某种情况下我可能需要一把虚拟的椅子），因此钻石就应由钻石构成。但这对于它成为钻石的必要条件来说并不够精确。这说明文化产物最为明显的一元性方面体现于命名上，并且依据维特根斯坦的*步调*，这也取决于某一语言游戏中至少两个客体间基于预期的约定。语言游戏中的符号是语境敏感的。在婚前给予一枚钻石作为承诺与在纸牌游戏中给予一枚钻石涉及不同的预期与材质，虽然存在一束复杂的文化谱系连接着两种表征。不同于众多的生物学分类法，万字符（德国纳粹党的党徽）是多元性实体，如同椅子、汽车、篮子、杯子、房子和钻石。

甚至简单的石器也被充分定义为多元的。塔斯马尼亚人虽然在近期从解剖学上（智力上）被重新认定为完全符合现代智人特征，却依然面对着各种认为他们适应不良且落后的看法。尤其是贾德·戴蒙（Jared Diamond）将文化缺陷的原因从生物决定论转变为地理决定论，认为长时期的隔离使他们失去了有用的适应性特征。例如关于如何捕鱼、生火的知识[33]。但有研究显示，塔斯马尼亚人的物质文化已高度精致。不同于从未"发展完全"的奥尔杜韦文化，塔斯马尼亚人的石器工具制造表面上与旧石器时代相同，但可以看出对于多部件工具和展示物品的有意抛弃。在这里不具体详述塔斯马尼亚人对于技术便利性的逻辑，在面对这一问题上，不同欧洲人会因其所拥有的基于其厚重蕴涵的观点与概念产生差异（文献 [16]，第 2、6、8 章）。可以说，着眼于克拉克的表述，m 文化也是如此，不过是通过不同目标与意向构造 i 文化的指令的基础（参照施佩贝尔[12]）；也就是说，它们是不同的指令。

第六节　结　　论

79

我深信技术作为环境的关键一环，限制了人类世系的变化方式。这并不是说我将我们的物种排除于生物进化的事实之外，只是说我要挑战这种被普遍接受的变化机制原因。因此，当道金斯将其理论应用于人类时，我几乎与他持有相反的观点，但与达尔文本人所重视的那些证据一致。就像英格尔德指出的"达尔文不是达尔文主义者，更不用说新达尔文主义者了，相对于今天那些将其原因冠以达尔文之名的人来说，达尔文对互利共生的生物体和环境是非常敏锐的"[32,p.97]。人类"环境"迅速变为三个系统间的相互作用，即无生命自然（inanimate nature）、生命的 / 可生命化的技术（animated/animatable technology）。我将技术看作格式化的并能抵消生殖属性的指令，相信这是由于某些新的图式的出现所导致的。道金斯也认为技术是至关重要的（例如，技术能对抗基因），但同时认为这是普遍达尔文主义的一部分，本质上是生物秩序和过程的必不可少的延续。道金斯主张模因作为基因信息在文化方面的对应物，应当拥有与达尔文关于世系改变、自然选择和适者生存这些逻辑一致的对应体系。那么这里的问题便演变为这种逻辑是否能够接受一种非生命的一元实体，并可以大致适用于生物学分类法，同样可以对多元类型进行充分的区分。如果不能，模因概念必然遭到反对。

我认为客观世界中有三种基本形式变异的图式：①无生命的系统，涉及一元（基本）实体的自然物物理层次的交互作用力；②生命系统，涉及近似一元实体的物种中生物学个体间的自然达尔文主义的竞争；③物质文化系统，涉及多元实体中变异的人工生成。这一思想不是全新的。例如，凯文·凯利（Kevin Kelly）谈及技术元素（The Technium）时 [34]；我所说的系统 3 与自利性并无差异，但是因为凯利认为技术是更深层次目的论的表现形式——一种鼓励复杂性的创造力［或"自创造"（autocreation）］，从非生命界连续推进生物向前进化[34,p.355]；这一点我发现有些难以接受。

我们已经看到，精巧、统一的模因概念与人工制品形式变异的多元性不相容。但模因也应从生成性的视角进行拒斥。回到康德的真实类概念，很难认为人工制品彼此之间是匹配的。它们接收自身形式的方式存在差异和复杂性，似乎并不存在唯一的法则或首要理论能够对所有观察到的行为和变异进行说明。

80　　　　不过，某些特殊的现象带来了更好的关注焦点，包括拟物化，这引起了我极大的兴趣。当建造材料因技术和成本原因的影响发生改变时，由于预期的因素从而维持材料残留特征进而导致该现象。一个明显的例子就是一个标准化办公桌看起来就像是木制的，即便我们一时被压合板愚弄，但我们还是因为恰如其分地达到期望而感到满足。这个现象的有趣之处在于其结果难以预料。对于这些相关后果我曾论述了很多细节，从旧石器时代晚期的猛犸象牙做的人类头部雕塑，到达尔文所熟悉的完美球形的象牙桌球，再到因象牙日益稀缺昂贵而寻找它们的合成材料替代品，通过化学上的创新和形式上的生产技术继续推动合成球发展，并应用于本田 ASIMO 机器人的膝盖关节，以及用于模拟形状来标记和发现 DNA 的模型上的塑料小球附件 [16,Chap.7, and p.202ff]。模因概念在这里无论如何都不能协助进行分析。到底什么被复制了？人们认为它们究竟复制了什么？以及这些实体是否真实存在？模因的解决方案将会即刻向我们揭示"试图去建立有关事实分类的分类学理论是一个灾难，因为在经验上形式是多元的"[27,p.365]。

我在本章的开始引用维特根斯坦的概念——就像罗德尼·尼达姆所清晰表达的——"家族相似性"是一个多元的概念，对于分析性的比较人类学来说至关重要，正如克拉克在考古学中所认为的那样。该观点可能也符合阿丹森及其追随者的主张，即其对于生物学来说也是至关重要的。但无论如何"复制子"（replicants）是一元的，否则它们就没有意义。在道金斯看来，基因是关键的复制子。它们拥有保留同一性的能力，并且沿着代际向下彼此之间不断通过作为产物的躯体进行竞争，从而巩固其永久拥有的"自私"属性。可以断言文化同样也能裂解为有边界的竞争性仿造物单元，这是一种公认的用以扩展达尔文纲领的途径，只不过在我的领域中毫无助益，但可用作反例（并且在学术合作和建设性的跨学科研究方面可能会适得其反）。①

梅尔维尔（H. Melville）预示了一个研究焦点，像胡塞尔（E. Husserl）和丹尼特（D. C. Dennett）这样的哲学家，又如克拉克这样的文化生态学家和道金斯这样的达尔文主义者，他们截然不同的研究路径将会链接在一起，并写道："自然啊！人的灵魂啊！超越所有表达所能企及的最远距离是与你关联着的类比！它不是最小原子的翻腾，也非寄生于物质，而是在人心灵中的巧妙复制。"[36,p.340]或许这是一种写作技巧，将只能通过语言创造的巧妙的复制性（duplicitousness）具象化。在外部世界的事物和心灵中的词语之间，意向引发其原生力作用于两者，如果其较之随机突变和物种世系变化始终不够显著，那么其中则蕴含某种新的复杂性层级。

81

致　谢

我要感谢我的妻子沙拉·莱特（Sarah Wright）的建设性批评意见，还有硕士生埃米莉·菲奥卡普利卡（Emily Fioccoprilc）和迈克·科珀（Michael Copper）的努力；两位前任导师——爱莫西·盖尔纳（Emesy Gellner）和罗德尼·尼达姆（Rodney Needham）对本研究的影响也是显而易见的。

---

① 在结束时有必要重申一下这并不意味着我无视考古学中任何或所有的达尔文主义方法。它们中的一些是富有成效且具有吸引力的研究路径（文献[35]提供了有价值的综述）。简单地说，模因的路径对我来说显然不在此列。

参 考 文 献

[1] Wittgenstein, L.: In: von Wright, G.H., Nyman, H. (eds.) Last Writings on the Philosophy of Psychology: Preliminary Studies for Part II of Philosophical Investigations, vol. I. Blackwell, Oxford (1982)

[2] Gellner, E.: Culture, constraint and community: semantic and coercive compensations for the genetic under-determination of *Homo sapiens sapiens*. In: Mellars, P., Stringer, C. (eds.) The Human Revolution: Behavioural and Biological Perspectives on the Origins of Modern Humans, pp. 514–525. Edinburgh University Press, Edinburgh (1989)

[3] Kuper, A.: Culture: The Anthropologists' Account. Harvard University Press, Cambridge (1999)

[4] Aunger, R. (ed.): Darwinizing Culture: The Status of Memetics as a Science. Oxford University Press, Oxford (2000)

[5] McGrath, A.: Dawkins' God: Genes, Memes and the Meaning of Life. Blackwell, Oxford (2005)

[6] Dawkins, R.: The Selfish Gene, 2nd edn. Oxford University Press, Oxford (1989)

[7] Blackmore, S.: The Meme Machine. Oxford University Press, Oxford (1999) (foreword R. Dawkins)

[8] Childe, V.G.: The Danube in Prehistory. Clarendon, Oxford (1929)

[9] White, L.A.: The concept of culture. Am. Anthropol. **61**(2), 227–251 (1959)

[10] Cloak, F.T.: Is a cultural ethology possible? Hum. Ecol. **3**, 161–182 (1975)

[11] Dawkins, R.: The Extended Phenotype: The Gene as the Unit of Selection. W.H. Freeman, Oxford (1981)

[12] Sperber, D.: An objection to the memetic approach to culture. In: Aunger, R. (ed.)

Darwinizing Culture: The Status of Memetics as a Science, pp. 163–173. Oxford University Press, Oxford (2000)

[13] O'Hear, A.: Beyond Evolution: Human Nature and the Limits of Evolutionary Explanation. Oxford University Press, Oxford (1999)

[14] Tooby, J., Cosmides, L.: The psychological foundations of culture. In: Barkow, J., Cosmides, L., Tooby, J. (eds.) The Adapted Mind: Evolutionary Psychology and the Generation of Culture, pp. 19–136. Oxford University Press, Oxford (1992)

[15] Bloch, M.: A well-disposed social anthropologist's problems with memes. In: Aunger, R. (ed.) Darwinizing Culture: The Status of Memetics as a Science, pp. 190–203. Oxford University Press, Oxford (2000)

[16] Taylor, T.: The Artificial Ape: How Technology Changed the Course of Human Evolution. Palgrave Macmillan, New York (2010)

[17] Darwin, C.: The Voyage of the Beagle: Journal of Researches into the Natural History and Geology of the Countries Visited During the Voyage of HMS Beagle Round the World, under the Command of Captain FitzRoy, RN (1845). (Wordsworth Classics, London, 1997)

[18] Darwin, C.: On the Origin of Species by Means of Natural Selection, or the Preservation of Favoured Races in the Struggle for Life. John Murray, London (1859)

[19] Ridley, M.: The real origins of Darwin's theory, The Spectator, Wednesday 23 Sep (2009). http://www.spectator.co.uk/essays/all/5357791

[20] Laland, K.N., Odling-Smee, J.: The evolution of the meme. In: Aunger, R. (ed.) Darwinizing Culture: The Status of Memetics as a Science, pp. 121–141. Oxford University Press, Oxford (2000)

[21] Kuper, A.: If memes are the answer, what is the question? In: Aunger, R. (ed.) Darwinizing Culture: The Status of Memetics as a Science, pp. 175–188. Oxford University Press, Oxford (2000)

[22] Boyd, R., Richerson, P.J.: Culture and the Evolutionary Process. University of Chicago Press, Chicago (1985)

[23] Wollheim, R.: Art and Its Objects: With Six Supplementary Essays, 2nd edn. Cambridge

82

University Press, Cambridge (1980)

[24] Barber, M.: Alfred Schutz, Stanford Encyclopedia of Philosophy. Stanford University, Stanford. http://plato.stanford.edu/entries/schutz (2010)

[25] Mayr, E.: Illiger and the biological species concept. J. Hist. Biol. **1**(2), 163–178 (1968)

[26] Foucault, M.: The Order of Things. Routledge, London (2002)

[27] Needham, R.: Polythetic classification: convergence and consequences. Man (NS) **10**, 349–369 (1975)

[28] Beckner, M.: The Biological Way of Thought. Columbia University Press, New York (1959)

[29] Sokal, R.R., Sneath, P.H.A.: Principles of Numerical Taxonomy. W.H. Freeman, San Francisco (1963)

[30] Clarke, D.L.: Analytical Archaeology, 2nd edn. Methuen, London (1978)

[31] Needham, R.: Remarks and Inventions: Skeptical Essays about Kinship. Tavistock, London (1974)

[32] Ingold, T.: The evolution of society. In: Fabian, A.C. (ed.) Evolution: Society, Science and the Universe, pp. 78–99. Cambridge University Press, Cambridge (1998)

[33] Diamond, J.: Guns, Germs, and Steel. Chatto & Windus, London (1997)

[34] Kelly, K.: What Technology Wants. Viking, New York (2010)

[35] Bentley, R.A., Lipo, C., Maschner, H.D.G., Marler, B.: Darwinian archaeologies. In: Bentley, A., Maschner, H.D.G., Chippindale, C. (eds.) Handbook of Archaeological Theories, pp.109–132. Altamira Press, Lanham (2008)

[36] Melville, H.: Moby-Dick or, The Whale. Penguin, London (1992)

第二部分
达尔文主义对社会科学与哲学的影响

第六章
进化认识论：它的愿景与局限

安东尼·奥希尔

第一节　现代认识论

现代认识论的出发点是孤立的个体——处于他的温室独立研究——仅拥有他的思想和经验。哲学的任务在于，对一个人超出此在而达至外部世界的、我们通常所认可的事物进行分析。与他们不同，笛卡儿和休谟证明在给予这一出发点的前提下，认为这是不可能成功的。按照笛卡儿的观点，考虑到不能从"我思"（cogito）中得出存在一个仁慈的上帝，仅理念（ideas）无法证明它们自身，所以我们只留下理念。相似地，休谟通过默认脱离于世界的经验对于我们的期望（一个外在于我们的规律性世界）来说过于式微也证明了这点。

我可以（并且应当）认为，笛卡儿-休谟在出发点上曲解了思想与经验。私人语言（private language）论证认为，对于思想来说存在必要的公共方面（或至少就思想来说是存在语言性依赖的）。现象学认为，经验并非像经验主义所构想的那样，我们并不是印象或感觉数据的被动接收者，而是从一开始便主动投身于一个公共的世界当中。从一开始，我们就是世界中的主体（agents），而不是在外部关联着的、所谓经典认识论式的认识者。自我与世界之间的认识论鸿沟是一个虚构之物，尽管它曾被从本质上定义为是不可逾越的，从而使怀疑论变得不可避免。

第二节　进化认识论

进化认识论（evolutionary epistemology，EE）提出另一种起点，其使得经验怀疑论从一开始便被消解。本质上，我们（在一定程度上）确实地认识了世界，因为我们通过在其中生存繁殖进而被塑造。我们必然且直接地作用于这个世界（生存与繁殖）。我们并非被动、孤立的经典认识论式的认识者。在生存斗争中，拥有感觉器官以及概念谋划能力的生物不太可能会被拥有更好生存机制的同类竞争者所取代而消亡。

我们（以及其他生物）暂时得以生存繁殖这一事实就是我们（它们）关于世界的理念的证明（或者，如果你乐意，可以认为这揭示了其经历了严格检验并留存下来）。进化认识论并不会导致正面反驳怀疑论，也不会一下子就解决了归纳问题。它表明，如果我们存活，那么必然意味着我们所相信并践行的某些东西在直到迎来下一次挑战前必然是正确的，即便届时可能到来的这一挑战是致命的，导致我们过去的解决方案对于新的情况不再适用。这是进化论说明的通常逻辑：一种关于为什么过去的解决方案行之有效的、总是处在相对的意义上的回顾性分析。它们从不曾完美，但足够好，特别是相比那些竞争者在达成目的方面表现更佳。这一点可以为针对我们的感官以及智力器官的研究提供富有成效的线索，揭示它们如何获取在环境中有用的特征，以及如何利用我们器官的感受性与谱线波长乃至环境中的其他特征间的某些一致性。但是进化论的观点同样也认为，幸存者仅仅是比眼下的竞争者出色而已，所以假设不存在经过很好磨砺的竞争者，所谓进化成功也很可能在工程学意义上是缺乏完美适应的。

第三节　起点的选择：方法论的考量

可能有观点认为进化认识论根本不是一种认识论，但的确是硬认识论问题所避谈的话题。特别是，在探讨进化认识论时，我们假设进化理论是真实的，进而据此假定所有我们关于外部世界的知识在各种层级上都是真实的，所以怀疑论者根本不会触碰它。这一论证有一个疑点，如果我们在笛卡儿或休谟的观点中进行操作，但若不在其中便难以进行，我们可能会疑问并反对怀疑论，为什么应当采纳这一观点，特别是在前面已经给出关于它观点的批评的前提下？这是一个关于我们哲学起点的问题，一旦我们看到我们所认可的东西并没有被真的认可，围绕该问题将总是会存在一点任意性（arbitrariness）。在如此基础性的层面很难看到任何有效的击倒性论证或真凭实据。所以我们在这一点上应当考虑的是解释力（explanatory power）或各种竞争性起点的丰富性。可以推定的是，对于我们知识的研究来说，相比经典认识论中的孤立心灵，进化认识论的自然主义预设将会成为一种更具丰富性的起点。

87

第四节　进化认识论：局限

"一个熟悉各种进化事实的生物学家将会对康德问题给出何种显而易见的回答，超越这位当时最伟大的思想家的视野。答案很简单，感觉器官和神经系统使得生物生存，并驱使它们在外部世界中在系统发生学意义上进化，在经历对抗与适应之后形成我们在现象空间中所经验的实体形式。"[1] 我们也许还应加上洛伦兹（K. Lorenz）所说的"繁殖"。所以，为了发展被一些人认为是认识论中真正的哥白尼革命的去人类中心的感知主体论，进化认识论的论述中提出我们的感觉器官与认知官能作为一种我们生存与繁殖的方式业已适应于现象世界。

虽然改变出发点确实富有成效且早该进行，但这一解释表现出的第一个问题是，有用的（对于生存和繁殖来说）信念仅是纯粹的逻辑观点，并不是实际上的真实。其目的不同，即便认识论终将不会变得更具基础性，我们依然想要它告诉我们信念的真实性，并说明它们为什么是真实的。进化认识论可能会说一个十分错误的信念将不会是有用的，但在我们的认知中，十分错误的信念其不准确性与简单性却是一致的（例如，为了提升反应时间，相比于实际的情况，我们可能将实物看得尽可能地形态鲜明）。唐纳德·坎贝尔（Donald Campbell）在这一理论的无用性语境中将之称为"简约、简洁、具有些许意外性和限定条件的信念"，相比于在自然世界中我们日复一日的生存与繁殖中产生的更为复杂、更接近于真实的但可能耗费更多时间与能量的信念，我们倾向于演化出强调空间边界的信念，过滤掉与生存不相关的数据。我们还会针对一个社群的社会效用形成脱离于群体（可能是十分错误的）的信念。还存在更进一步的观点，其甚至假定我们经由进化形成的信念以及认知是广泛真实的，一种进化的说明并不会真的是适用的，除非那些信念与感应对于1万或1.5万年前我们在大草原和平原中迁徙的祖先们起到帮助作用。后来到来的整个科学，包括其次级的领域，我们的生物学很少甚至根本不是为我们的生存而准备的。甚至引得尼尔斯·玻尔（Niels Bohr）推测，我们通过自然形成的智力并不适合我们对于量子世界的研究。

88　　我们人类能够去意识并自我意识，这些特征的进化优势已经被充分讨论过，而且在我的观点里也不是决定性的。然而，自我意识并没有赋予我们对我们的信念进行审查的可能性，以及我们如何使自身适应于世界。这类审查会立刻给我们带来像是我们信念的真实性一类的问题，正如我们在摩尔悖论中所知道的，在不将我们所相信的某事物当成真实的情况下我们不能去认识。所以，长期的进化遗传根据在生存与繁殖中的有用性磨砺了我们的信念与认知，然而由于我们的自我意识我们同样也会对真实感兴趣。正如前面提出的，真实与有用性可能存在冲突。但更为引人注目的是，趋向真实的方式以及涌现于我们自我意识的自我理解对帮助我们生存而言没什么助益。考虑到像是天体物理学、哥德尔定律、思辨哲学、诗歌、音乐这类事物，以及它们中的卓越部分在我们众多日常生活中扮演的角色，我们可能会遵循托马斯·内格尔（Thomas Nagel）的主张，即如果我们"相信我们的客观理论能力源于自然选择，将会引来严重的关于其结论的怀疑论，其超越了有限的以及熟悉的范围"。所以人类理智的演化必须被视为"对于解释各种事物的自然选择说明来说可能是一种反例"[2]。

　　新达尔文主义者，比如杰弗里·米勒（Geoffrey Miller）可能会承认这一点，至少在生存竞争的范畴内，但是会就这一点引用性选择案例。对于米勒来说，新皮质（neo-cortex，我们大脑内主导智力活动的结构）根本不是首要的生存"装备"：它很大程度上是一种在求爱期吸引并挽留性伴侣的"装备"。所以，前面列出的各种活动在帮助我们获得性并繁衍自身方面具有好的功用。

即使这是真实的而非经验的暗示，我们这里所拥有的最多也只是一种外在论的解释，针对的是擅长诗歌、音乐、物理等的结果：它根本不能说明为什么性伴侣会选择诗人、音乐家、物理学家等人群（如果确实存在这方面案例的话）。我们仍然需要说明关于这些以及其他类似活动为什么如此有价值，能够从一开始就吸引潜在伴侣。如果这么做的话，我们很可能会陷入亚里士多德（倡导沉思以及纯粹的求知）与他的功利主义批评者们（诸如培根和洛克，他们在技术的意义上将科学以及我们的知识视为具有改进我们世界的、更为首要的潜在力量）由来已久的论争中。

在这一点上我的结论是，进化认识论能够矫正不具实在性的出发点并向现代认识论提出要求。将我们自身以及我们的智力与知觉能力视为内嵌于我们的生物学中并反映出我们的生物进化，将我们在世间的存在当作其出发点，是恰当且潜在富于成效的。在这一程度上，我们可以为洛伦兹辩护并反对康德。另外，当进化模型尝试使我们超越大草原的认知环境，它将遇到困难，在以生存与繁殖或两者兼有之的形式尝试分析我们的认知与智力兴趣时，它会产生彻底的误导。

89

第五节　托马斯认识论

或许托马斯认识论（thomistic epistemology，TE）这种说法存在用词不当的缺点，因为托马斯并没有将认识论视为哲学的关键或出发点。而实质也在于此，如同进化认识论，其基本的哲学路径从一开始便阻碍其形成一种认识论。我们的世界都是由上帝创造的，世界是可理解的而我们则是它的潜在认识者。在某种程度上，进化认识论将自然作为我们所寓居的世界以及我们的认知力量的源头。而托马斯认识论将神圣的造物主作为两者的源头，这使得它避开了进化认识论可能会遭遇的问题。所有的创造物对我们的研究来说都是开放的，而我们的研究也不止于功利的动机。

从这一方面看，在已知我们作为认识者被赋予了理智能力，同时，世界的可理解性业已确立。理智在事实上已经确立了可理解性。对比众多现代认识论以及心理学，在托马斯认识论中我们是被动而非主动的。"对于我们来说，理解是以被动的方式进行的"[3]，这部分是因为我们的理智无法对于每一样事物都是有效的。托马斯引用亚里士多德的观点，认为人类理智就像干净的桌板，其上尚未写入任何东西，但每样 / 任何事物都可以写入："人类头脑能够成为一切事物。"（anima est quodammodo omnia）

所以，我们遭遇的对象唤起了我们的灵魂力去理解它，而非将可理解性映射于全然相异的、无法理解的世界，我们从处于世界中的故乡开始，从属于它，由其塑成并针对它（归因于我们乃至世界的上帝的创造）。我们参与于世界之中，心灵对于世界进行理解，并最终彻底理解。在以下意义上托马斯的观点是反功利主义的：我们基于类的概念对于世界的理解并非基础性的，这些类反映促进了我们的兴趣（正如进化认识论可能具有这种观点）。在认识某些对象的过程中，我们理解其实质，并阐明其本质，实现其潜能。在关于事物以及它们本质的沉思中，有限程度上，我们参与到了上帝的知识之中。

第六节　针对托马斯认识论的质疑

对比现代认识论，托马斯认识论既有支撑也有挑战。不过，它似乎在当下就引发了诸多难缠的质疑。

（1）对于人类认识来说是否存在特别事物，即只有人类能理解的事物（比如时间、颜色），或者其被白板说（clean tablet view）排除在外？

（2）如果进化认识论在各种方式中都是消极且限制性的，是否托马斯认识论过于乐观？我们是否真的能够知晓所有事物？其观点是否假定了一种无法接受的本质主义，认为我们能够以某种方式导出事物的本质？当我们全部的心理活动都无法与生存和繁殖相关时，是不是其大部分都源于人类直接的目的？在狭义上不是功利主义者的西蒙娜·韦伊（Simone Weil）将关于本质的直觉表述为"某种舞蹈"，其基于对世界的原始反射和反应，是从我们对外部世界的知觉中导出的（引自她的《哲学讲演》[4]）。有人可能会接受阿奎那思想中的可参与性一面，而就其对于消极性以及关于本质的沉思的强调做出修正。

（3）对于我们此处给出的关于变化且进化着的类与范式的图景，在托马斯认识论针对科学求知历史的解释的本质主义中，全时性（timelessness）暗示了什么？如何解读作为看起来像是某种我们研究中根深蒂固的易缪性的程度？

第七节　人择认识论

就我所知，人择认识论（anthropic epistemology，AE）的概念尚不存在，不过，我们如果严肃看待人择原则（anthropic principle），会发现它具有认识论的意蕴，并且介于进化认识论和托马斯认识论之间。人择认识论是否可以避开两者所面临的困难，而不会引发其自身无法摆脱的难题？

人择原则依赖于对我们所生活着的并正在意识到的宇宙之肇始（或者说，如果这里没有开始，就是在宇宙内部）曾发生的高度"微调"（fine tuning）的重视。早期思想家，如伯特兰·罗素（Betrand Russell）和贾克·莫诺（Jacques Monod）则强调任何这种情况都是极端不可能发生的（莫诺："宇宙并没有孕育生命，生物圈也没有孕育人类。"[5]）。将意识甚至是将生命表现为物理主义科学的形式都面临着困难，这在哲学界众所周知，同时也成为被智能设计论者们所利用的论据。

微调由物理学家们提出，诸如弗里曼·戴森（Freeman Dyson）、巴罗（J. Barrow）、蒂普勒（F. Tipler），当然，它并不是要将我们引向某位智能设计者，智能设计创世论者则可能希望如此（尽管我们可能难以抗拒这种可能性）。其认为莫诺的看法，即人类就像吉卜赛人生活于全然相异的、对其音乐充耳不闻的世界之中，是一种存在主义的夸大。如果生命所必需的物理条件从一开始（或始终）存在，那么在何种意义上能够认为生物处于一个全然相异的世界？如果这些条件达成了一种极端微妙的平衡，那么我们真的能主张在某种意义上生命起源之前的宇宙是为生命所准备的吗？如果这些条件从一开始就存在，并且宇宙是巨大且时空性的，是否生命总是不可避免地会在某一时间发生，并且可能不止一次？（对于生命来说也同样将会产生意识。）

按照保罗·戴维斯（Paul Davies）的观点，生命与心灵并不是从外部输入物理性的宇宙中的："或许凭借着一个模糊、半可见的生命原则，它们被深深地蚀刻入宇宙的结构之中。"[6, pp. 302–303] 可以说，在这一点上我并没有真正地理解戴维斯，即这一蚀刻过程是我们心灵的结果，其现在在宇宙中运行着回

91　溯的因果，即便是在宇宙大爆炸之初。其帮助塑成了宇宙实体，正如他所指出的，甚至是在遥远的过去 [6, p. 287]。但是，我不明白这一如此过头的思想为何是必要的，仅仅是承认微调对于初始的蚀刻观念来说就已经足够。当然，也并不是说要从这一点上提取出什么结论。

早于戴维斯，弗里曼·戴森乐于主张宇宙必定知道我们的到来 [7, p. 250]，他也同样探讨了潜在于我们所认为的环绕着我们的心灵与灵魂的普遍心灵或灵魂 [7, p. 252]。在《人择宇宙学原理》(The Anthropic Cosmological Principle) 中 [8]，巴罗和蒂普勒勾勒出一幅泰雅尔派版本的宇宙图景，即弥漫着心灵与灵魂的宇宙作为一个整体趋向于一个奥米伽点 (omega point)，在其中宇宙将会知晓它自身。

正如我所说的，我们没必要为那些过度的推测背书（或者转向奇怪的多元宇宙领域），仅仅是为了承认生命与意识的确蚀刻于宇宙的结构之中，作为所认为的微调点。在《生机勃勃的尘埃》(Vital Dust) 中，克里斯蒂安·德迪夫（Christian de Duve）极其细致地拓展了这一论证（并反对莫诺的随机性趋向解释），揭示出重要的机遇性事件虽然存在于我们的真实历史之中，但生命的起源与演化却遵循着几乎不可避免的路线（特别是可见于他的论证概要 [9, pp. 294–300]）。如果在宇宙起始以及之后的演化过程中都存在微调，那么就没必要惊讶于我们的意识能够领会几乎整个宇宙。正如阿奎那认为的，我们将会以我们特有的本质参与于宇宙之中，并与其性质相调和，包括其深层结构。

对于这一观点的通常反应会是，宇宙初始之时的微调可能会表明生命与心灵蚀刻于宇宙的结构之中，这意味着全部人择原则揭示出生命的必要条件存在于大爆炸时刻，而不是说这些条件在任何意义上都是充分的。从逻辑的方面看，这一反应是正确的。对于某一之后发生的事件，在其确实曾发生的前提下，无论什么样的早期必要条件都必然存在于早期阶段，这句话或多或少有些同义反复。其本身并没有告诉我们任何东西，或是只告诉我们很少关于之后发生的事件在多大程度上在早期阶段被预期的信息。

在我看来，尽管微调点加入关于深入观察现象的必要条件的逻辑点中，事实上那些必要条件已经达成了极度精巧的平衡属性。那么就需要补充一点，从纯粹物理学的观点来说明甚至只是理解生命与意识的突现是十分困难的，并且我们可能会开始接受这一思想，即存在某种东西内在于宇宙的结构之中，在那些细微调整的初始条件之中部分透露出宇宙倾向于产生生命与意识。这种远古的尘埃在德迪夫的隐喻中至关重要。

无疑这种观点将会被认为是回溯至活力论（élan vital）的倡导者伯格森（Bergson）的立场上，同时也与斯宾诺莎关于心灵与物质关系的图景相匹配（尽管其不能排除更为传统的有神论的创世观）。一些人可能倾向于仅仅依据这些理由反对该观点，但是相比于不加聆听地将之排除在外，有人可能会认为相比于拉塞尔-莫诺的观点，这种观点对于我们在这个宇宙的存在来说更有意义，同样也使其更具可理解性，即我们能够揭示众多宇宙的奥秘，而这种理解方式与我们生存和繁殖所需的最小必要性关系不大。起码，对人择原则的认识论意蕴进行考察是值得的，其能够揭示我们的性灵如何能够在宇宙中种种层面上与实在相调和，以及我们的审美与道德感如何能够通过对我们来说似乎是绝对信服的方式，显示出如此之多关于宇宙的毋庸置疑的洞见［正如我在《超越进化》（Beyond Evolution）[10] 中认为的，进化理论面临相当大的困难］。

进化认识论自身在广义上是一种进化论式的说明，因为我们的存在与意识是宇宙长期物理与生物演化的结果。所以通过反对托马斯认识论我们可以期待其提供一种通过历史我们可以逐渐知晓更多以及更好知识的说明，同时也可能永远存在错误的可能性。但是若反对进化认识论，那么便没有对我们的信念与心理能力仅仅限定于生存与繁殖。如果我们是宇宙自身长期演化过程中的一部分，那么我们的思维过程，包括我们的宗教、形而上学推测、生活形式以及艺术也都应当从属于其中。只要它们需要，它们将可以共享任何归因于我们的、源于我们在宇宙进化中所处位置的有效形式。所以这里并不需要认同达尔文个人的顾虑，即只有那些我们与低等动物共享的思维形式才是成立的。如果某人基于某种进化的理由提出疑虑，那么其他方面也必定面临此疑虑，若对更高的形式提出质疑，那么也应当质疑更低的层级，因为它们共享同一来源。

人择认识论仍需要进一步发展，但即便如此它依然提供了一种较之经典认识论更可接受的出发点，它共享了进化认识论和托马斯认识论中的世界中心观，但却通向了更有前途的、介于两者之间的中间道路。

参 考 文 献

[1] Lorenz, K.: Behind the Mirror, p. 9. Metheun, London (1977)

[2] Nagel, T.: The View from Nowhere, pp. 79–81. Oxford University Press, Oxford (1986)

[3] Aquinas, T.: *Summa Theologiae*. 1.79.2. English translation available at http://www.
newadvent.org/summa/

[4] Weil, S.: Lectures on Philosophy, p. 52. Cambridge University Press, Cambridge (1978)

[5] Monod, J.: Chance and Necessity: An Essay on the Natural Philosophy of Modern
Biology, pp. 146–146. Knopf, New York (1971)

[6] Davies, P.: The Goldilocks Enigma: Why Is the Universe Just Right for Life? pp. 302–
303. Allen Lane, London (2006)

[7] Dyson, F.: Disturbing the Universe, p. 250. Harper Row, New York (1979)

[8] Barrow, J., Tipler, F.: The Anthropic Cosmological Principle. Oxford University Press,
London (1986)

[9] de Duve, C.: Vital Dust. Basic Books, New York (1995)

[10] O'Hear, A.: Beyond Evolution: Human Nature and the Limits of Evolutionary
Explanation. Oxford University Press, Oxford (1997)

第七章
大彗星兰：达尔文的伟大"赌博"

史蒂文·邦德

第一节　导言：卡尔·波普尔的"改弦易辙"

众所周知，卡农·查尔斯·雷文（Canon Charles E. Raven）将伟大的达尔文主义争论最小化至"维多利亚茶杯中的风暴"[1]。卡尔·波普尔（Karl Popper）在其《历史主义的贫困》（*The Poverty of Historicism*）中通过宣称雷文还是过多关注于"蒸汽仍然是从杯子里形成的"[2, p.241]，对其进行嘲讽。后来，在《客观知识：一种进化的方法》（*Objective Knowledge:An Evolutionary Approach*）中，波普尔对洞察到的达尔文主义"核心问题"阐述如下。

根据这一理论，不能很好适应其所处变化环境的动物会灭亡，因此那些（到一个特定的时刻）存活的动物一定能很好地适应。这一短小表述是一种同义反复，因为"当时很好地适应"其含义与"拥有那些使其至今得以生存的特质"基本相同。换句话说，达尔文主义中的这一重要部分不符合实证理论的本质，而是一个合乎逻辑的*自明之理*[2, p.69]。

无论一个公式是否包含经验的内容，它都可以被认为是或不是同义反复。对于达尔文主义的核心问题是其近乎同义反复的表述的推定，波普尔的断言显然缺乏勇气。然而鉴于波普尔的论点，一个"好的"科学声明是，它将包括更多的经验内容，我们必须允许从同义反复的陈述，经由"近乎是同义反复"的陈述，渐变到源于更高层次经验内容的更可取的冒险。一个公式因

"近乎同义反复"而被否定至少是符合波普尔的哲学体系。反过来，波普尔在这里的表述与早期评论家们所强调的进化论中有关适合度话题的同义反复观点一致 [3, 4]。

94　　　在波普尔看来，"适者生存"的问题在于它不得不通过适合度来解释所有幸存的物种，因为它们毕竟存活了下来。例如，野鸡很好地改变它的羽毛以隐蔽在高的草原上。人们不能说雄孔雀也是相同情况，但它们明亮的尾巴同样被很好地判定为是由于"性选择"，而这似乎是作为一个"特设"更加说明了达尔文核心理论存在证伪的实例。幸存下来，每一个活着的物种于是都很好地适应了生存；科学家的任务是发现适应的创造力或者承认在试图这样做时的失败。"适者生存"因而被确认，但是因同义反复而缺乏经验内容。在这种情况下，一个证伪的实例将会是一个幸存的物种而不是别的，毕竟是其足够适应从而使其存活。但这在逻辑上是不可能的。因此，达尔文主义与弗洛伊德（S. Freud）和阿德勒（A. Adler）或者黑格尔（G. W. F. Hegel）和马克思（Marx）的历史主义理论，一道被归为伪科学理论，并且缺乏牛顿力学或爱因斯坦相对论的经验解释能力。一种对于经验世界的预测无风险的理论，用波普尔的话来说是不可证伪的，因而是伪科学。现在如果说达尔文还没有做出具体的经验预测，那是不正确的。《物种起源》中的一整章专门讨论了"地质记录的缺失"，达尔文在这里预言了更为完整的记录，我们尚未发现的许多过渡环节的困难会"大大减少，甚至消失"[5]。然而由于地质记录可能常常会被认为是不完善的，并且在达尔文的观点被证明与否方面我们没有时间限制，所以这样的预测不可能被描述为"冒险"。因此，虽然达尔文可能因他转向预测而受到称赞，但这仍然是不能实行的，"不恰当的"选择可能永远是所提议检验的实用结果。此外，一套完整的化石记录并不等同于一个完整的灭绝物种目录，因此，"过渡环节"理论是足以通过回避而留存那些甚至完整且可证伪的地质记录。

波普尔的"可证伪性划界"给了试图防范库恩（T. S. Kuhn）和费耶阿本德（P. K. Feyerabend）逐渐增强的相对论的那些人以安慰，因此前者因"近乎同义反复"对达尔文主义的拒斥受到了可预料的科学界激烈反击。当贝弗利·霍尔斯特德（Beverly Halstead）博士在《新科学家》（*New Scientist*）

上发表了一篇文章《波普尔：好的哲学，坏的科学？》（*Popper: Good Philosophy, Bad Science?*）时，波普尔自己很快就改而支持"进化论和古生物学理论的科学特征"[6]。波普尔早期关于进化论缺乏预测能力论点的改弦易辙十分有名，尽管其在关于维多利亚茶杯风暴中的《云和时钟》（*Of Clouds and Clocks*）的论文里富于雄辩，但波普尔承认"这杯茶终究是我的那杯茶，我不得已端着它忍辱含垢"[2, p. 241]。一年之前他曾表示，"自然选择理论足够形式化而不会是同义反复"[7]。事实上在那之后，波普尔关于知识增长的论述越来越多地趋于进化的形式，如"自然选择假说"[2, p. 261]。然而，需要再三强调，波普尔面对严厉的反对被迫完全放弃他早期关于进化是伪科学的表述，这一描述严重夸大并且简化了事件。波普尔所面对的事实是，"适者生存"可以被形式化以至于表现为"近乎同义反复"；进化论从未成功地提出像人们在物理学中所发现的普遍规律；如果达尔文主义不被完全废弃，那么它需要被重新阐述。虽然进化生物学也由此证明它自身随着时间的推移将会是一个非常成功的研究计划，但是我们可能还是会基于达尔文的表述对其提出批评，因为在他所处的时代，其理论没有采纳后来其他人所提供的修正建议。这正是本章的写作意图，通过具体讨论当时争议的大彗星兰（*Angraecum sesquipedale*），即马达加斯加星兰花（Madagascar Star Orchid）的事例来进行论述。

第二节　大彗星兰的奇妙历史

阿里斯蒂德·奥贝尔·迪珀蒂·图阿尔（Aristide Aubert Du Petit Thouars）是法国拿破仑战争的英雄。1792 年，作为他贵族领地的布默（Bumois）城堡面临日益严峻的腥风血雨。继而阿里斯蒂德离家在海上漂泊，头 4 年里在南太平洋的某个地方，他负责寻找失踪的两艘舰船——星盘号（Astrolabe）和指南针号（Boussole），以及它们的指挥官——拉彼鲁兹（La Pérouse）。随后的冒险包括在巴西被捕、被关押在里斯本、流放于美国，以及他 12 平方英尺①的木

① 1 平方英尺等于 929.0304 平方厘米。——译者

95

屋孤悬于小洛亚尔索克河（Little Loyalsock Creek），标志着杜肖（Dushore）镇的建立。在 1798 年的尼罗河战役（the Battle of the Nile）中，他指挥法舰轰鸣号（Tonnant），尽管他双腿和一条手臂被炮弹毁伤，根据传统本可以投降，但他拒绝投降。尽管失去双腿，他依然在麦桶上高声命令，将法国国旗钉在后桅杆上。遵照他的指令，死后他的遗体被投入了大海。

　　一个鲜为人知的角色是阿里斯蒂德的哥哥——路易斯-马里耶（Louis-Marie），1792 年他被革命派扣押在布雷斯特，所以错过了这次寻找拉彼鲁兹的远征。路易斯-马里耶没有过上冒险生涯，代之以 2 年的监禁，随后是流亡于马达加斯加，在那里他沉溺于自己爱好的植物学和分类学，收集了 2000 多种植物，这些后来被收藏到巴黎博物馆。随后发表的一份《路易斯-马里耶 1922 年在非洲南部三个岛屿收集的植物兰花的特殊历史》（*Louis-Marie's 1922 Historie Particuliére des Plantes Orchidées Recueillies sur les trois Isles Australs d'Afrique*）文献记录了这些收集，其中包含大彗星兰的首次描述，大彗星兰通常被称为马达加斯加星兰花。这个现在被植物界圈外也所熟知的兰花导致了具有非凡意义的结果，在后来达尔文主义进化论的成功转型中发挥了重要作用。

　　19 世纪 30 年代后期起，达尔文对兰花杂交很感兴趣，当他在托基的海滨小镇消磨打发 1861 年炎热的 7 月时，这种兴趣明显提升。他不顾医生让他休息的建议，坚持研究兰花和它们的传粉昆虫。自他返回道恩（Downe）隐居——他在那里居住和工作已有 20 年了，这个爱好随之重新焕发活力。他在清晨散步时逐渐被岸边的兰花所吸引，在那里，他似乎发现了一些兰花的奇异器官。当他在拂晓漫步回家时，也总是有机会能看到一种罕见狐狸。达尔文注意到夏季大黄蜂在花丛中不断往来穿梭对于红芸豆来说是必要的；作为必然的推测，他继而将此类昆虫命名为"花中之王"（Lords of the Floral）[8]。1862 年，《物种起源》发表 3 年后，达尔文在漫长的道路上继续推进他的理论应用，出版了《不列颠与外阜兰花通过昆虫传粉的策略研究》（*On the Various Contrivances by Which British and Foreign Crchids Are Fertilised by Insect*）。马达加斯加星兰花尤其引人注目。

　　关于大彗星兰我必须说几句，它有六个大的花瓣，就像雪白的蜡做成的星星，因到访马达加斯加的游客的赞赏而出名。像鞭子一样具有惊人长度的绿色蜜腺从唇瓣下方垂下来。我发现送给我的一些花的蜜腺足有11.5 英寸①长，只有在底部 1.5 英寸处才有很甜的花蜜……在马达加斯加必定生活着一种蛾，它们的喙能够伸到 10～11 英寸长 [9, pp.197–198]。

　　针对兰花的蜜腺和蛾喙的长度的不断增加，达尔文提出了协同进化的军备竞赛，"但由于马达加斯加的森林盛产风兰（the Angraecum），每只蛾为了吸尽最后一滴花蜜而尽可能插入它的喙，于是风兰胜利了" [9,p.203]。谈及这场竞赛，达尔文认为人们经历岁月流逝必然能够确认这件事。尽管六个花瓣的马达加斯加星兰花早就引起了欧洲游客的注意，但却未见过有关这种蛾的记载，确实也没有任何昆虫具备为这种稀奇的兰花授粉的能力。因此达尔文的预言没有被广泛接受。

　　1867 年，乔治·坎贝尔（George Campbell，阿盖尔公爵八世）在一本名为《法律的统治》（The Reign of Law）的富有影响力的书中，嘲笑达尔文预言的"大鼻子"蛾，称其为"只不过是最模糊和最不符合要求的猜想" [10]。正是由于达尔文天生的好奇心，他发现了诸如像兰花和蜂鸟等清晰的进化证据，自然神学家也才发现了关于造物主技艺最清晰的证据。同年 10 月，达尔文在给促使其匆忙发表《物种起源》的阿尔弗雷德·罗素·华莱士（Alfred Russell Wallace）的信中，赞赏华莱士在面对"公爵的攻击"时提出了风兰的问题 [11, p. 281]。虽然阿盖尔公爵把"风兰的情况中的必然性归因于上帝的个人发明" [11, p. 282]，但达尔文对于华莱士的反问表示赞扬，即事物明明具有功能，为什么上帝仅仅赋予它们美丽？这一问题无人回应。当时人们预期进化论者和创世论者的争论将会陷入僵局，不过达尔文在信中也提到他在这个问题上已经被昆虫学家们嘲笑。甚至他的好友托马斯·亨利·赫胥黎（Thomas Henry Huxley）也在怀疑达尔文叙述的各种意图。在听了达尔文描述瓢唇兰（Catasetum）如何射出它的大量花粉后，赫胥黎简单地问："你真的以为我会相信这些？" [11, p. 373] 在本次预言之后的十年里，有关星兰花的引用相当之

_____

① 　1 英寸 =2.54 厘米。——译者

少，华莱士是唯一明确地为达尔文辩护的人。在《科学杂志季刊》（*Quarterly Journal of Science*，1867 年版中），华莱士发表了关于乔治·坎贝尔《法律的统治》的短篇书评——《依法创造》（*Creation by Law*）。华莱士写道：

> 也许可以合理地预测，这种飞蛾存在于马达加斯加岛；登上这座岛屿寻找它的博物学家们可以和寻找海王星（Neptune）的天文学家们抱以同等的信心——他们将取得同样的成功！[12]

在达尔文关于兰花的短文发表 40 多年后，华莱士的自信最终得到证明。

二等男爵沃尔特·罗思柴尔德（Walter Rothschild）是英国议会中的一位犹太人，他有着较远的德国血统，以在伦敦花园喂养袋鼠和用一个非洲斑马马队拉着他的马车穿过街道这种癖好而出名。1903 年，罗思柴尔德与卡尔·乔丹（Karl Jordon）合著了《鳞翅目天蛾科修订本》（*A Revision of the Lepidopterous Family Sphingidae*）。其中对于该目新增了一些内容，特别是精心冠之以"被预测的马岛长喙天蛾"的标题。增加"预测"意味着这是一种"被推测出的种类"，暗指了达尔文所推测的蛾终被发现的事实。进化论者将"被预测的蛾"的发现看作是进化论的真凭实据，并且许多人今天依然这样做。最近在 2004 年 11 月，一篇题为《达尔文的大构想》（*Darwin's Big Data*）的《国家地理》（*National Geographic*）杂志文章援引了该成功预测作为"进化"的"压倒性"证据[13]。但当仔细推敲后，结果暴露出这不是一个相称的结论。

华莱士将风兰与海王星的发现案例对照比较是一个便捷的例子，例如海王星的案例已经被波普尔的宣言和伊姆莱·拉卡托斯（Imre Lakatos）后来对于证伪理论的"评论"所采用。这提供了一个有用的案例研究，它突显了 20 世纪科学哲学的一些核心辩论，所以我们求助于海王星案例为我们提供一个解释性框架，通过这个框架我们可以更缜密地考察马达加斯加星兰花的情况。

第三节　卡尔·波普尔、伊姆莱·拉卡托斯和海王星的发现情况

1846 年，亚当斯（J. C. Adams）和勒韦里耶（Leverrier）通过外部行星假设独立地说明了某种残留物对天王星（Uranus）轨道的干扰。他们的推断牢牢地建立在牛顿力学的基础上，他们独立地预测出海王星在某种程度上的精确位置，使得柏林天文台的约翰·加勒（Johann Galle）在那年 9 月成功地找到它的位置。对于波普尔，这是科学方法的一个好的范例，一系列风险性的针对预测的经验检验，证实（永不能被证明）或证伪了争论中的科学理论。在波普尔的作品中，通过预测海王星的行踪进而对天王星的轨道异常进行说明是对牛顿力学的一个检验，并且这种可证伪性是公开的，将牛顿物理学从历史主义或个体心理学的伪科学中分离出来。

　　　　例如，导致了海王星发现的亚当斯和勒韦里耶的预测，是对牛顿理论的奇妙证实，因为在他们通过计算确定的很小天空区域内，发现一个尚未被观测到的行星，说这是纯属偶然显然是极度不可能的 [14]。

　　　　但是现实中什么样的诊断反应才能改变分析者的满意度，是不是不仅仅是特定的分析诊断，还包括心理分析本身？这一标准是否得到过分析者们的讨论或是赞同？[15]。

用拉卡托斯的术语来说，心理分析的"硬核"（hardcore）经不起推敲；相反，牛顿的"硬核"（万有引力和运动定律）受到了密切关注。由于天王星不规则的轨道可能被证伪，因此后者有资格作为科学，而前者被还原为伪科学。

1973 年，在伦敦政经学院提出的一系列关于科学方法的讲座中，颇为著名的是拉卡托斯质疑波普尔关于真正预测性科学的理论划分，认为其是为伪科学'专设'的修正主义。对于拉卡托斯，所有宣称是科学的理论都是从神学那里继承了它们的标准 [16, p. 64]。在"关于科学方法的演讲"中，虽然许多关于海王星的论述没有保存下来，但我们却有拉卡托斯早期在 1970 年的《证伪和科学研究纲领方法论》（*Falsification and the Methodology of Scientific*

Research Programmes）中对它的相同论述。

> 在爱因斯坦之前时代的物理学家们接受了牛顿的力学和他的万有引力定律，N，接受的初始条件，I，以及计算。并在它们的帮助下，推断出一个新发现的小行星的轨迹，p。但是行星偏离了推断的轨迹。我们的牛顿式物理学家会认为牛顿的理论禁止这种偏离吗，所以，一旦确定了，这就驳斥了理论 N？不是的 [16, p. 68]。

拉卡托斯不接受牛顿万有引力定律的这个"反驳"，而是继续假设另一个新的行星（p^1），为了发现它，这将需要一个新的望远镜。并且如果已经建造了这个望远镜，却没有发现预测的行星，它将被认为是隐藏在一朵云之后的宇宙尘埃里。随后，一个卫星被发送到这个位置，并没有发现这个行星，结果又要借助磁场干扰的理论。诸如此类的等，直到最后，"要么是提出另一个巧妙的辅助假说（auxiliary hypothesis），要么是整个故事被掩埋在满是灰尘的杂志中，再也不会被提及" [16, p. 69]。被波普尔称作牛顿的"绝妙证实"的东西现在看来似乎只是事后的加工，对于牛顿力学的"硬核"来说是未经推敲的。拉卡托斯肯定是对的，如果海王星没有在预测的地方被发现，那么会有很多"辅助假说"可以解释这一深度异常，正如海王星本身也被调用作为假设来解释天王星的异常。在天王星轨道异常的案例中，直接的假设并非牛顿是不正确的，而是基于严格的牛顿理论基础，通过某些干扰因素来解释异常。例如，当它们不能符合标准的轨道模型时，亚历克西斯·布瓦尔（Alexis Bouvard）仅仅由于不精确便拒斥关于天王星的早期观察。托马斯·库恩在其对天王星的论述中，更加趋向于科学约定论，尽管行星"在 1690～1781 年至少有 17 个不同的时机"有被观察到的可能，但由于它不符合古典天文学普遍的范式（paradigm），所以没有人能够"看到"它 [17, p. 115]。但是如果我们严肃对待库恩在科学中调用"某种历史的角色"的合法性，那么我们不可能随从库恩去贬低赫歇尔（Herschel）通过"他自己制造的改良的望远镜"仅"看到"不寻常的"磁盘形状"的历史事实 [17, p. 115]。也就是说，当视觉无法规避该问题时，没有必要诉诸心理学意义上的"失明"。这不是为了从拉卡托斯的批判中救出波普尔，而是表明，那些早期的观察者倾向于质疑他们自己观察的精确性，而非两千年来的旧行星体系。库恩范式的约定论可能是有问题的，但拉卡托斯也正确地远离了同样有问题的波普尔的反约定论。

然而，卡尔·波普尔明显地不会接受批评。《回复我的批评者》（*Replies to My Critics*）包含了他关于海王星最为冗长的公开论述，他更加坚定地将科学视为一系列的猜想与反驳。

> 如果我们的任何猜想出错——例如，如果天王星不是像牛顿理论要求的那样精确地运动——那么我们不得不改变理论……推测出新行星（海王星）的位置，行星在视觉上被发现，而且它的发现充分解释了天王星的异常。因此，辅助假说保留在牛顿理论的框架里面，而反驳的威胁被转化成一个巨大的成功[18]。

海王星从牛顿理论的"有威胁的驳斥"中挽救了一个"巨大的成功"——这个对波普尔来说是牛顿理论的"硬核"。但并不存在这样的威胁。亚当斯公开谈到，"万有引力定律被牢固地建立"，因此"在所有其他假设都失败之前"不可能被质疑[19]。同样地，为了给予牛顿更多的信任（如果他需要），约翰·加勒可能已经通过他的望远镜观察过，但他无疑没能通过此举给予牛顿支撑。当然，假定海王星被认为是天王星不像它本应该的那样服从牛顿理论的一个"矫正"，后者据此处在一个双赢的局面。对于"有没有一个行星恰好在这里"问题的肯定回答将会进一步支持牛顿，但恰好所提出的问题可能被当作是普遍不愿意质疑牛顿核心理论的例证。也就是说，天王星的轨道异常可被认为是暗指牛顿力学不适用于我们的太阳系。事实上，严格遵循波普尔的划界理论（theory of demarcation）进行操作，它本就应该被认为是这样的。在实践中，实际发生的情况是寻找一种基于牛顿理论的替代解释，如果牛顿的"硬核"理论真的有争议，那么单个的证伪反例至少在一定程度上足以否定理论，外部行星仅仅是基于牛顿过去正确的连续假定而被假设。当能够做出经验预测的时候，对海王星的搜索任务将永远不会开始。这样做是因为科学计划至少在一定程度上试图维护现有的理论，而不是波普尔那样永久试图"证伪"所继承的原则。

拉卡托斯并没有如此精确地表述，而是转而指向实践的例证，其很好地体现了科学的"韧性"而反对证伪[16, p. 89]。关于术语的选择表明拉卡托斯趋向于费耶阿本德无政府主义的认识论，他曾提到科学家们精于被拒斥理论的废物利用，这是种"韧性原则"[20]。借用拉卡托斯的一个例子，虽然所提出的针对水星（Mercury）近日点异常的干扰因素［不存在武尔坎努斯（Vulcanus）行星］没有被发现，但这并不是牛顿力学的失败。从 1816 年发现水星的异常到 1916 年爱因斯坦对其进行解释，在这 100 年的等待期间，牛顿的万有引力理论并没有被质疑所遮蔽，仅仅是这些特定的异常被搁置了起来[16, p. 67]。没有实验者能基于某一给定的实验结果而鉴别其所有可能的因果影响，也没有谁不诉诸不可消除的*其他条件不变*（ceteris paribus）原则使得任何实验真正变得"具有风险"。拉卡托斯把这种在挑战核心理论时方法论上的勉为其难称为"负面启发"（negative heuristic），而保护是"硬核"时刻被辅助假说所构成的"保护带"（protective belt）包围——无论所讨论的是牛顿、达尔文、弗洛伊德还是马克思"硬核"。

> 波普尔在《科学发现的逻辑》（*The Logic of Scientific Discovery*）中认为，科学事业的合理性"取决于将命题分成两种：基本陈述和理论陈述；证伪陈述和不可证伪陈述。这是绝对关键性的，因为如果所有的理论是不可证伪的——波普尔实际上用'形而上学'一词描述它们——那么牛顿和马克思的理论是同一级别的"[16, p. 90]。

拉卡托斯的评论核心是仅仅是成功的预测与真正"冒险的"预测之间的区别。约翰·加勒没有在亚当斯和勒韦里耶预测的地方发现海王星，如果有的话，结果将是微乎其微的。我们不会像波普尔幼稚的提议那样，被迫放弃牛顿力学。相反，我们的历史继承者将不会熟悉亚当斯和勒韦里耶的名字。墨特里尼（P. Motterlini）将拉卡托斯的行星的例子描述为企图"说明证伪主义和'迪昂-奎因论题'（Duhem-Quine thesis）的联系，据此'给予充分的想象，任何理论……通过其所嵌入的背景知识的某些适当调整，可以永久地免受'反驳'"[16, p. 68]。从拉卡托斯的观点来看，波普尔的可证伪性相比奎因的整体论是一种退步，其"经验主义的两个教条"领先于拉卡托斯的"推测的形而上学和自然科学之间假定边界的模糊性"[21]。为了反对波普尔幼稚的可证伪性（naïve falsifiability），即假定牛顿力学曾公开接受反驳正如对其的证实那样，笔者和拉卡托斯的"精致证伪主义"站在一边，具有与奎因相同的认识，即当面对失败的经验应用时，科学通常并不情愿轻易地放弃一个核心理论。尽管波普尔迟迟不肯承认拉卡托斯对于牛顿案例的批评的适当性，但他很快便看到其对于达尔文的适当性。尽管不应忽视波普尔本人早在1949年就已运用了形而上学的研究纲领（metaphysical research programme，MRP）的术语，但是波普尔的"作为一种形而上学的研究纲领的达尔文主义"的标题显然借用了拉卡托斯所使用过的术语[22]。不管怎样，波普尔意识到此时形而上学的研究纲领正好暗示了拉卡托斯观点的领先性，他对相同观点的借用表明其接受了后者在相关案例中所认为的"韧性"的观点。不过，波普尔无疑保留了其与更为一般性的科学方法论有关的可证伪性的"硬核"，一般来说，达尔文主义"*不是一个可检验的科学理论，而是一个形而上学的研究纲领——一种针对可检验的科学理论的可能框架*"[23]。

　　因此，受上述论述的启发，对于达尔文主义的预测力我们能说些什么？当然，它不是马克思主义的变种；马达加斯加天蛾是没有自我实现的预言。尽管恩格斯在马克思的葬礼上发表了"正如达尔文发现了根本的自然发展规律一样，因此马克思发现了人类历史发展的规律"的讲话[24]。波普尔在谈到达尔文法则时，称其是"几乎没有经验的内容"[2, p. 267]。而达尔文主义并不完全如此，有关天蛾的预测提供了这样一个清晰的例子，其中"适者生存"已经超越了同义反复，给我们提供了真正的经验内容以及预测能力。现在我们可以事后诸葛般看看波普尔与拉卡托斯就海王星以及在一般科学方法之上的争论。

　　不过，在我们怀疑这个达尔文主义的成功故事之前，我们应该就150多项显著的进化案例说些什么，以此表明本章并无不敬。约翰·恩德勒（John A. Endler）在《自然环境下的自然选择》（*Natural Selection in the Wild*）中深度推断了据说占进化案例近1/3的案例的可能原因，包括恩德勒本人在委内瑞拉、特立尼达岛和多巴哥岛的淡水溪流中对野生孔雀鱼（*Poecilia reticulate*）的研究[25, 26]。当地种群间的定量比较表明，孔雀鱼趋于土褐色，在高水平的捕食位置是很好的伪装色调，当在低水平的捕食位置时，出于更富竞争的性选择则，展示出明亮的颜色和花哨的斑点。起初，恩德勒成功地在一个可控环境中再现了这种形成鲜明对比的情形，并且孔雀鱼在数月内成功地趋向于正如情况中所表明的它们可能或伪装或明亮的颜色。在包括大卫·列兹尼克（David Reznick）在内的一批人等的协助下，恩德勒进行了不懈的研究，终于将孔雀鱼种群实验引入野外并观察到令人吃惊的相似结果[27]。其后代在被捕食风险低且伪装毫无益处的地方表现出五彩斑斓的颜色。生存取决于避开捕食者，为适应岩石河床，雄性会发演化出大的斑点，而在清一色的多沙河流中，则保持原有的无斑状态。总之，它们像恩德勒所预期的那样，完全依照达尔文主义"适者生存"的方式进化。

关于地理物种形成的例子，我们可以转向达尔文也曾提到的拥有相似的长蜜腺的一种南非兰花（鸟足兰属，*Satyrium hallackii*）。类似大彗星兰，缘毛鸟足兰（*Satyrium hallackii*）同样通过一种长舌天蛾授粉。在人迹罕至的沿海地区原本通过天蛾传粉，然而，短舌蜜蜂转而成了传粉者，进而这里的兰花呈现出预期中更短的蜜腺管[28]。细菌耐药性为观察进化提供了另一个重要的例子，其短暂的寿命为实验室研究后代遗传特征提供了理想的素材。与1941年首次引入金黄色葡萄球菌（*Staphylococcus aureus*）菌株时，其对青霉素无任何耐药性相比，现在95%的金黄色葡萄球菌菌株对青霉素有抗性[29]。金黄色葡萄球菌菌株还进化出针对替代药物新青霉素的抗性，因此在未来的几十年里，将需要更新的替代品。

这一系列进化的经验证据不断增加，不论对这些孤例有任何的怀疑，事实上进化的证据是完全不容置疑的。然而，这并不意味着应当降低引入某些具体实例的必要性，因为在历史的角度其是具有价值的。值得注意的是，凯特尔韦尔（H. B. D. Kettlewell）以桦尺蛾（peppered moths）的工业黑化现象这一经典案例作为例证[30, 31]，该案例在过去20年里成为众多学者批评的对象[32-34]，以至于在最近两本大篇幅为进化进行辩护的书中没有提及[29, 35]。如果一个例子不再用于支持现有的理论，那么通常它是无意义的。但至少令人欣慰的是，任何对于凯特尔韦尔研究结果的质疑都将不会施加于进化本身。如果仅仅是为了从根本上巩固达尔文的地位，那么，通过将小麦和谷壳分离，即找出那些不能提供实证水平支持的陈旧例子是有必要的。这种观点的内涵在于，非洲长喙天蛾（*Xanthopan morgani praedicta*）为前面的方案提供了一个例子。

第四节　非洲长喙天蛾的事例

　　对于像牛顿物理学一样良好建立的理论，波普尔所寓意的那种就像
是具有决断性的逻辑之斧的可证伪性不太可能起到作用。即便一个理论
以压倒性的优势建立起像达尔文理论一样的体系，形而上学的固执终将
变成某种反抗[36]。

　　拉卡托斯哲学对达尔文预测争论的应用产生的结果和上面海王星的情况
没有太大不同，但也有一些关键的区别。相似地，考虑到进化论提出后 40
多年来达尔文的预测仍然是不成功的，但就由此而拒斥达尔文主义而言，这
一事实显然也并非致命。早期有对乔治·坎贝尔和昆虫学家的排斥，但是在
整个 40 多年的等待时间里，任何评论家都不能确切地说服对方等待的时间
已经结束，达尔文已被证明是错误的。在这种情况下，不需要借助辅助假说
的潜在保护带，虽然我们可能还是提出了可能的情形设想，并就预测中可
能的兰花传粉者的特征中是否存在这样一套广泛的辅助或保留假设（saving
hypothesis）而展开研究。这并不像拉卡托斯所强调的海王星的情况那么明
显，并且飞蛾授粉的预测更像是一个简单的推理，很少有保留假设。这两个
例子间的明显分歧仅仅在我们维护存在飞蛾传粉的假设时才成立。就海王星
来说，拉卡托斯设计的辅助假说，使海王星存在的假设摆脱了我们再三都无
法探测到它的困境。然而，值得注意的是，拉卡托斯最终致力于维护的是牛
顿力学的"硬核"。而在我们选择飞蛾传粉的例子中，我们设想了辅助假说以
维护进化论的"硬核"，这种保留假设更容易被建构。这仍然是关于一个人
结合手头的经验知识而展开想象力的问题，假定达尔文提出的协同进化（co-
evolutionary）的军备竞赛是站不住脚的，但现存的有关大彗星兰的文献为我们
提供了至少一个关于进化的保留假设。1997 年，瓦塞尔（Wasserthal）提出了
一种"传粉者转变"模型来说明大彗星兰所受到的长期刺激，因此，它的演
变并非与长喙飞蛾同时进行而是在其之后。长喙的演化完全与兰花无关，其

唯一的目的是帮助飞蛾逃避蜘蛛的捕食。即使确定"预言"存在，生物学家们还是争论着达尔文的协同进化竞赛。另外，如果生物学家发现的不是预言中的飞蛾，而是一种瞬间能够爬入兰花的传粉昆虫 X，那么这也不能提供反对进化的证据。即使存在不止一种繁殖方式，也不能排除兰花能够同时通过多种方式繁殖。这里的保留假设是，远古时期在兰花找到一个新的传粉者 X 之前，协同进化竞赛已经发生，但此后飞蛾便逐渐灭绝。也许我们微小的传粉昆虫 X 有意地寻找很深的蜜腺作为逃避捕食的手段，因而得以传粉的是拥有最长花距的兰花，并导致之后其长度不断增加。人们可以继续塑造保留假设，但重点依然是，如果拒斥达尔文的协同进化竞赛理论，那么要么是需要一个与进化论一致的替代理论，要么是在能够提供一种替代理论之前"搁置"该问题。

　　拉卡托斯在海王星案例中所定义的支持现有"范式"所表现出的韧性，在达尔文于 19 世纪科学杂志上受到的有关马达加斯加星兰花的批评中得到了深度反映。事实上，这些批评中很少涉及*前述内容*中关于在直接抛弃范式与发现飞蛾之间的阶段应保持中立还是为达尔文辩护。1873 年 6 月 12 日，福布斯（W. A. Forbes）在《自然》（*Nature*）杂志中问道：

> 　　你们读者中有谁能告诉我，是否已经知道这种尺寸的飞蛾栖息于马达加斯加？它们很可能是某种类型的天蛾科，因为没有其他的飞蛾兼具其喙的大小和长度[37]。

　　缪勒（Hermann Müller）在一篇《能够吮吸大彗星兰花的蜜喙》（*Proboscis Capable of Sucking the Nectar of Angraecum sesquipedale*）的简短笔记中回答道，他的弟弟已经发现了巴西的天蛾"其喙长约 0.25 米"[38]，达尔文在其兰花一文的 1877 年版本中提到了这个事实。所预测的喙当然不会超出 19 世纪后期博物学家预测的范围。事实上，华莱士在适合的飞蛾传粉媒介的可能性方面的自信建立于他已经见证了各种竞争假设的事实。

> 　　我已仔细测量了大英博物馆收藏的来自南美洲的 *Macrosilia cluentius* 飞蛾标本的喙的长度，发现它长达 9.25 英寸！而一种来自热带非洲的飞蛾——*Macrosila morganii* 的喙长达 7.5 英寸[12]。

达尔文的伟大赌博似乎缺少了某种波普尔式的风险预测，一旦被告知马达加斯加的飞蛾不是天生的奇物，而是某种基于早期长喙飞蛾物种例证的进一步发展，其中至少有一个例证早在达尔文 1862 年《不列颠与外埠兰花通过昆虫传粉的各种策略研究》第一版出版之前就在大英博物馆被仔细研究过。

此外，罗思柴尔德和乔丹 1903 年版的《鳞翅目天蛾科修订本》提供了一个关于马达加斯加岛长喙天蛾前身及命名的清单。其中包括四次，第一次是沃克（Walker）的 1856 年大英博物馆标本——*Macrosila morgani*，塞拉利昂和刚果是它最初的栖息地。这些飞蛾不仅是同一物种，而且恰好是被华莱士在大英博物馆测量为 7.5 英寸的同一个标本。由于其底部的粉红色色调，罗思柴尔德和乔丹很快引用华莱士在 1891 年出版的《自然选择理论》（*Natural Selection*）（在该书中他反复预言了达尔文提出的马达加斯加传粉者的发现），在分类时将马达加斯加的巨大飞蛾视为一个独立的物种。华莱士明确地表示"再长 2～3 英寸"就成功了 [39,p.32]。然而，罗思柴尔德和乔丹发现的不是预言中的长喙，而是充满争论的洞见，也就是说，距离预期长度还差的 2～3 厘米，可以通过增加花蜜腺中蜜量，从而增加高度来弥补，继而使这一问题得到解释。

> 正如预测的巨型天蛾（*P. morgani praedicta*）的舌头足够长，约 225 毫米（8 英寸），能伸进短型和中等的风兰蜜腺中，对于拥有格外长蜜腺的温室风兰品种，飞蛾不会还没尝到剩下的约 1/4 的花蜜便放弃。结果是，只有当最大量的花蜜被收集到，拥有超长蜜腺的花才能与拥有短蜜腺的花一样被授粉。非洲长喙天蛾能为风兰做其所必需的事；我们不相信马达加斯加会存在比已发现的天蛾科有更长喙的飞蛾 [39]。

在 1903 年之前，这样的喙在塞拉利昂、刚果、黄金海岸、安哥拉都曾被目睹过，并且是一个广泛的属，其栖息地被描述为"西非和东非" [39]。罗思柴尔德和乔丹成功地确认了这种飞蛾在马达加斯加仍然存在。这确实是一个发现，我们不应接受达尔文的辩护，也不应盲目接受达尔文所预言的无与伦比且不可思议的，被罗思柴尔德奇迹般发现的 11 英寸喙这一奇物的意蕴。阿盖尔公爵八世发现这是荒唐的，尽管这应被视作他对外来动植物物种无知的标志，而不是时代的局限。罗思柴尔德恰当地阐明了在何种程度上那些维护某一特定范式的人将做"必要的事"从而去成功地支撑它。1903 年初，弗朗西斯·达尔文（Francis Darwin）将他父亲的信编辑成集——《更多查尔斯·达尔文的信件》（*More Letters of Charles Darwin*），插入一个脚注证实"福布斯先生已经给出证据来表明这种昆虫确实生存在马达加斯加岛" [11, p. 282]。我们已经看到福布斯先生没有提供这样的证据，但是在罗思柴尔德和乔丹的《鳞翅目天蛾科修订本》之前，缪勒对福布斯的回应最接近于达尔文还未被接纳的辩护，因此，这是必要的全部辩护。和缪勒的"证据"一样，罗思柴尔德的"证据"是值得商榷的。不仅由于罗思柴尔德拥有的 8 英寸喙的预测飞蛾与达尔文拥有的 11 英寸喙的预测飞蛾不一致，而且由于马达加斯加的品种十分类似于其大陆的前辈，这导致了后来预测飞蛾这一亚种术语被撤回。虽然这一事实有些近似玩笑，但从专业上来说，非洲长喙天蛾是不存在的。

虽然在之前的第一部分中和许多科学杂志上，达尔文的小鹰蛾（little hawk moth）的"轰动性胜利"都被详细叙述成是基于许多真实的历史事例，但其仍然是虚构的。吉恩·克里茨基（Gene Kritsky）在《美国昆虫学家》（*American Entomologist*）上发表了一篇题为《达尔文的马达加斯加天蛾预测》（*Darwin's Madagascan Hawk Moth Prediction*）的文章，其以"在 1862 年 1 月里特别的一天"为开头，达尔文接收了来自罗伯特·贝特曼（Robert Bateman）包含 Angraecid 标本的包裹 [40, p. 206]。她继续说道，"继而开启了阐明基于自然选择的进化力量这样一个持续了 40 年的故事……并预言了某种'巨型飞蛾'的存在"，但是这里很少有证据能够表明她对该"故事"真实程度的把握 [40, p. 206]。因为有关来自大陆的"巨型飞蛾"已经找到通往岛上的路径的假设风险较小，而非早在 1835 年的博物学家们对于加拉帕戈斯群岛物种同其南美大陆对应品种之间相似性的评论。尽管如此，达尔文预测的最终成功使得大彗星兰的名字从含糊费解到恢复活跃。如同马克思的革命或者海王星的发现一样，预测是用来支持相关核心理论的，否则该理论根本无用。实际上，*骰子已经待命，并且所有的历史性科学都出现了一幅明显不科学的画面*。复杂且并不单纯的可证伪性在这里是显而易见的。事实上，如果达尔文的"赌博"没有结果，大彗星兰在今天的植物学领域之外很可能不为人所知。按照这种观点，达尔文返回到了马克思主义的阵营，他们以宗教激进主义的无尽热情等待着即将到来的革命，如同基督再临。等着预测应验，或者再多等一会儿。很难想象我们还没找到飞蛾继而被用作反对达尔文的论据的情况，也没有任何拥有像达尔文的辩护那样同等力量的预测"发现"。这里所讨论的是预测的范围，一种存在主义的主张，"有一种兰花传粉昆虫具有这样或那样的特征"。尽管是一个可证明的存在主张，但其潜在辩护与任何显著证伪的开放性并不匹配。像"尼斯湖中有个怪物"的说法，依据湖泊本身的界限其具有明确的物理范围。然而，逻辑上讲，即便在面对精确定位它的所有失败尝试时，这个范围依然足够宽广，从而支持尼斯湖存在水怪的理论可能性。同样地，"兰花传粉昆虫具有这样或那样的特征"的预测是一个无限范围的预测，就目前来说，我们无法彻底证伪它。乃至在一个理想世界里，我们可以在任何时间、任何地点观察所有的Angraecid，并最终确定没有这样的飞蛾参与它们的传播。达尔文的小失败也不会影响其旨在支持的形而上学研究纲领。我们可以把它看作是对拉卡托斯批评的一个精致说明，不过，这个小小的成功反而被用作进化本身的证明。

> 关于飞蛾预测的意义超越了其历史细节。它涉及达尔文的方法论和他的"通过自然选择的进化"。科学的方法要求假设通过实验来检验，并且验证假设具有理论的地位。达尔文的彗星兰授粉实验和他的飞蛾预测的证实是基于自然选择进化理论的昆虫学证明 [40, p. 209]。

为反对克里茨基上述的论述，这里援引拉卡托斯所揭示的进化理论在达尔文所属的时代是关于经验世界中可证实事实的真正风险预测，其风险程度较之最初的假设似乎更加微小。卡尔·波普尔早期关于达尔文主义如同"近乎同义反复"的说法不是基于所讨论的特定例子"适者生存"，而是相当宽泛的。当然，这里所讨论的具体案例并不是问题的终结。波普尔已经意识到达尔文主义仅在某种构想下表现出经验上的空洞，即在关于"适者生存"的特定构想中需要被放弃或者重新构建。这是事业性的重建而非现任哲学家和生物学家的放弃。重要的是，还要注意在《物种起源》前两版中无法找到的赫伯特·斯宾塞所创造的"适者生存"的表述，其替代了"自然选择"这一达尔文自己的术语。随后，达尔文使用斯宾塞表述构架的频次逐渐增加。正如埃利奥特·索伯（Eliot Sober）所说，这一理论一度被斯宾塞的措辞所概括，是斯宾塞的说法开启了对循环推理的指责。

> 如果他意识到随之而来的混乱的话，达尔文也许会使自己远离这个口号 [41, p. ix]。

107　　我们是否能容忍波普尔的论断，即"达尔文主义的重要部分"是一个*逻辑的真理*，这取决于"适者生存"在何种程度上可以说构成了所讨论问题的重要部分。然而，鉴于这个表述在《物种起源》前两版中没有出现，所以我们在这里缩减了对斯宾塞术语选择的批判（达尔文对此同样认可），而非强调达尔文主义本身的同义反复。而且，最近的一些研究试图寻找在谈及适应时其中所包含的一些非同义反复内容，这是斯宾塞的表述构架在向着清晰的循环推进。

米尔斯（Mills）和比蒂（Beatty）提供了一种适应的倾向性解释，他们声称"把握到了生物学家们使用'适应'这个术语的意向所涉"[42, p. 4]。按照这一解释，对于循环的抨击只有在将适应定义为"实际上的生存和繁殖成功"时才是合理的 [42, p. 5]。

> 我们认为，这种困惑牵扯到将生物体的生存和繁殖的能力误认为其实际的生存和繁殖结果。因而我们认为"适应"其实指的是能力 [42, p. 8]。

对于是否确定"适应"作为生物体的一种倾向性将会受到关于过去表现的事后考量的影响，其争论仍然是开放的。暂时回到约翰·恩德勒关于斑马鱼（*Poecilia reticulate*）的讨论，虽然人们可能轻易预料到一个颜色鲜艳的雄孔雀并不"适合"在捕食中生存，但是通过对特定环境中现有种群的定量比较研究，就不再需要这里的预测。因此，是否需再次设计考虑揭露其循环性的控诉取决于当事人，甚至于提出某种可避免事后方法的可能性的倾向性模型。事实上，比蒂和芬森（J. Finsen）[其旧姓为米尔斯（Mills）]后来对自己的倾向性解释作出了令人信服的论证 [43]。延续索伯的观点，他们认为早一代的时间尺度太过短暂，而当他们各自尝试去纠正问题时出现了进一步的差异，但比蒂、芬森以及索伯的总体主张是一致的："预期的后代数量并不总是定义适应的正确方式。"[41, p. 26] 尽管斯宾塞的"适者生存"肯定是同义反复，但也许那时的"适应"概念不是。这不是为了显得波普尔的批评不准确，尽管它的相关性将因此而局限于站在其所属时代对达尔文进行批评，但并不会影响当代"适应"和"自然选择"的表述。

第五节　结　　论

　　虽然达尔文确实是通过他当时新近所提出的"自然选择"机制而得出了他的预测，但我们可能仍然要质疑预测的正确性是否必定意味着该理论的正确性。即使是阿盖尔公爵八世也注意到大多数英国兰花"在其蜜腺长度和昆虫的喙之间存在精确的调节"[44]。达尔文也是这样做的，人们可能会推测喙能"适应"所观察的蜜腺的假设是建立在恒定关联的习惯之上的，因此，进化论的解释是随后武断附加的。也就是说，在轮番的经验观察中，人们可能会认为"适应"的喙和蜜腺是基于不同经验观察中的感知"适应"。事实上，达尔文本人已经目睹了英国天蛾的某些物种通过像它们身体一样长的喙来采集花蜜。而达尔文的长喙推测却不一定需要协同进化军备竞赛这样的附加假设，虽然这很简单，但根本不是问题。我们可能会问，一个聪明的孩子也许不会如此设想，即在看到一朵小花被一个短舌蛾"拜访"的时候，那么一朵大型花必定会被一个长舌蛾来"拜访"。当这样的预测被证明是正确的，既不会维护进化论，也不会佐证孩子的逻辑。同样，如果一个宗教信徒因为无法理解上帝出于何种原因创造出如此稀奇的兰花而预测了马达加斯加天蛾，那么这种预测不应该被当作是上帝存在的证明。这带给我们涉及海王星和天蛾差异的重要方面。也就是说，虽然在没有牛顿力学的情况下，海王星的预测是不可能的，但我们不能如此说马达加斯加天蛾的预测。暂时抛开波普尔和拉卡托斯之间关于我们是否在测试"硬核"或"辅助假说"，我们的方法是"幼稚"还是"精致可证伪"的辩论，我们可以肯定地说，搜索海王星是"牛顿学说"具体而必要的方式。一般说来，在天空中搜寻一颗新的行星并不一定符合，但是在一片特定的天空中搜寻一颗行星的选择必定是基于万有引力

108

假设的。这与在马达加斯加岛的巨大陆地上搜寻长喙的情况是不可相提并论的。在后一种情况下，这种争议没有必要依附于"达尔文主义"的本质。人们很容易就会想到这样的搜寻可以在完全不依赖进化论的情况下进行。

　　当然，单一的个案研究不可能决定一般意义上的达尔文主义方法论，即使它仅在关于真理的可靠性理论的可质疑假设方面才可能构成对达尔文主义的准确批评。然而，如果我们要发掘隐藏于关于科学的"完美确证"的美好传言之下的复杂事实，那么我们就必须逐一对传言进行探讨。也许其他的传言会符合这个标题，但这不符合事实。本人尽力不去否认达尔文主义作为形而上学研究纲领的解释力或预测能力，因为达尔文已经充分证明了这种能力。但是当对待特有的非洲长喙天蛾时，某人应当补充说，假定上帝的存在就能达到这种级别的预测力。在达尔文主义中，任何挽救某一科学可预测性的尝试都需要基于进化论真实性所必需的成功预测，而他们武断的做法不足以提供证明。

参 考 文 献

[1] Raven, C.E.: Science, Religion, and the Future, p. 33. Cambridge University Press, Cambridge (1943)

[2] Popper, K.: Objective Knowledge: an Evolutionary Approach, p. 241. Oxford University Press, Oxford (1979) (Revised Edition)

[3] Smart, J.J.C.: Philosophy and Scientific Realism. Routledge and Kegan Paul, London (1963)

[4] Manser, A.R.: The concept of evolution. Philosophy **40**, 18–34 (1965)

[5] Darwin, C.: The Origin of Species, p. 235. Wordsworth Editions, Hertfordshire (1998)

[6] Popper, K.: Letter on evolution. A reply to Halstead. New Sci. **87**(1215), 611 (1980)

[7] Popper, K.: Natural selection and the emergence of mind. Dialectica **32**, 339–355 (1978)

[8] Darwin, F.: The Life of Charles Darwin, p. 303. Tiger Books, Middlesex (1902)

[9] Darwin, C.: On the Various Contrivances by Which British and Foreign Orchids Are Fertilised by Insects. John Murray, London (1862)

[10] Campbell, G.: The Reign of Law, p. 44. Alexander Strahan, London (1867)

[11] Darwin, F., Seward, A.C. (eds.): More Letters of Charles Darwin. A Record of His Work in a Series of Hitherto Unpublished Letters, vol. 1. John Murray, London (1903)

[12] Wallace, A.R.: Creation by law. Q. J. Sci. **4**(16), 470–488 (1867), p477n

[13] Quammen, D.: Darwin's big idea. Natl. Geogr. **206**(5), 2–35 (2004)

[14] Popper, K.: Realism and the aim of science. In: Bartley III, W.W. (ed.) Postscript to the Logic of Scientific Discovery. Hutchinson, London (1983)

[15] Popper, K.: Conjectures and Refutations, p. 38. Routledge and Kegan Paul, London (1963)

[16] Lakatos, I.: Lectures on scientific method. In: Lakatos, I., Feyerabend, P., Motterlini, M. (eds.) For and Against Method: Including Lakatos's Lectures on Scientific Method and the Lakatos-Feyerabend Correspondence. University of Chicago Press, London (1999)

[17] Kuhn, T.S.: The Structure of Scientific Revolutions, 3rd edn, p. 115. University of Chicago Press, London (1996)

[18] Popper, K.: Replies to my critics. In: Schilpp, P.A. (ed.) The Philosophy of Karl Popper, bk. 2, pp. 961–1197. Open Court Press, Illinois (1974)

[19] Adams, J.C.: An explanation of the observed irregularities in the motion of Uranus, on the hypothesis of disturbances caused by a more distant planet; with a determination of the mass, orbit, and position of the disturbing body. In: Adams, W.G. (ed.) The Scientific Papers of J.C. Adams, vol. 1, p. 7. Cambridge University Press, Cambridge (1896)

[20] Feyerabend, P.K.: Consolations for the specialist. In: Musgrave, A., Lakatos, I. (eds.) Criticism and the Growth of Knowledge, p. 205. Cambridge University Press, Cambridge (1970)

[21] Quine, W.V.: Two dogmas of empiricism. Philos. Rev. **60**(1), 20 (1951)

[22] Popper, K.: Unended Quest: An Intellectual Autobiography, p. 269. Routledge, London (2002) (Updated Routledge Classics Edition)

[23] Popper, K.: Darwinism as a metaphysical research programme. In: Rosenberg, A., Balashov, Y. (eds.) Philosophy of Science Contemporary Readings, p. 302. Routledge, London (2002)

[24] Engels, F.: Der Sozialdemokrat (Speech made at Karl Marx's funeral, 22 Mar 1883). http://www.marxists.org/archive/marx/works/1883/death/dersoz1.htm. Accessed February 11, 2011

[25] Endler, J.A.: Natural selection on color patterns in *Poecilia reticulate*. Evolution **34**, 76–91 (1980)

[26] Endler, J.A.: Natural Selection in the Wild. Princeton University Press, Princeton (1986)

[27] Reznick, D.N., Shaw, F.H., Rodd, H., Shaw, R.G.: Evaluation of the rate of evolution in

natural populations of guppies (*Poecilia reticulate*). Science **275**, 1934–1937 (1997)

[28] Johnson, S.D.: Pollination ecotypes of *Satyrium hallackii* (Orchidaceae) in South Africa. Bot. J. Linn. Soc. **123**, 225–235 (1997)

[29] Coyne, J.: Why Evolution is True, p. 142. Oxford University Press, Oxford (2009)

[30] Kettlewell, H.B.D.: Selection experiments on industrial melanism in the *Lepidoptera*. Heredity **9**, 323–342 (1955)

[31] Kettlewell, H.B.D.: Further selection experiments on industrial melanism in the *Lepidoptera*. Heredity **10**, 287–301 (1956)

[32] Mani, G.S.: Theoretical models of melanism in *Biston betularia* – a review. Biol. J. Linn. Soc. **39**, 355–371 (1990)

[33] Berry, R.J.: Industrial melanism and peppered moths (*Biston betularia* [L.]). Biol. J. Linn. Soc. **39**, 301–322 (1990)

[34] Wells, J.: Second thoughts about peppered moths. Scientist **13**(11), 13 (1999)

[35] Dawkins, R.: The Greatest Show on Earth: The Evidence for Evolution. Free Press, New York (2009)

[36] Lee, K.K.: Popper's falsifiability and Darwin's natural selection. Philosophy **44**(170), 291–302 (1969)

[37] Forbes, W.A.: Fertilization of orchids. Nature **8**, 121 (1873)

[38] Müller, H.: Proboscis capable of sucking the nectar of *Angraecum sesquipedale*. Nature **8**, 223 (1873)

[39] Rothschild, W., Jordan, K.: A revision of the *Lepidopterous* family *Sphingidae*. Novitates Zoologica **IX**(supplement), 32 (1903) (Hazell, Watson & Viney, London and Aylesbury)

[40] Kritsky, G.: Darwin's Madagascan hawk moth prediction. Am. Entomol. **37**, 206–210 (1991)

[41] Sober, E.: The two faces of fitness. In: Sober, E. (ed.) Conceptual Issues in Evolutionary Biology, 3rd edn. MIT Press, London (2006)

[42] Mills, K., Beatty, J.: The propensity interpretation of fitness. In: Sober, E. (ed.) Conceptual Issues in Evolutionary Biology, 3rd edn. MIT Press, London (2006)

110

[43] Beatty, J., Finsen, S.: Rethinking the propensity interpretation-a peek inside Pandora's box. In: Ruse, M. (ed.) What the Philosophy of Biology Is, pp. 17–30. Kluwer, Dordrecht (1989)

[44] Campbell, G.: The Reign of Law, 4th edn, p. 46. Routledge & Sons, New York (1873)

第八章
达尔文主义的推理

罗伯特·娜勒 弗里德尔·韦纳特

第一节 导言：假说演绎体系

文献中存在许多希望将达尔文的推理与假说演绎（hypothetico-deductive，HD）法联系起来的尝试[1],Chap.1；[2], p.198。卡尔·波普尔的证伪主义方法就是这种假说演绎过程，并引发一个问题，即是否波普尔的方法充分展现了达尔文在《物种起源》中所使用方法的特征。按照波普尔的研究，科学进步是通过证伪的方式：

设理论 T 对 p 构成预测：T → p。设对 p 的预测被发现为伪，即 ¬p，那么按照否定后件的*拒取式*推理，整个理论也为伪：

$$[(T \rightarrow p) \wedge \neg p] \rightarrow \neg T]$$

通过添加附加假设 A，也就是 [(T&A) → p]，这一简单方案会变得更加贴近现实，不过这也会引发关于迪昂-奎因命题的考量，当然，这不是我们需要关注的地方。波普尔认为一个理论是普遍性的且拥有演绎性的结论，尤其是以一种新的预测形式。波普尔认可休谟对（列举式）归纳法的批评，他强调证明与证伪之间的不对称。一种理论从来不会被确实地证明，但它却能够被揭示出与某一观察断言相抵触：

$$\forall x(Vx \supset Ox)；\exists x(Vx \wedge \neg Ox)$$

这一符号逻辑语言很好地展示了对于一个普遍理论存伪（falsifiable）来

说，应当采取哪种逻辑形式。对于一个普遍性陈述，例如"所有脊椎动物都是杂食性动物"，即 $\forall x(Vx \supset Ox)$，是存伪的并因此按照波普尔的标准来实证检验，那么这里就需要存在一个潜在的证伪者（falsifier），即某些脊椎动物并不是杂食性动物：$\exists x(Vx \wedge \neg Ox)$。

同时，波普尔的理论可能对于某些演绎理论来说可以很好地运作，但却无法反映科学史中案例的丰富性。此外，一些科学理论不能做出显著的新预测，但却与已知的证据相吻合。对于自然选择理论来说也确实如此，达尔文在育种实践中发现可追溯到 19 世纪 40 年代的证据以及化石证据。

波普尔的标准同样也使一些在其他标准看来不是科学的理论变得"科学"。他的标准所需要的在于，一个理论若是科学的就必须符合这种形式，并且其拥有可检验的结论 [3, §2.8]。但是波普尔所批评的许多理论（马克思主义、弗洛伊德主义）也能够符合形式，并在其中拥有可检验的结论。例如按照智能设计（intelligent design，ID）论，脊椎动物能够拥有复杂的眼睛，尽管这并不是一个新预测。[①] 由于这一陈述是由 ID 推导出的演绎性结论，所以按照波普尔的观点，智能设计论是可检验的。这一结论显然不符合波普尔内心中的划界标准，对于波普尔来说，演绎性结论必须是在自然中可经验的，具有客观性（objective）与主体间性（intersubjective）。之前的陈述满足了这些标准，但是它们却承认了 ID 的科学性。不过，如果我们将前面的陈述改为"按照先前的设计，脊椎动物进化出了眼睛"，便使得演绎性结论无法被检验。同时，这也会表达出如下含义，即眼睛并不是按照趋同的方式进化的，而是按照先前存在的设计进行进化的。在 ID 案例中，波普尔的标准似乎并不是十分可靠。在本章中，我们并不会去关注该划界标准，但是会关注一个问题，即在面对有效证据时，不同科学理论在说明性上的重要性如何进行对比。为了回答这一问题，我们将会考察一种特定的、对于使用概率语言的说明来说大部分适合的推理类型（这一推理类型有时被理解为消去归纳法的一种形式）。

有时会有人提出，波普尔的标准不适用于统计学理论，因为任一例外情

---

① 该预测应当在理论建立之前还未被知晓，至少在这一意义上其不是一个新预测。但是拉卡托斯和扎哈尔（Zahar）[4], Chap. 4 提出一种较弱的观点，其中认为，当一个事实没有被用来建构某一理论时，那么该事实对于这一理论来说就是新的，尽管它在之前已经被知晓。

况的数值看起来都与总体上的统计平均数相匹配 [5], §3.5; [6], part Ⅲ。进化理论在本质上是统计性的：其观察结果仅仅遵从某一概率，这意味着在某种程度上，作为否定例证的观察与普遍性的统计学理论是相容的。那么，要多少数量的否证才能使理论与证据间表现出不匹配？与常说的相反，这并不必然成为针对证伪主义的一个强有力反驳。根据卢瑟福-索迪公式，某一特定原子系统的半衰期为：$N_0 = N_t e^{-\gamma t}$，它可以被轻易地证伪。例如，钍 X 的半衰期为 3.64 天，并且这一数据在实验室里可以迅速地被检验。但在像是达尔文主义的案例中，这种检验可能就要困难许多，这里的统计学陈述缺乏精准，因为这里要更加难以确定对于例外情况的容忍程度。因此，去考察一种替代性途径是值得的。

113

并不是说自然选择理论不具备可证伪的条件。在《物种起源》第 6 章"理论所面临的困难"中，达尔文告诉我们他意识到了他的理论所基于的条件将能够被证伪，只要它们满足：

> 如果任何复杂器官早已存在可以被证明，并且那些证据不是以大量仅存在微小差异的、连续的形式呈现，那么我的理论绝对会是失败的。但是我找不到这样的情况。无疑一些器官存在于我们所不知的转变阶段……我们应当极度谨慎地认为，一个器官不可能是通过某种转变阶段形成的 [7, pp. 190-191]（网上第一版）。

对于他的理论来说潜在的证伪者是，存在一些不是由从早期器官经过连续微小差异形成的复杂器官。仅仅是尚不知晓早期形式是什么，或是缺乏关于它的证据终究不足以将潜在证伪者转变为事实上的证伪者。若要满足这一情况，只需要证明事实上存在某些器官不是由早期器官经过微小差异逐步形成的。当然，要确立这里存在事实上的证伪者并不是一个简单的问题。

从当下考察的视角来看，证伪主义方法所存在的最严重问题在于，它建立了一种特定理论与其预测证据之间的对峙，正如表达式 $[(T \rightarrow p) \wedge \neg p] \rightarrow \neg T]$ 所表述的。当该表达式适合于某些特定例子时，这并不意味着它反映了科学史中的一些案例，其中我们经常可以看到一对竞争性理论，$T_1 \& T_2$，被认为在解释证据方面同等出色，而证据不是通过 T_1 或 T_2 推导出的。

尽管达尔文认可可证伪性，但本章的目的在于揭示达尔文所使用的推理实践不是假说-演绎，相反它需要一种达尔文的自然选择理论的竞争理论作为对比。

　　举例来说，达尔文的进化理论与当时流行的自然神论相抵触，今天表现为与智能设计论相抵触。以此为例，为什么像盖斯林（M. Ghiselin）、鲁斯这样的达尔文主义评论者们将达尔文的论证步骤与假说演绎法联系起来？按照鲁斯的说法，达尔文想要使"他的理论尽可能地牛顿式"[2, p. 176]。在这一意义上，它应当能够作为一套基本法则体系来进行阐述，通过该体系现象可以被推导出来。盖斯林则看到达尔文的假说演绎法与波普尔的证伪主义存在很强的相似[1, p. 5]。盖斯林坚持认为达尔文的假说演绎法与拒斥培根式归纳相辅相成，尽管达尔文对于培根式归纳采取口头恭维态度[1, p.35]。他的理论事实上是基于"假说演绎体系的上层建构"[1, p. 63]。不过，这一论点错误地基于两个视角。波普尔的 HD 体系需要新事实的预测，如果得以实现，将进一步加强理论经受检验的证据，而达尔文的工作主要是基于*已知*的事实。波普尔的HD 体系是从自然中推导出的，而达尔文的理论是统计学的并因而产生了概率性的结论。当然，一旦理论中的法则就绪并使用演绎性结论作为法则的证明，还是存在将达尔文的体系表现为一种演绎系统的可能[2, p.62]。但这并不是达尔文在《物种起源》中的论证路线。第二处错误在于，达尔文嘴上恭维培根式归纳是事实，但是认为培根式归纳是一种枚举归纳是不对的[1, p. 230]。事实上其是一种消去归纳，或至少是一种最佳说明推理（inference to the best explanation, IBE）形式，这个我们之后会讨论。下面的段落中培根说明了这种差别。

> 　　对于通过简单枚举方式进行的归纳来说，其结果是存疑的，时刻暴露于反例的危险之下。其通常取决于手头仅有的、过小数量的事实。但是归纳对于必须通过适当拒斥与排除方式来分析自然的科学、艺术发现以及证明是开放的，进而，在经历足够数量的否证之后，得出基于肯定实例的结论……[8], Book I, §105

消去归纳可以与尝试侦破犯罪的侦探的工作相比较。将潜在的犯罪嫌疑人通过已有的证据进行匹配比对，那些轮廓与证据不符的被排除掉。于是，如果犯罪发生于位置 A，但一个犯罪嫌疑人在犯罪时间段位于位置 B，那么这一犯罪嫌疑人就被排除。为了反映这些科学史中普遍性的以及达尔文理论中特定的事实，有必要区分各种推理形式，并应用这些推理实践于某些达尔文的案例研究中。

第二节　一些最佳说明推理形式

曾有数位学者在他们的工作中提及一些 IBE 形式在达尔文思想中的作用，如基切尔 [9], Chap. 3, pp.43-58 以及卢恩斯 [10], Chap. 4。卢恩斯认为有时使用 IBE 能够成为一种口号，并且相比仅仅使用似然性（likelihoods）应当更值得推广。在一些公开出版物中，埃利奥特·索伯倡导其所谓的似然性法则，在一些标准阐释方面它不是严格意义上的 IBE[3], Sect. 1.3。这一节的任务，就是要探讨一些能够在达尔文的论证中发挥角色的不同 IBE 形式。

一个 IBE 论证的前提始于一组事实 F 和（有限数量）若干关于这些事实的竞争性说明 $\{T_1, T_2, \cdots, T_n\}$，那么构成 IBE 的推理工作是什么样的？即，当需要找关于 F 的真实说明时，若真实说明不处于初始的一组说明之中，那么 IBE 就失败了。作为退而求其次的尝试，我们将会在这组中找到最佳的说明，或是最为能够接受，抑或最为受青睐的说明。以形式术语来表达两种竞争性说明的实例，在以下几种情形下 IBE 是一种非演绎性的论证：

（1）F；

（2）T_1 和 T_2 是关于 F 的竞争性说明；

（3）T_1 相比 T_2 是更好的关于 F 的说明；

（4）∴？？？

存在数个竞争性推论。（a）首先，T_1 是真实的。由于很少会有人认为 IBE 是一种可靠的推理形式 ①，我们在这里将不做此假定。（b）在皮尔斯不明推论式（abduction）的描述中 [12], Chap.11，在面对产生例如"接受 T_1 作为事实是

---

① 尼尼洛托（I. Niiniluoto）[11] 在其关于 IBE 的解释中认为说明与事实之间存在一种更为复杂的关系，揭示出近似的解释性成功（approximate explanatory success）与近似事实（truthlikeness）之间存在关联。

115

合理的"这样的推论时，推论包含了认识上的操作，其要比推论弱得多，并且（a）承认即使当接受 T_1 是事实是合理的，T_1 也有可能是错误的。[①]（c）再者，其他建议的较之（b）更弱的推论，例如"T_1 较之 T_2 更能被接受"，换言之，仅仅是接受该理论而不是说其是因为合理而被接受。（d）最终的推论被考察，最后主张"T_1 较之 T_2 更受青睐"。青睐是一种对照性的观念，对于在说明中强调似然性观念的人来说尤其偏爱。推论（d）贴近于索伯所期望的通过他使用似然性法则的 IBE 版本为基础而获得的推论。出于这个原因，一些人仍坚持认为这根本不是一种严格意义上的 IBE 形式。出于区分，我们将这种推理称为探索更受青睐项的推理（inference to the more favoured, IMF）。

那么前提的情况又如何？前提（1）关注某一个或一组事实是毫无疑问的，它们不过是不争的事实。前提（2）关注手头上的一组竞争性解释。正如之前提到的，其中可能并不包含正确的说明，关于 T_1 和 T_2 都正确的情况可能存在于未来某个尚未构想出来的理论当中。解决这一问题的一种途径是第三种"泛称"（catch-all）假说：既非 T_1 也非 T_2。一组竞争性说明假说是如何被明确提出的，这并不是一个简单的问题，需要涉及有关 IBE 的完整解释，但是并不会涉及 IMF，因为其仅仅是考察任意一对假说并决定哪一个对于事实 F 来说更受青睐。

最后，对于存在两种说明性假说达到了作为满意说明的最低标准的情况，可能还需要一项附加前提，否则 T_1 是比 T_2 更好的说明的主张，只不过是让 T_1 成为瘸子中的将军。但在某些案例中，当考察一对竞争性假说时所揭示出的事实就是这样。达尔文主张他的自然选择假说提供了一种很好的说明，而创世论所主张的竞争性说明则无法做到："从通常观点来看万物的创生，我们只能说事情就是这样，造物主欣然创造了每种动物和植物。"[7]［达尔文（1859—1872），435，网上第一版］在达尔文看来，造物主根本没有提供任何说明，比如某些物种为何具有某些特征。但由于在找寻一对假说中更受青睐的一项时，IMF 并不像 IBE 那样表现得雄心勃勃，这种反对理由还是有些重了。

---

① 　马斯格雷夫（A. Musgrave）[13], Chap.14，分析认为 IBE 作为一种演绎论证显得与众不同，但它拥有类似（b）的推论。他同时还认为，接受 T_1 是合理的主张与 T_1 是错误的相容。

存在大量讨论各种说明模型的文献（亨佩尔式演绎法则论、因果论等），通常，我们对于我们所采纳的各种 IBE 形式的概要说明保持中立。不过，我们将会采纳一种关于说明的解释，其核心可以表述为似然性的形式。形成鲜明对照的是，仅有很少文献是关于说明是如何被定制的，也就是说，如何去确定一个说明较之另一个是好是坏，这是对于前提（3）来说至关重要的事项。如果说明被按照似然性来理解，那么这一事项就可以被提出。

我们是否可以将说明概念变换为似然性的形式？并且我们是否可以将提供一种*更好的*说明视为拥有*更高的*似然性？如果可以的话，我们将会拥有一种似然性形式的说明解释，以及一种关于当一个理论能以更高似然性的形式提供更好的、针对相同事实 F 的说明的解释。以似然性比较的方式来解释什么才是更好说明，这种提案可以展开为下面的表述：

（ⅰ）对于两个相互竞争的说明性理论 T_1 和 T_2，就某一事实 F 来说，T_1 相比 T_2 是关于 F 的更好说明 $=_{\text{Defn}}$ prob(F, T_1) > prob(F, T_2)。

无疑，当 T_1 说明事实 F，并且其较之 T_2 能更好地说明 F，那么至少较之 T_2 其使得 F 更为可能，也就是说我们拥有 p(F, T_1) > p(F, T_2)。但是，对于这一定义存在反例，正如索伯所提出的"小妖精"假说（详见参考文献[14], Sect. 2.2）。设想某人听到阁楼传来隆隆响（事实 R），其对此可能的说明是假说 G：阁楼中有一只小妖精将阁楼当成了保龄球道。在这一例子中，该情况可表述为 prob(R, G) 较高，小妖精打保龄球的声音听起来和阁楼传来的一样。而且，G 假说较之其他可能被考虑的假说能够使 R 更为可能。尽管 G 使得 R 高度可能，但在其他方面它是具有瑕疵的。对于小妖精假说 G，这里有何证据？可能很难找到。如果我们问："基于外在于 G 被说明的语境［也就是 prob(R, G)］的其他任意证据 E，G 的概率如何？"那么我们得承认 prob(R, G) 很低或为 0（因为首先有很多证据反驳存在小妖精）。所以作为更好的说明并不总是仅需要更高的似然性，在一些情况中，同样也需要将假说的先在证据的可能性也纳入考量。但是，一旦我们做到这点，我们可以将其视为是前概率 prob(G)，也就是说，G 的前概率相对优先于使用 G 来说明事实 R。

为适应这一点，可对上面的定义做出如下修改：

(ii) 对于两个潜在说明性理论 T_1 和 T_2 来说，对于相同的事实 F，T_1 较之 T_2 是关于 F 的更好的说明 $=_{\text{Defn}}$(1) prob(F, T_1) > prob(F, T_2)（似然性的比较）；以及 (2)prob(T_1) > prob(T_2)（前概率的比较）。

接受这一点，我们就能够运用之前关于更好说明的观念来理解 IBE 方案中的说明。同样，我们也能够运用之前在推论（d）中关于更好说明的观念，即 T_1 比 T_2 更受青睐，来理解 IMF 方案中的说明。①

这和范弗拉森（B. van Fraassen）提出的关于说明和更好的说明的解释很类似。[16, p. 22] 他提到统计学实践中经常仅仅使用的条款（1），条款（2）列出的关于初始或前概率的解释告诉我们，当被用于对事实 F 进行说明的语境中时每种理论初始的可能性，正如在"小妖精"例子中表明的。这种前概率只是一种"相对的"优先，因为其他背景的证据同样也能被运用于某一关于假说可能性的独立评价中。其他的考量也能够对相对的前概率产生影响，比如融贯（consilience），正如达尔文在本章第三节第二小节"盲眼的洞穴昆虫"中讨论的例子所表明的。

之前的讨论并没有体现出 IMF 是一种被回避的推理方式，而是旨在展现出 IMF 被理解的方式。与其说它表露出青睐一对假说中的一个，或对一对假说表现出差别化的支持（differentially supporting）的观念，不如说它对某一假说提供了一种简单的、非比较性的支持。正如我们将会看到的，达尔文就是用这种方式经常在其观点中偏爱自然选择，反对特创论。总而言之，我们可以说 IMF 遵循涉及对比性说明的推理：

（1）F；

（2）T_1 和 T_2 是一对关于 F 的竞争性说明；

（3）T_1 是比 T_2 更好的说明 [正如在之前（ii）中所理解的]；

（4）$\therefore$ T_1 比 T_2 更受青睐。

----

① 格拉斯（D. Glass）[15], p.282 的 "说明排名条件"（explanation ranking condition）也采纳了与上述相似的观点。这里的观点认为，一种更好的说明的解释需要给出相同的结果，正如当条款（1）和条款（2）给出相同结论时所做出的一样的结论，而格拉斯主张它们不需要给出相同的结果，针对更好的说明议题他推荐了一种一致性衡量方法，关于这种方法这里不作讨论。

　　之前考察的不只是说明性理论的似然性，还包括其基于现有证据的概率。这种盖然论的支持从哪里可以找到？在一些案例中，可能是由初步调查中收集来的证据，正如在索伯的"小妖精"例子里所例示的。合理的考察在决定说明性假说的（相对的）前概率的值时同样可以扮演重要的角色（参见文献[17]，第4章和第18章，参见本章第三节第一小节"智能设计与进化"），但由融贯所引发的更进一步的考察同样会内置于我们如何去评估相对优先这一问题中。

　　融贯是由威廉·惠威尔（William Whewell）引入的基于拉丁语的术语，字面上的意思是"一致"（jumping together）。惠威尔对于融贯的自有解释是，对于最初为了说明一类事实而被建构出的一种理论，通过额外证实支持的积累，进而被发现可以解释另一类不相关的事实。不相关的这类事实被置于一种理论的范围之下便蕴含某种统一，没有这种理论便缺乏这种统一性。惠威尔同时也认为，理论拥有真实的印记（参见文献[18]，p.295），但是一个理论在两种或更多的存在根本不同的事实上表现出"一致"并不能说明该理论是真实的，错误的理论同样能做到这点。所以惠威尔的这一主张我们可以拒绝接受。

　　推导出牛顿万有引力的开普勒行星运动三定律（它们在逻辑上相互独立）是关于融贯的经典例子。牛顿定律是牛顿基于开普勒第三定律（一个行星与太阳的平均距离的立方与其绕太阳运转轨道周期时间的平方的比例恒定）所建立的，牛顿进而表明他的定律同样也需要开普勒的其他两项定律。因此牛顿定律与开普勒三定律以及其他独立的定律相融贯，比如伽利略的自由落体定律，使这些定律成为互不可缺的整体。针对这种独立性，附加的近似法则（law-like）的事实并不是从最初建立的，牛顿定律同样也包含了源自这些事实的附加确证。一般来说，我们可以说融贯发生于两组或更多的事实（或定律）通过一种理论表现出"一致"，且在没有这种理论的情况下，会表现出相互独立。在这里，融贯类似于统一性，它将不同的事实置于统一理论的范围内。

　　我们可以通过以下方式作进一步补充。考察一对竞争性理论 T_1 和 T_2，其中 T_1 与许多独立事实 F 表现出"一致"，而 T_2 无法与事实 F 中的任何一个表现出"一致"，我们是否可以说 T_1 获得 F 的额外确证支持优于其竞争者 T_2？直观上看可能如此，并且这也是正确的，因为麦格鲁（T. McGrew）[19] 给出了他的证明，可总结为以下：

> 一个假说由相互独立的证据部分之间的关联中所获取的确证程度是一种单调函数，是在假说的启示下，那些证据部分能够被看到与其他证据部分明确相关的程度[19, p.562]。

这一结论为"一种理论能够产生事实 F"与"从这一起点理论累积的附加确证"之间的融贯提供了一种重要关联。将达尔文的自然选择理论与其竞争理论，比如特创论进行纳入比较，是一项重要的考察，正如即将看到的，自然选择与许多生物学事实相融贯，而神创论却不能，只能将这些视为相互独立的证据。凭借这一点，自然选择获得的附加确证支持超越了并优先于神创论所获得的（可能十分少）。达尔文应当无法通过明确途径获知这一结论，但它是一种理解当达尔文将自己的自然选择理论与神创论进行比较，并发现神创论严重缺乏关于这些事实的潜在说明时，他究竟领悟到什么的路径。

第三节 一些方法论原则的应用

这一节旨在揭示达尔文是如何应用推理实践，在他的工作中概括出上面所讨论的内容。"智能设计与进化"小节将讨论竞争性假说中说明机制的作用，"盲眼洞穴昆虫"小节将在盲眼洞穴昆虫的案例中讨论融贯的操作以及一种面向最佳说明推理，即面向更受青睐的说明的推理。

一、智能设计与进化

在达尔文主义的历史中，具有不相容原则的两种理论（自然选择与设计）都宣称能与已有证据相容，并声称比对方能更好地说明证据。在达尔文的时代，证据主要来自比较解剖学、胚胎学及古生物学（图 8-1）。

近期智能设计论的支持者与进化生物学家之间的争论经常聚焦于复杂器官，如眼睛。在作为一种比较的说明形式中，其涉及如下形式的断言。

断言 1 一个假说 H_1 相比竞争假说 H_2 使得证据 O 更为可能：

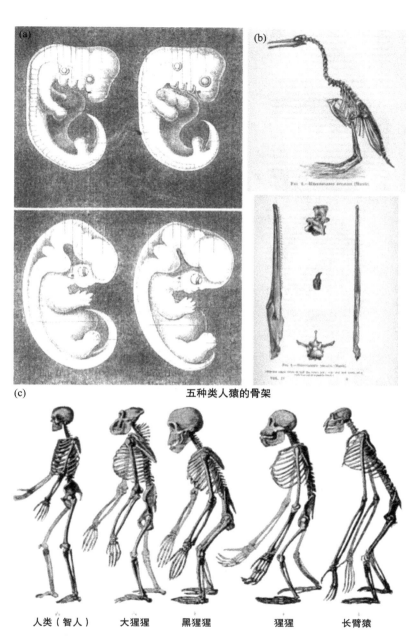

图 8-1　(a) *胚胎学*。顶部为狗（4 周时，*左侧*）和人类胚胎（4 周时，*右侧*）；底部为狗（6 周时，*左侧*）和人类胚胎（8 周时，*右侧*）。(b) *古生物学*。黄昏鸟是介于恐龙和鸟的中间物种，它同时具有翅膀和牙齿，下面图片显示了该物种的颌和牙齿。(c) *解剖学*。人类、大猩猩、黑猩猩、猩猩及长臂猿（从左至右）的骨骼比较图

$$\text{Prob}(O \mid H_1) > \text{Prob}(O \mid H_2)$$

断言 1 可以作为进化生物学家们支持的主张，其中 O= 眼睛，H_1= 进化理论，H_2= 智能设计论；也可以成为 ID 理论者们的主张，其中 O= 眼睛，H_1= 设计论，H_2= 进化理论。

首先考察智能设计论。其主张：

prob（人类眼睛具有特征 F_1，…，F_n｜进化）小；

prob（人类眼睛具有特征 F_1，…，F_n｜ ID）更大。

不过，这种简单断言并不十分真实，因为它轻易便能做出但概率很难评估：一种完全错误的理论能够解释事实的大部分，由亚里士多德和托勒密发展而来的地心说就是经典案例。大致上讲，地心说模型将地球作为宇宙中心，地球完全静止，既不做日周运动也不做年周运动。正如他们从古人那里获得的知识，六颗天体围绕位于圆形轨道中央的地球旋转，太阳占据着其中一条轨道，就如同现在我们所知道的地球轨道一般。尽管这一宇宙模型对比真实的太阳系从根本上失实，但地心说仍然能够预测每一天体的位置，达到现代水平 5% 的精确度。因此，记住这一点很重要，预测并不是充分的，科学理论必须是说明性的，它们必须能够通过客观技巧解决真正的问题。在尝试说明各种现象时，科学理论常借助于可检验的机制来说明证据。鉴于这些评论，断言 1 应当重新表达为断言 2。

断言 2   一个假说 h_1 及其说明机制 M_1，较之竞争假说 h_2 及其说明机制 M_2 使得证据更为可能。基于进化理论的视角，断言 2 陈述为

$$\text{prob}(O \mid H_1 \& M_1) > \text{prob}(O \mid H_2 \& M_2)$$

其中，O = 眼睛，H_1= 进化理论，H_2= 智能设计论，M_1= 自然选择，M_2= 造物主区别性的创作。

进化理论拥有更大概率的原因在于智能设计这种行为并没有可检验的推论，而自然学则是一种可检验的机制。自然选择的运作可以基于各种可控条件来研究，但智能设计行为并没有表现出可检验的机制，后者的主张超出科学的领域。

在《物种起源》中，达尔文发展出一种可能性论证用以反对热衷设计论的自然神学的论证。对于与特创论截然相反的自然选择学说，达尔文问及当

其面对证据时的可能性如何。对此，达尔文需要揭示，要解释物种的多样性，个别专门的创造相比自然选择原理显得不太可能。在达尔文的时代，相比潜在的机制，人们在关于进化的事实上达成了更多总体一致。例如，拉马克基于遗传提出了他的理论（1809 年），而达尔文对此表示反对并更支持自然选择。达尔文需要说服他的读者去接受自然选择是一种更可能的机制的观念，其可以对许多观察做出精致的解释。在《物种起源》中，达尔文反复诉诸可能性的考量来主张反对特创论，支持自然选择。达尔文认为，类似自然选择这样的自然进程更具可能性，使证据表现得更为吻合，使进化理论更为合理。

> 如果我们处于自然的变异性之下，并存在一个强大的主体不停扮演着一个作用与选择的角色，那么，变异无论以何种方式对生命都是有用的，在有关生存的极度复杂的关系之下，它们会被保留下来，累积，遗传，对这一观点我们还有什么好质疑的？（……）我们能够对这种长期严格检查每种生物组成、结构、习性，择优劣汰的力量施加什么样的限制？在该力量缓慢且漂亮地使各种生命形式适应于最为复杂的生存关系的过程中，我看不到任何这种限制。即使我们无法取得更深入的见解，对自然选择理论自身而言，在我看来也是可信的 [7]（第一版）。

虽然在达尔文时代没有关于自然选择的直接证据，但他使用了一系列事实，这些事实一方面趋近于"相互印证"自然选择作为一种自然力的可能性 [7, p. 263]，另一方面趋近于使诸如设计论这样的过程表现得不太可信。这些事实能够通过物种的生物多样性、旧物种的消亡与新物种的出现以及物种之间的亲缘关系（同源性与类比法）很方便地加以概括。当自然选择理论针对这些事实提供了一种一致性的说明时，达尔文惊呼："基于通常的创世说观点，这些事实多么令人费解！" [7, p. 437] 他进一步补充道："拒斥它的人等于拒斥了常规产生的真正原因……而去引用奇迹式的主体。" [7, p. 352]

在《物种起源》第六版中，达尔文通过类比其他理论对其自然选择理论进行更进一步的支持。

> 很难想象，一种错误的理论能够像自然选择这样以一种满意的方式

122

对前面具体列举的几大类事实进行说明。近期有观点提出这是一种不安全的辩论方法；但它是一种在评判一般生命事件中所使用的方法，并被最伟大的自然哲学家们所采纳。光的波动理论也曾因此而得出关于地球以其自身轴心公转的信念，直到近期也鲜有直接证据[7, p.421]（网上第六版）。

达尔文主张"一种错误的理论"无法满意地说明如此多样化的事实是一种误导，因为地心说模型似乎说明了"几大类事实"，尽管它从根本上是错误的，因为它主张地球是宇宙"中心"。事实上，进化理论似乎一致性地说明了如此之多的事实，但很难称得上是关于"真实"的推荐选项。严格来讲，这一论证是关于在面对已知证据时竞争性假说的似然性。它意味着，证据对于相互对照的各种说明分配以不同的可能性权重。当各种竞争模型不止面对证据，而是一些模型还因某种潜在机制的规范而得到加强时，这一程序则会相当有效。机制在两种竞争模型中会表现得显著不同，突出了自然选择机制与有意为之的设计机制之间的对立。自然选择基本上是可检验的，并且在实验室条件下曾得到过检验（人类免疫缺陷病病毒，孔雀鱼着色），在自然中可被观察到（正如在蛾类工业黑化现象中看到的）。但设计行为基本上是无法检验的，在科学家团体中的可信度很低，因为它需要天降神迹。

二、盲眼洞穴昆虫

达尔文在《物种起源》中将自然选择（NS）理论与其竞争理论特创论（SC）相对比时，使用某种形式的 IBE，特别是 IMF 存在多处例证。源自生物学与地理学的事实可能存在差异，但在每一案例中推理形式却是一样的。正如达尔文在关注存在于北美洲以及欧洲的洞穴盲眼昆虫案例时所提到的：

> 很难想象，生命间的情形要比位于相似气候下深层地下石灰岩洞穴的情形更为相近，以至于通常观点认为，盲眼动物是针对北美洲和欧洲的洞穴分别创造的，它们的器官紧密相似且亲缘关系早有预料。但是，诸如施基奥特（Schiödte）以及其他学者所评论的，这不能作为例子，相比基于分别位于北美洲与欧洲的其他栖息者所表现出的大致相似，而做出的它们之间存在联系的预期，两个大陆的洞穴昆虫之间的联系并不比

前者更为紧密。在我看来，我们必须假设北美洲的动物拥有通常的视觉能力，经历连续世代渐渐从地表世界迁徙至越来越深的肯塔基州猛犸洞穴中，位于欧洲洞穴中的动物也是如此。我们拥有一些这种习性渐变的证据，正如施基奥特强调的，"在进行从光明到黑暗转型的准备过程中，动物们并没有远离它们通常的形态，跟随的是，针对昏暗光线进行构造，最后，通向完全的黑暗"。在经历无数代之后，某种动物最终到达最为深处，基于这种观点，长时期的废弃或多或少会导致其眼睛完全消失，进而自然选择将会影响其他变化，比如触须长度增加以补偿失明造成的损失[7, p.138]（网上第一版）。

在达尔文对其 NS 理论提供支持的论证中，对比不仅仅限于关于昆虫物种的事实，还包括其竞争理论 SC，后者同样也使用了 IMF 与融贯。我们如何理解将 SC 应用于这一例子中？我们假定：①造物主存在，他想要让盲眼昆虫占据所有相似气候（连同其他相似特征）下的石灰岩洞，涵盖世界的不同部分，如美国和欧洲；②造物主拥有达成其目的的力量（所以昆虫不是进化而是被创造的）。承认 SC 我们将会预期全世界相似洞穴中的昆虫到底是相同的还是不同的。对于这一点，由于我们不能了解造物主的意志，尤其是他的意图，所以 SC 不能给出具体的回答，但基于简约性原则，我们会得出最为显而易见的附加假定；只有一种基本设计会用于创造盲眼昆虫，其很好地"适应"于全世界相似的洞穴环境。至于它们是"最佳"的适应还是仅仅满足存活条件，这一问题被悬置。

我们并没有理由去限制简约性假定的使用，认为在地域分布广阔却相似的洞穴中、占据相同生态位的昆虫，拥有两种或以上的基本设计。要假定这点就需要更进一步的材料去揭示有关造物主意图的信息，用来说明为什么在美洲和欧洲的相似洞穴中生存的盲眼昆虫会存在不同类型的基本设计。但是并没有更进一步的材料来供以考察，因为对于假定的最本质部分，我们并没有获知造物主意图的途径。一种更进一步的假定也毫无助益，即造物主某一方面表现出的基于生活乐趣（joie de vivre）的某些无理由姿态导致全世界相似洞穴中盲眼昆虫的不同设计。给定事实：X 生物存在于某种环境中（例如洞穴中的盲眼昆虫）。SC 归结为造物主必定想要让 X 存在于该环境中，且必定拥有实现其意图的力量，以及通过进一步的附加假定，他使用一种而非两种或以上的设计。

在之前的段落中，达尔文谈论了关于如果我们采纳 SC（或 NS），那么我们可能预期或预料到一些略带心理学色彩的话题。这对于理解达尔文以可能性的形式对预期所进行的讨论是有助益的，也就是说，某一假说针对某些事实的可能性（即假说的似然性）。关于可能性如何能进一步理解的问题（主观方面信念的理性程度，或更为客观的诸如此类的方面），可以悬置起来。

设定，基于 SC 及其其他附加假定的主张可以被表述为下面的似然性形式：

（1）prob（生活于美洲和欧洲相似洞穴中的盲眼昆虫的设计是相同的，SC）高；

（2）prob（生活于美洲和欧洲相似洞穴中的盲眼昆虫的设计是不同的，SC）低。

又一个针对 SC 的问题可以被提出：尽管昆虫在大多方面相似（例如，吸收养分这样的一般性特征等），但在更为具体的方面，一个洞穴中的盲眼昆虫是否会与外面具有视力的昆虫相同或不同？很难知晓如何在这一案例中应用 SC，因为我们不知道造物主的想法。但是，独立创造论的观点认为每一个物种都是独立于其他物种而设计创造的。给定关于某一物种更为具体的特征信息，无从推理出另一物种的更为具体的特征。将这一点拓展至洞穴中的盲眼昆虫与之外的具有视觉的昆虫，它们之间大致相同的概率与不同的概率是同等的。

这便形成了 SC 的更进一步的附加假定，即每一物种分别、独立的创造：

（3）prob（洞中与洞外昆虫是相似的，SC）= prob（洞中与洞外昆虫是不相似的，SC）=1/2。

作为另一种选项，如果将重点置于洞内与洞外差异较为显著的环境，便可以预期造物主将不会使用相同的设计让昆虫去适应如此不同的环境；不同的基本设计将会适应不同的环境。认可这一点，我们预期的结果将是不相似而非相似。将这两种主张结合起来可以得出：

（4）prob（洞中的盲眼昆虫与洞外的某些昆虫是相似的，SC）≤1/2。

这里需要否定的是，给定 SC 的前提，洞内与洞外昆虫相似的概率要大于它们不相似的概率。也就是说，（3）和（4）的概率不能大于 1/2。如果使用一种不同的附加假说，它们将大于 1/2，即造物主是一个"机警的创造者"，他故意将这一切表现得好像发生过进化一样。① 接纳这一点，洞内与洞外昆虫将会拥有很强的相似性。但这是另一种我们没有任何依据的、关于造物主意图的附加假定（不同于通过反驳或使 SC 拥有较之 NS 更为成功的研究纲领来挽救 SC）。

现在转向达尔文所提到的关于全世界洞穴中的盲眼昆虫的事实。这些昆虫都具有广泛的共有特征，但除此之外它们可以被显著地区分。首先的事实在于，美洲与欧洲相似洞穴中的盲眼昆虫之间并不具有很强的相似性，"相比可以被预期相似的北美洲与欧洲的其他栖息生物，它们并不是十分亲密的一系"。可惜按照（2）所表明的，SC 对此事实仅设定了很低的概率。但 NS 设定了很高的概率，正如达尔文所表明的：

（5）prob（在美洲与欧洲相似洞穴中的盲眼昆虫存在不同的设计，NS）很高。

使用 IMF 我们可以说，由于 SC 在使其适应盲眼洞穴昆虫这一事实方面的成效很糟糕，而 NS 却做得很好，所以 NS 相比 SC 更受青睐。

第二对事实是，美洲洞穴中的盲眼昆虫与周边外部的具有视觉的昆虫（不是那些处于欧洲的昆虫）相似；欧洲洞穴中的盲眼昆虫与周边外部的具有视觉的昆虫（不是那些处于美洲的昆虫）相似。正如（3）和（4）中所揭示的，对于 SC 来说，这既是无关紧要的问题，也是小概率的（不大于 1/2）问题。与之相反，基于 NS 这些事实是高度可能的。达尔文和施基奥特都曾告诉我们基于 NS 这是如何发生的。在有光照条件的外部环境中具有视觉的昆虫逐渐迁徙至仅有微弱光照甚至无光照的洞中，但这里食物充足，足以保障其繁殖生存。为支持这一点，不只是要在一些洞穴中发现过渡形式，还要说明为什么一些盲眼昆虫拥有比洞外相关类型昆虫长得多的触须（用以辅助不受视觉引导的运动）。所以

---

① "机警的创造者"假说错在何处？关于这一点这将不讨论，针对此种批评可参见索伯 [14, Chap.2.6] 《预言性等价性的问题》（*The Problem of Predictive Equivalence*）。

（6）prob（洞穴中的盲眼昆虫与某些洞外昆虫相似，NS）很高。

综上所述，达尔文考虑了两组事实：（F1）世界上不同区域的盲眼洞穴昆虫之间并不存在很强的相似性；（F2）在美洲的洞内以及（某些）洞外栖息昆虫存在很强的相似性，而欧洲的情况也一样。NS 为这两组事实提供了很好的说明，相反，SC 无法提供很好的解释，只能将这些事实视为无法说明的无理类（brute classes）事实。使用 IMF 我们可以推断出 NS 比 SC 更受青睐。

126　　为了完成对 NS 的论证，提供一种比 SC 更佳的说明，对于在本章第二节中有关更好的说明的定义，需要将 NS 和 SC 的前概率的对比纳入考察。这首先源于 NS 在两组截然不同的事实 F1、F2 面前表现出的吻合，NS 使这两组截然不同的事实融贯或统一于一个完整的理论之中。相反，SC 没能使这两组事实融贯，它们彼此之间依然相互独立。这种融贯更加确认支持了 NS 优于 SC 的判断，不仅在于 NS 较之 SC 更能使这两组事实看起来可能，还在于 NS 能够融贯这两组事实而 SC 不能，进而获得附加的确认支持。将这两种主张结合起来考察其似然性和融贯性，我们可以认为 NS 给予了这些事实很好的说明，而 SC 不能。

在《物种起源》中还能找到其他类似的使用 IMF 的例子[①]。受这些例子的启发，人们可以清楚地理解为什么达尔文将他的书描述为漫长的论证，它将源于生物学、地理学的一套扩展的数组事实通过 NS 融贯起来，同时将之作为用于证明 NS 优于 SC 的 IMF 推理的宏大关联前提。

第四节　结　　论

可能性的考量可以改变理论可信度的平衡，证据在给予了一个理论可信度的同时削弱了其竞争对手的可信度。在物种起源中，达尔文使用了可能性比较的论证，像是 IMF，而不是证伪的方法。达尔文式的推理表现为如下形式：进化理论对比其竞争者创世论在证据面前表现出更大的可能性。因此，

---

① 作为样本（作为能够揭示更多真相的研究），达尔文在《物种起源》里很喜欢将他的自然选择与特创论进行比较（参见文献 [7]，第一版，第 159～167、185～186、194、377～379、434～435 页）。

在达尔文的结论看来创世论应当被淘汰，因为它无法提出一种使证据表现得可信的机制。

我们最终应当考察 IMF 如何与证伪主义产生联系。波普尔证伪主义的评论家们指出，假说演绎体系并不会导致排斥竞争理论，因为一个理论只在某一时刻会面对证据。但这就会为其他替代性理论存在的可能性打开大门，其可能拥有同样程度的证实性，或者相比其他接受检验的理论面对实验证据具有更好的一致性。相反，IMF 基于法则以及证据来降低竞争性理论的可能性，或淘汰不成功的理论，从而促使一组竞争性理论数量缩小[20, pp.1-6]; [21, pp.11-13]。例如，当犯罪在 t 时刻发生于位置 B，"在 t 时刻位于 A"这一简单事实就能淘汰掉许多嫌疑犯。利用同样的方式，所有基于智能设计论或创世论观念的理论都可以被达尔文式的推理所淘汰。波普尔意识到证伪主义法则的这一结果，只有当有限数量的法则可用时，通过证伪主义方法，临界法（critical method）才会导致所有不适合的竞争者被淘汰。在正常情况下，竞争者的数量巨大，临界法无法驱使淘汰机制并最终达到只有一个"真"的竞争者留存下来[22, p. 16, cf. pp. 264-265]; [23, pp. 107-108]。

IMF 与波普尔的假说演绎模型之间仅存在有限的联系，当一组选择性或竞争性理论可以被认为是非常限定的，例如依照"简单性"与"一致性"这样的标准，证伪主义才可以被视为是一种有限的 IMF 方法。在有限的少量选择中，无论出于什么原因，IMF 都会趋向于证伪主义。正如波普尔的科学知识的增长模型所认为的，这种情况在科学史中很少见，但在过去达尔文主义的案例中，以及今后还会继续出现的案例中，存在很多竞争理论以及可选项。[24]

致　　谢

本章第二节"一些最佳说明推理形式"以及本章第三节第二小节"盲眼洞穴昆虫"中的部分内容是基于《科学与教育》（*Science & Education*）中诺拉（R. Nola）的论文《达尔文倾向于自然选择反对特创论的论证》（*Darwin's Arguments in Favour of Natural Selection and Against Special Creationism*），其同时也被斯普林格出版社所发表。

参 考 文 献

[1] Ghiselin, M.T.: The Triumph of the Darwinian Method. University of California Press, Berkeley/Los Angeles (1969)

[2] Ruse, M.: The Darwinian Revolution. The University of Chicago Press, Chicago/London (1999)

[3] Sober, E.: Evidence and Evolution: The Logic Behind the Science. Cambridge University Press, Cambridge (2008)

[4] Lakatos, I.: The Methodology of Scientific Research Programmes: Philosophical Papers, vol. I. Cambridge University Press, Cambridge (1978)

[5] Ladyman, J.: Understanding Philosophy of Science. Routledge, London/New York (2002)

[6] Gillies, A.: An Objective Theory of Probability. Methuen, London (1973)

[7] Darwin, C.: The Origin of Species. The complete work of Charles Darwin (1859-1872) Online for all six editions: http://darwin-online.org.uk/contents.html#origin

[8] Bacon, F.: In: Lisa Jardine/Michael Silverstone (ed.), Novum Organum (1620). Cambridge University Press, Cambridge (2000)

[9] Kitcher, P.: Living with Darwin: Evolution, Design and the Future of Faith. Oxford University Press, New York (2007)

[10] Lewens, T.: Darwin. Routledge, London (2007)

[11] Niinuluoto, I.: Abduction and truthlikeness. In: Festa, R., Aliseda, A., Peijnenburg, J. (eds.) Confirmation, Empirical Progress and Truth Approximation, Poznan Studies in the Philosophy of Science and the Humanities, vol. 89, pp. 255–275 (2005)

[12] Peirce, C.S.: In: Buchler, J. (ed.) Philosophical Writings of Peirce. Dover, New York (1955)

[13] Musgrave, A.: Essays on Realism and Rationalism. Rodopi, Amsterdam (1999)

[14] Sober, E.: Philosophy of Biology. Boulder Co., Westview (1993)

[15] Glass, D.: Coherence measure and inference to the best explanation. Synthese **157**, 275–296 (2007)

[16] Van Fraassen, B.: The Scientific Image. Clarendon, Oxford (1980)

[17] Salmon, W.C.: Reality and Rationality. Oxford University Press, New York/Oxford (2005)

[18] Butts, R. (ed.): William Whewell Theory of Scientific Method. Hackett Publishing Co, Cambridge (1989)

[19] McGrew, T.: Confirmation, heuristics, and explanatory reasoning. Br. J. Philos. Sci. **54**(4), 553–567 (2003)

[20] Norton, J.D.: Science and certainty. Synthese **99**, 3–22 (1994)

[21] Norton, J.D.: Eliminative induction as a method of discovery: how Einstein discovered general relativity. In: Leplin, J. (ed.) The Creation of Ideas in Physics, pp. 29–69. Kluwer, Dordrecht (1995)

[22] Popper, K.: The Logic of Scientific Discovery. Hutchinson, London (1959). English translation of *Die Logik der Forschung* 1934

[23] Popper, K.: Objective Knowledge: An Evolutionary Approach. Clarendon, Oxford (1972)

[24] Weinert, F.: The role of probability arguments in the history of science. Stud. Hist. Philos. Sci. **41**, 95–104 (2010)

第九章
打破生物学的束缚
——纳尔逊、温特进化经济学中的自然选择

尤金·厄恩肖-怀特

第一节 导　言

　　纳尔逊（R. Nelson）和温特 (S. Winter）的《经济变化的演化理论》（*An Evolutionary Theory of Economic Change*）声称是为经济理论化提供了一个新的基础。标题表明了他们这项大胆事业的灵感所在。他们的工作体现了对于目前进化经济学这一繁荣子领域的早期基础性贡献。从经济学视角上来看，无论纳尔逊和温特的研究存在何种优点或是缺陷，我不是一个经济学家，并且我的兴趣是哲学：通常来说，我关心的是基于自然选择的进化。我认为如果我们想了解抽象的自然选择是什么，那么从熟悉的进化模型中演变新的模型可能是具有启发性的。纳尔逊和温特以意味深长的方式从熟悉的模型进行演变，尽管并没有使得他们的模型与生物进化的模型之间的相似性变得难以分辨。他们进而提出了一个有趣的哲学分析的主题，他们呈现了精巧的数学模型和自觉进化的特征，这使得我们得以审视并完善哲学家们所提出的关于基于自然选择的进化的生物学本质，以及理解进化模型何以在非生物学学科的语境中被建构。

　　从哲学的角度来看，任何真正尝试使用达尔文主义原则来解释生物学以外的领域的尝试总是会激起人们相当的兴趣，这恰恰是因为绝大多数的自然

选择模型具有强烈的生物特征。人们普遍认为达尔文进化论的解释框架在原则上是具有普遍性的，以至于适用于很多领域①；但不可否认的是，其在领域内被首次应用时所取得的巨大成功和广泛接受。然而，还是有一些尚未解决的严重问题，包括选择本质及其与遗传、新颖性（novelty）、一般性进化的关系。正如许多学者试图开发一种更为普遍的自然选择的进化框架那样 [4, 7]，生物学哲学家们发展其理论基础是为了解决生物问题。只要一个哲学家希望以更一般的形式了解自然选择式的进化，那么尽可能广泛地从有关种群生物学的熟悉形式来研究进化的解释，应该是有启发的。

我开始按照进化机制的相互作用开发一个分析框架，能够解决在解释进化改变时出现的另外一些困难。然后我将这个框架应用到纳尔逊和温特讨论和解释他们在 1982 年的书中引入的一个相当详细的模型上。这个分析证实和说明了在离散机制方面进化变化的分析。基于这样的分析，我得出以下结论：漂变和选择都不是独特的变化机制，在新颖性的产生机制和选择机制间并没有明确必要的界定。特别是在适当的情况下，纳尔逊和温特那里的作为一种选择性机制的"探索"机制还能为系统提供新颖性。

第二节　如何进化？

在展示他们的进化模型时，纳尔逊和温特不只是打算表明经济变革涉及的一些模式演变规律。这种进化观在社会科学方面历史悠久：列万廷（R. C. Lewontin）和弗拉基亚（J. Fracchia）[8] 称它为"转型"（transformational）进化，即拉马克和斯宾塞进化论。这种进化植根于个体的内部演化；个体随着时间的推移或按照一些内部组织原则，或为了应对环境的影响而做出改变。随着个体的变化，群体的变化反映了组成其个体的可预测的演化。事实上，在转型进化的概念中，进化是个体的：个体的转变可能通过其组成部分的特

---

① 索伯已经反复强调了这一点 [1, 2]；道金斯 [3] 用他的"模因"概念推广了这个观念，他在奥尔德里奇（H. E. Aldrich）等的著作中进行了详尽的辩护 [4]；参阅本书第五章泰勒的文章。生物学以外，对进化观点的批判倾向于具体的，而非原则的，尽管可以看到福斯特（J. Foster）[5] 和威特（U. Witt）[6] 关于反对"生物类比"对于经济学的适用性观点。

131　点来解释，但转型演化过程中，进化单元被视为一个整体，比如一个物种、一个社会群体①、一个"种族"或一个星系。在社会科学中，许多"进化"模型是转型意义上的进化，与达尔文的解释模式缺乏任何真正的关联②。

　　除了进化"转型"的概念，"进化"这个词也应用在其他非达尔文主义中，指缓慢和渐进的变化，它可能涉及某种智能和成熟的决策，但其逐步展开时所根据的某种领域的形式超出了这些决策者的掌控范围。该变化有一个与之相关联并需要解释的特殊定向形式（directional pattern）。如果大规模的形式也是一种进化的话，那么其可以基于可预测的规则而历经特定的阶段过程。历史上这一概念与社会进步、道德进步、19 世纪的科学进步观等这些进步思想相关联，这些进步作为观察到的事实需要被解释。这种"定向"进化可以（但不需要）通过"转型"进化来解释：在历史记录中，缓慢的模式明显是个体演化的结果。例如，拉马克解释了他在化石记录中所观察到的进步模式：个别物种根据内部改善的原则逐渐转型（包括适应它们的环境并传给它们的后代）。同样，人们可以解释一个行业随着时间增长的效率是由其组成部分的那些公司内部的发展驱动的。然而，这种解释是沿袭自达尔文而非纳尔逊和温特所采取的方法。

第三节　基于自然选择的进化

　　统治着生物学并被纳尔逊和温特采用的达尔文进化论，关注随着时间演变的群体而非个体的变化，并以典型的方式解释了这一群体的动态。索伯[1]将此描述为"力的理论"（theory of forces），并把它与牛顿力学（Newtonian mechanics）作比较。其观点是，群体受到由不同因素共同构成的进化变化的影响。进化本身由群体中某些特性③的频率变化组成。在群体产生变化方面，最典型的达尔文的因素是"自然选择"，群体趋向于有利于生存和繁殖的那些

---

① 也许正从"蒙昧"向"野蛮"演变。
② 桑德森（S. K. Sanderson）在《进化论及其批评者》（*Evolutionism and Its Critics*）中说明了这一点[9]。
③ 进化通常被定义为基因频率的变化（参见文献 [10] 和 [11]），但这在生物环境之外显然不能令人满意。

特质的偏态性过程。这个过程是变异间的斗争，群体内发生的扩张或收缩以变异的演替为代价。除此之外，基于自然选择的进化解释了为何尽管没有任何一个系统组成部分有这么做的意图，但是该系统却能沿着特定的可预测的方向随着时间运行。在这一框架中其解释工具是竞争优势：在所面对的环境方面，一些变异比别的更成功，这种成功反作用于所关注的变异使其扩散。

　　这种竞争优势存在于涉及生长、繁殖、生存、转变等方面类型的某种稳定①趋势，或以其他方式扩大其在整体种群中的表现，这通常被称为"上层适应"（superior fitness）②。对达尔文来说，竞争优势由于其独有的特征和环境状态，被认为是属于个体的。例如，如果猎物（鹿）数量变得愈发充足，那么最为敏捷的狼便获得优势，快速的狼往往会被保留，缓慢的一方则被毁灭，这也会影响其他物种，犹如狼因敏捷而得以繁殖③。随着时间的推移，特征（敏捷）导致个体生存，引起作为整体的群体中会产生更为敏捷的狼。从被保留的意义上看是个别的狼被选中，但在群体中实际上蔓延的东西是敏捷性这一一般性特征。对于这种基本的自然选择类型的解释，待解释的事物是在群体中传播的类型，其解释项是该类型的个体比其他类型的个体更倾向于成功。虽然可能还有其他类似于基于自然选择进化的解释模式④，但这种解释很好地说明了达尔文是如何看待基于自然选择的进化，以及在纳尔逊和温特的模式中所延续的东西，所以我认为至少它作为一种基于自然选择的进化是充分的。

　　至于我们期望通过引入基于自然选择进化来解释定向进化的尝试，所需要的不过是某种定向的变化，这种定向与成功类型的扩张有关。这种相关性可能（但不是必须）根植于特性的利益点与成功之间的直接因果关系。所以，例如，如果有更大的鹿角与雄鹿的成功有关联，那么这可以解释为什么随着时间的推移鹿角的大小会增加——不管鹿角是直接导致成功的原因，还是其他一些成功特征的副产品。所以，在这种模式下，人们可以通过上层的收益

---

① 在利益环境中，竞争优势总是与环境相关。

② 尽管"上层适应"通常旨在针对生殖成功，但我倾向于更宽泛的术语"成功"。

③ 达尔文，1859[12, p.90]。

④ 参见马修（M. Matthen）和艾瑞（A. Ariew）[13]、戈弗雷－史密斯（P. Godfrey-Smith）[14]或赫尔（D. L. Hull）、朗曼（L. R. Langman）和格伦（S. Glenn）[7]，最近普遍的去描述自然选择进化的各种尝试。在此，我的做法是为自然选择进化解释提供充分的条件，而非设法给出一个详尽的定义。

能力的相关性来解释 19 世纪的机制扩散，这十分类似于人们解释黑飞蛾在黑化的环境中随之而来的扩散。在这两种情况下，特性的利益点与成功相关联，这就解释了其随着时间的推移而发生的逐渐扩散。

　　为什么特性的利益点会与成功相关联，这是一个单独的问题，并且它不太可能诉诸进化来回答。要回答它就需要某种合理的故事，即关于是什么导致了在环境中的成功，以及为什么具有成功倾向的个体拥有（更多的）这些相关特征。这转而需要一种领域特殊性的分析，其将会涉及特定的环境、群体呈现出的不同特性、个体和环境之间相互作用的本质等。所以，虽然可以通过诉诸进化（在基于自然选择的进化的意义上）来解释群体的进化（在定向进化的意义上），但要更透彻地了解部分变化的本质仍需涉及所讨论的因果关系系统的非进化的分析 ①。

第四节　新颖性和解释

　　虽然通过自然选择的进化可以满足某些解释的目的，但我们与达尔文相联系的解释力需要一种拥有新颖性来源的选择。② 这并不是指多样性，没有它自然选择是不可能的。多样性与新颖性不同，也就是说与多样性的来源不同。严格来说，自然选择需要多样性而不是新颖性。然而新颖性在达尔文自己的进化论解释中是一个至关重要的元素，并能为其他理论家提供独特和适当的可能性来源——特别是在解释技术的变革和创新上，它已被广泛认为是一个关键元素，成为进化经济学关注的中心 [16, 17]。出于这个原因，为了避免与其他类型的进化思想混淆，我将把涉及自然选择的进化和新颖性的组合作为"达尔文"的进化模式。

　　在达尔文的《物种起源》中，每一个重要解释的胜利的关键性依赖于新颖性的来源和导致群体整体变化的自然选择作用。例如生产复杂的适应性需要新的变异不断出现，并且这些在复杂器官层面上的变异作为改进，以牺牲

---

① 索伯强调了这一点 [2]。
② 赫尔、朗曼和格伦 [7] 特别强调了在他们通常的进化描述中新颖性来源的重要性，不同于像戈弗雷 – 史密斯 [14] 和列万廷 [15] 的与单纯的变化相比不突出新颖性独特作用的版本。

相较不适应的版本为代价在群体中扩散。随着时间的推移，新颖性和选择的不断交互作用奇迹般地产生器官——眼睛。与他对物种形成的解释类似：新颖性和选择结合起来产生变异或"种族"，通过新颖性和选择的交互作用，随着时间的推移可以形成标准的物种。

在达尔文的进化论解释中，新颖性的来源具有某种矛盾特征，因为它是解释的基本部分，但其细节却在解释的范围之外。达尔文通过自己观察，主张在现存群体中自发产生的新颖性，但他对其起源一无所知。同类群体不会世世代代保持纯粹的同类，自然界是一个取之不尽的新颖性的源泉，这对他来说是足够的。这类似于这样一个事实：环境中的成功是基于自然选择的进化解释的一个要素，其不能被自身所解释：理解为何一个特性会有利于成功并不需要诉诸该特性在群体进化方面的影响。

134

第五节　机　　制

我们已经讨论了达尔文进化论可以解释如何定向进化，或不同变异的扩散和衰退。这可以以一个宽松的口头方式，或以一个精确的定量方法来构想。达尔文自己的解释采用的是口头的模式。关键是说服听众什么样的新颖性和选择会相继实现。但是自从他之后，进化论解释被数学化。这是新达尔文主义综合的一个关键部分，建立于费希尔（R. A. Fisher）和霍尔丹（J. B. S. Haldane）等学者在统计学群体动态处理方面的技术发展。

一般来说，进化解释的定量方法要求关于群体定量变化来源的详细说明。因此，例如人们可能会指定不同的等位基因，并给每个基因型指定一个适合度（fitness）。如果能充分指定，就可以给出生殖成功率的概率分布。给定一个特定的群体，我们可以得到马尔可夫过程（Markov process）：我们可以预测任何后续可能状态的概率。为了构成马尔可夫过程，一个指定的数学公式将从此被称为"机制"（mechanism），这个术语有点类似于索伯构想的"力"[1]。变化的总体模式可能是一个复合的马尔可夫过程，其每一个变化都足以独立地给出一个概率分布。所以除了适应机制，我们可以引入指定个体拥有某一等位基因可能自发地变为另一不同基因的概率的突变（mutation）机制。如果这是被完全指定的，我们将再次获得一个马尔可夫过程，这次是源于与这些不同机制相关的概率①。关于引入变化机制的数量没有特定限制。例如，由于转录错误、宇宙辐射或环境毒素，我们可能会有不同的突变机制模式。总体上它们指向一个马尔可夫过程，从个体上看，它们各自都是进化的原因。

通常认为，自然选择在不同进化过程的共同作用下，必然会变成一种截然不同的机制②，但目前已经明确不会出现这种情况。首先，正如突变可以通过许多不同的机制来建模，对应于独特的等位基因改变为不同等位基因的各种原因，所以群体的生殖性输出很明显可用若干不同机制来建模。例如，一些物种既可以有性生殖，又可以孤雌生殖。假设涉及不同的遗传模式，那么对不同繁殖成功类型分别建模是明智的。一个等位基因在有性生殖方面是有利的，但在孤雌生殖方面可能是不利的。在这种情况下，选择通过一种机制在某一与其他机制都不同的方向上运行。

对于给定环境，模型中的任何机制的运行将倾向于改变群体中的相对扩散程度，以其他类型为代价而趋向于特定类型，或是相反。如果这种趋势存在，其可能会也可能不会实现（例如，如果变化是概率性的，群体可能会在不太可能的方向上发生变化），并可能会加强或抵消其他机制的运行。但机制中的定向偏差独立于实际发生的变化而存在，正如传统理解上，即使群体以相反方向漂变也可能存在选择压力。对比与传统理解中所认为的，选择作为一个特殊的进化因素脱颖而出，但其在解释上也历经发展，任何机制在一个给定环境中都是选择性的，在其运行的范围内倾向于改变选择性变异的扩散程度。

在一般性群体模型的语境中，新颖性指将群体中之前并不存在的类型引入群体之中的任何机制，这正是"达尔文主义"进化说明所需要的。至于选择造成的群体朝向更加适应而减少不适的趋向，其本身不会产生新颖性。人们可能会从一开始预期新颖性机制与选择机制是分离的，认为选择机制作用

---

① 这种机制在每一个个体上的"独特性"就能够满足一个马尔可夫过程。
② 索伯的讨论 [1] 表明了这一点，并且在斯蒂芬斯（C. Stephens）对索伯力量模型的辩护中也有这样的假设 [18]。

于群体中预先存在的多样性，而产生多样性的新颖性机制则不知是从哪里冒出来的。然而，进一步的分析表明某些机制可以同时满足这两个角色。

一个产生新颖性的机制不过是一个可以将类型引入之前不存在该类型的群体中的运行机制——理论上看，较之群体中现有的或曾被实现过的可能性，其可以极大地产生更多可能性。相比之下，选择机制的操作倾向于以牺牲其他变异为代价而倾向于某一变体。某一单一机制没有理由不能同时满足这两项要求。例如，某一基因的等位基因有强烈趋势突变成它的竞争对手，但与之对立的等位基因更稳定，那么突变过程往往会偏向于有利于该稳定基因的群体。很明显，这解释了一个由突变机制介导的因在环境中的竞争优势，即以牺牲不稳定等位基因为代价的从而导致稳定等位基因的逐渐和可预测的扩散，这种突变机制也可能允许全新等位基因出现的可能性，使其同时成为一种新颖性的机制。我们通过引用"自然选择"来解释借助某一特定特性的竞争优势而形成的种群中的定向变化，继而再通过诉诸该突变机制的定向偏态建立一种自然选择的解释。另一种途径是，设想每当存在"适合度"变异的时候自然选择便会发生，从各方面而言，这是一种某一类型以牺牲竞争对手为代价不断增殖自身的趋向。[19]但特性的适合度变化并不总是能追溯到生存或繁殖能力的变异。相比之下，一个变异基因的稳定性可以维持特性适合度上的差异，从而导致基于自然选择的进化。

这种机制可能仅可被区分为通过类似"繁殖"或"生存"这样直观的术语所描述的操作，而对使用"选择"这一术语来描述该机制的偏态效应进行限制。如果此方法是首选，我们将会需要一个不同的术语来讨论模型中机制操作的总体偏态效应：该术语将会在广义上被引用来解释模型中特性变化的可预测形式。我坚持在广义上使用"选择"术语：相比于其他，这避免了在非生物学语境中定义"繁殖"概念的困难。

第六节　阐释纳尔逊和温特

纳尔逊和温特的进化经济学标志着他们试图挑战被刻画为经济学上占据主导正统地位的新古典学派。他们对一些新古典经济学的核心方法论假设不满，特别是经济主体通过从一组定义明确的替代方案中选择某一方案从而使得利润最大化。他们认为，对于新古典经济学来说，创新的情况尤其成问题，由于创新打破了新古典主义扩散分析模型所假设的平衡，创新的可能性在事先并不被知晓和理解。

部分出于对企业创新建模的期望，导致纳尔逊和温特发展了他们的进化经济学。[①]在发展这些观点时，他们在更为广泛的经济学和社会科学中致力于拥有悠久传统的进化理论化工作，尤其是经济学家熊彼特（J. A. Shumpeter）和哈耶克（F. A. von Hayek）[20]。纳尔逊和温特的计划尤其独特的是，他们明确将生物学作为模型引入工作中，将他们理论中的要素和生物学自然选择理论进行类比并评论。这种紧密和有意识的类比使得他们的书从哲学分析的观点来看特别有趣。他们都提出能够引导进一步研究的广泛方法论原则，并开发特定的模型来研究特定问题——特别是，他们致力于揭示进化经济学模型和新古典经济学模型一样能对经济变化的历史阶段进行建模。这在《经济变化的演化理论》[21]第 9 章中已经得到证明，其基于在特定时间下的经济条件，并采用合理的假设，揭示出重复模拟随着时间产生的定量变化接近于实际的历史变化。

由于这个模型是《经济变化的演化理论》中所提出的模型中最详细的，因此它将是分析的焦点。该模型是纳尔逊和温特意在对他们通往"预测和解释"[21, p.206]的经济增长模式进行测试，从而使其可比肩新古典主义理论。在实践中，我们的想法是采用历史数据构建一个合理的模型，即给定一个与那些描述特定历史性年份中某一行业状况类似的起始值，预测出与实际历史十分接近的经济增长。现在的问题是"是否关于经济增长过程的行为进化模型……能够大致生成（并因此解释）实际观察到的宏观时间序列数据"[21, p.220]。以生物学标准来看这是相当有抱负的：群体遗传学通常并不试图去研究适应的历史阶段。[②]

在他们的书中第 9 章所讨论的模型中，假定由许多竞争公司组成一个行

---

① 纳尔逊和温特[10,p.129]；参见文献 [20]。
② 例如，与费希尔的"自然选择的遗传理论"相比，这几乎是专职于提供自然选择可能会有某方面影响的证据原则。

业。每家公司通过生产技术和股金总额（capital stock）来表示。生产技术设定了所需的劳资数量，产生一个给定的国民生产总值（GNP），这些是描述公司生产活动的投入系数（input coefficients）。股金总额设定了公司总的生产能力和测量其在行业内规模的尺度：没有股本的公司在商界终是没有活性的，因为它既不从事生产也不雇佣，但它被建模为致力于搜索，寻找在当前的经济环境中能被采用的有利技术。[①]行业的总状态也就是指一个"群体"完整的描述，是基于每一公司的股金总额和生产技术给定的。

　　这一模型中有两个变化的运行机制。任何我们可能暂且称为"进化"的变化，必须通过其中一种或两种机制的同时运行才会发生。其中一个是企业借以增加或减少基于他们盈利能力的股金总额的机制——我称之为资本变化的机制。这种公司股金总额的变化由两个因素组成，即每单位股金总额的固定折旧率和公司投资额，后者即公司收益[②]（也可以是负的）。资本变化机制的结果是，为维持自己给定的大小，公司需要略微盈利，并且利润或损失直接反映在公司的规模上。

138

　　影响这种机制的一个关键因素是劳动力价格。这是由一个方程设定的，方程将一个时间段内所使用的总劳动力作为其主要变量，尽管可能还包括时间（例如，考虑到会有劳动力成本随着时间的推移变得更便宜的情况出现）。[③]这个方程可被理解为"环境"中的某一方面对产业所产生影响的建模。因为成本直接减去企业的增长，这里被纳入模型函数的环境影响纯粹是一种针对增长的负面压力。

　　如前所述，一家公司的生产技术通过两个系数来进行描述：劳动力成本和资本投入。这些连同之前所讨论的劳动力价格，是影响一个公司利润率仅有的变量。资本投入系数与公司的股金总额决定了公司的产出，这直接决定了公司的总收益，从而决定了利润。劳动力系数基于公司产出和劳动力成本设定了一个成本（这是行业整体产出的函数）。因此这两种生产技术系数分别

---

① 如果这样一家公司确实找到了一项技术，那么它就可以用少量的股本重新进入市场。
② 利润是由公司的收入（相当于公司的产量，由其生产技术和股本决定），减去其劳动力成本，减去其所需的股息（其股本的一个函数；这个参数在纳尔逊和温特的模拟运行中是有差异的）得出的。
③ 纳尔逊和温特将需求函数作为恒定常量；我将之用作劳动力成本随时间后续波动影响的可能性。

直接影响公司的利润率，但每种的相对重要性取决于劳动力成本：如果劳动力相对廉价进而公司股本金额的生产率将大大影响公司的整体盈利能力，但如果劳动力昂贵，技术带来的劳动生产率往往会对公司的发展起到重要影响。这意味着在某些市场条件下某种技术可能会优于其他竞争对手，但在其他方面可能会逊色。公司资本投入和劳动力成本数值都表现较好（数值较低）的话则会完全优于其他所有低效的竞争对手。

　　这种资本变化机制自然被视为一个选择的过程。[①]公司平均增长或下降率是其每单位资本盈利能力的函数。公司最适应于特定环境[②]并因此以牺牲其低效率的竞争对手为代价，从而提高他们的市场份额。此外，任何公司的利润率（和它的增长）都会受到其他公司成功的直接负面影响：因其他公司发展而增加了雇佣劳动力的数量，并由此提高了劳动力成本。在这个模型中公司相对大小的变化，几乎仅仅是由每个单位资本盈利能力的差异引起的[③]，并且这些差异正好直接表现为每个公司在生产技术投入系数方面差异的函数。对于达尔文关于当环境中的鹿的减少会导致狼变得更敏捷的解释，我们可以用相同方式来解释能够扩大市场份额的一种特殊生产技术类型[④]：群体中的个体随着能够影响其成功的特性而发生变化；成功（无论是降低鹿的数量还是产生大量的收益）导致成功个体的特性在群体中变得更普遍；导致大多数个体成功的特性因此而得以扩散。

　　当然，就敏捷的狼来说其在群体中的扩散表现在数量上，而就公司而言其在行业内的扩散表现在规模上。因为这两种情况下的解释是相同的，所以异常明确。虽然该模式是通过不同的因果机制实现的，但这也是在生物学中的情形：作为个体的狼的生存和繁殖，其肇因和机制非常不同于诸如蚜虫的传播，乃至细菌的案例。

---

① 至少在一种情况下，现有技术中存在多样性。这突出表明了任何机制仅在某些情况下是"选择性的"，这进一步动摇了通过某一特定机制来定义选择的适当性。

② 要么是在所有情况下都完全优于它们的竞争对手，要么是在某一投入系数方面具有优势，在现行劳动力成本上能胜过对手。

③ 随着时间的推移，资本的流失是一个概率过程，所以一个公司可以比预期或多或少地随机收缩；在公司相对较小的情况下，这种影响可能更显著。这种效果类似于生物学中的遗传漂变，但是相对较小，因为大部分机制是确定的。

④ 达尔文，1859[12,p.90]。

第七节　探　索

　　另一个机制是"探索"（search），其负责公司用新技术代替旧技术的过程。这个模式中只有不盈利的公司从事探索：纳尔逊和温特将之作为一个"保守"假设，认为这表明即便作为个体的公司并没有去专门推动，创新还是会对全行业的变化产生重要影响。另一种探索规则具有同等的可能性，即包含一个"非偏态"探索规则，其中所有公司具有均等的可能性参与探索。在任何情况下，由于"资本变化"机制仅仅作用于体现在行业上的变化，而不管这些变化是如何发生的，这使得"资本变化"所涉及的新颖性机制操作方面的偏态在选择压力上不存在差别。

　　探索被建模涉及新的研究（"局部探索"），或是对竞争对手生产技术的模仿。一个致力于研究的公司拥有发展新的生产规程的机会：这种规程的特点①是由源于这些生产规程的可能性空间的内容所决定的，基于与公司目前的生产技术相似的生产技术集合。一个公司对于其他公司的模仿倾向于模仿它们产业产出的最大化。不论何种情况下，公司都会对未来技术进行测试，从而确定其是否有利可图：这个测试受制于误差幅度，这意味着一个公司可能采用一种实际上比旧技术还低效的新技术。这方面的模型引入了另一方面的"偏态"，某种意义上说，更有可能产生有利的技术而非不利的技术。这意味着模型趋向日益高效的生产技术主导的总体趋势并不是单一的，甚至很大程度上也是非必需的，这取决于相对高效企业的成长趋势和低效企业的萎缩趋势。不盈利的公司趋于从事研究，并因其研究导致收益更高的技术被采用，就足以支撑生产效率的增长。

　　纳尔逊和温特清晰地讨论了模拟生物突变的探索机制的需求，"填补由于竞争性斗争而导致的行为模式的空缺……或者是创造全新行为模式出现的可能性" [21, p.142]。他们所描述的创新就是在其模型中模拟突变，并且在该模型中，"探索"带来了创新。纳尔逊和温特强调，"可以通过探索达成的一系列潜在规则变成一个重要的分析焦点" [21, p.143]。对其关注是出于纳尔逊和温

140

----

① 这是劳动力投入系数和资本投入系数。

特在开展他们的计划时所面临的一个困难，即预先描述创新是如何进行的。对于特定模型来说，技术的可能空间是基于历史数据生成的，从几个选项集合中选出在价值方面相对没有"漏洞"的选项。在历史数据不可用的情况下（例如分析当代产业的前景），如何生成一个合理的创新机制的问题变得至关重要。生物学模型在尝试描述突变的定量运作方面可能会面临更为严重的困难，因为它很难分析生物体适合度的可能性空间，更不用说还要与可能的遗传突变集合以及由此而来的可能的函数联系起来。

第八节　探索作为选择

这两种机制都足以单独生成一个产业变化的进化过程。如果没有探索机制，公司会根据它们相对收益率的增长或缩水，伴随着公司效率的可能变化，行业总产值（还包括劳动力成本）进而发生改变。随着时间的推移，产业的变化将纯粹由每家公司所采用的效率相对不变的技术决定。除非随着时间的推移，劳动力成本下降，因而公司规模的增长将最终因由劳动力成本所带来的、仅够抵消股本贬值的收支平衡而达到稳定状态。

如果探索机制是唯一的变化机制，那么随着时间的推移，公司的规模将保持不变。但是，公司仍然会产生收入。任何不盈利的公司都会进行探索，如果它们发现它们所采用的技术更有效，便会更改它们的探索技术。如果某一时间函数中的劳动力成本保持不变或减少，当每一个公司都开始盈利，那么变化将很快停止，使得行为模型变得相对无趣。如果劳动力成本随着时间的推移增加，任何给定的生产技术最终会变得无利可图，从而逼出一个更为高效的技术探索过程。

在这种情况下，行业中的改变是一种渐进的创新，在行业中盈利的技术会持续存在（并可能被他人模仿），直到劳动力成本稳步增长使它们淘汰。因为模型中没有体现规模经济，所以，公司的股本实际上是无关紧要的。①模型中的行为是由探索技术的参数（例如，探索倾向于发现"邻近"技术的程度，

---

① 有一个小的影响，即大型企业比小型企业更有可能被模仿，因为企业趋向于按照其行业产值所占比例来进行模仿。这实际上是随机的，在某种意义上说，企业规模是由初始条件决定的，（接下页）

纳尔逊和温特对其参数的设定在各种模拟运行情况中是不同的），加上劳动力成本的环境因素决定的。有人可能会说，生产技术系数的影响被设定为技术的存活能力：盈利点之上的技术将得以维持或提高他们在公司群体中的出现概率。尽管无利可图的技术可能暂时留存（甚至增加），但它们随时可能会消失。

通过与生物学类比，纳尔逊和温特清晰地比较了资本变化机制、选择机制和突变的探索机制。然而，纳尔逊和温特的探索机制在驱动盈利技术增长、不适技术的减少方面扮演着核心和积极的角色。在一个仅存在探索机制的管理体制中，公司不会直接竞争：它们的利润和探索模式孤立于其他公司。然而正如我们所见，公司的特征对其在环境中的传播起到了实际作用：能赚钱的技术继续存在并可能被模仿，而无利可图的技术往往会消失。事实上在某些情况下，即使"探索"是仅有的机制，模型中的行为也可基于选择的形式被相当有效地说明。

考虑下面这种情况：劳动力成本是一个关于时间的函数，但其是在一定范围内波动的，而非一个简单增加或减少的函数。同时假定，不是只有当无利可图时才从事探索，而是当公司的每个单位资本利润低于行业平均水平时公司才会从事探索。并且假设存在公司的数量相对较多，进行探索已不太可能找到新技术。在这种情况下，低于平均水平的技术将会有衰退倾向，而优越的技术将持续存在并可能扩散。然而，环境条件（劳动力成本）可能会波动，这可能会导致之前低劣的技术变得再次优秀。随着时间的推移，当新技术被采用并通过模仿被扩散，我们倾向于看到行业总体效能的增长。如果劳动力成本反复跨过决定哪些技术更有利的临界值，那么就会看到两种技术来回振荡，一种拥有优越的劳动生产率，另一种拥有优越的资本生产率。当随着时间推移一种技术趋于过时①，那么渐渐地更少的公司将采用它，因为它们要么模仿工业生产中被更大范围使用的技术，要么设法开发一个更好的新技术。

142

（接上页）与企业的盈利能力无关。因此，模型中包含的企业规模仅作为初始设定的"模仿偏态"：可以将企业的初始规模设置为相同，并完全消除这种影响。

① 这意味着群体中越来越高的比例选择采用完全优越的技术。

应当明确的是，我们可以使用最基本的自然选择说明来解释这个模型中的模式改变：个体的特性决定了其在环境中的成功，对这些特性在环境中相对于其竞争对手的扩散产生影响。成功就是盈利，但盈利能力影响的不是公司的发展，而是技术的传播。开展创新的决策受到行业平均收益的支配，它似乎是作为使得情景可以通过自然选择来解释的关键变换（key change）。其将行业状况转换为公司间相互影响，而不再是相互孤立地发展。事实上，初始状态让人联想到前面所讨论的进化中"转型"的意义，因为每一个公司发展的过程近乎与外界隔绝。另一种情况是，我们可以将行业中的变化理解为选择压力的结果，恰恰是因为个体的变化反映了群体成员间的交互和竞争。

事实上这种变化机制依然与纳尔逊和温特实际探索的模型中提供新颖性来源的机制一样。唯一的改变在于某些模型的参数（当然，"资本变化"机制处于停滞）。这一例子表明，其取决于引发选择机制的情景，而且其徒劳地试图描述一种预先机制作为选择的机制。在纳尔逊和温特实际采用的参数方面，基于技术的成功，两种机制操作都能驱使群体趋向某些技术而远离其他。而资本变化机制的运作方式显然更类似于生物学中的"适应"，新颖性机制的运作同样作用于群体，使其趋向盈利的技术并远离那些无利可图的技术。调整模型的参数实际上只会让这个过程更加明显：因为只有不盈利公司进行探索，且趋向于采用有利的技术，所以它依然是在由纳尔逊和温特所考量的规则中一个有限范围内的运作。

第九节　变化的原因

在上述讨论中，唯一的变化机制是探索，环境中所有变化是个别公司通过新特征替换旧特征而发生的——有时复制自其他公司，有时通过创新。在仅存在"资本变化"机制的情况下，所有的变化都是关于公司的规模。这些变化模型与繁殖和遗传之间没有太多表面上的相似性，但是它们与生物学基于自然选择的进化模式中的繁殖和遗传作用相同。对于基于自然选择的进化的发生，相对的成功必然会影响到在成功方面表现出多样性的特性的扩散。

繁殖、生长和"采纳技术的倾向性"①都是那些特性的扩散程度随着时间变化的方式，因而也是基于自然选择的进化借以运作的方式。

构建达尔文模型不需要仔细模仿生物学中的细节，以类比突变和选择、表型和基因型、繁殖和遗传。②所需要的不过是一个群体的某些特性、变化机制，以及正确的参数。设定"正确的参数"能够成功③引发特性扩散方面的差异。例如，在纳尔逊和温特的模型中，如果企业在每一个时间点都会改变它们的生产技术，那么"资本变化"机制无法将技术的盈利率与其扩散相联系。如果有利技术不倾向于以这样或那样的方式"滞留"在群体中，那么它就不可能因盈利而被选择。④同样，对于自然选择在一定时间段内以固定方向运作，环境的影响也必须足够稳定从而使得这个特性在该时间段内保持成功状态。

第十节　结　　论

144

纳尔逊和温特的进化模型都让人不禁联想到生物进化模型，但又与之不同。我在这里提供的分析中，是以共同导致了基于自然选择的进化的不同变化机制之间的交互来设想关于它们的模型。用这种方式来看待它们，使得我们能以截然不同但互补的方式来认识资本变化与探索机制在群体内生产规程分布的总体可预期变化。关于这种变化的解释在形式上与达尔文所阐述的自然选择说明在结构上相似，这表明纳尔逊和温特试图将这种类比作为他们构建模型的指导原则并在实质上贯彻到他们的模型中。不过，对于纳尔逊和温特工作的考察可以展现出在阐明方式上的某些关键性差异，其中，基于自然选择的进化的生物学核心观念需要被改进。它表明了生物学哲学中一个极具争议的主张，即在任何意义上自然选择都不必涉及生殖。与索伯[1]和斯蒂芬

---

① 也就是说，某一特性被其拥有者丧失或是被不拥有他的个体获得的倾向。

② 纳尔逊在他 2007 年的论文《普遍达尔文主义和进化社会科学》（*Universal Darwinism and Evolutionary Social Science*）[20]中以不同的理由提出了相同的结论。

③ 当然，什么构成成功将取决于模型——如果没有什么可以导致一个类型在扩散程度方面超过其他类型，那么在进化意义上，模型中没有"成功"。成功是由机制决定的，因此，在纳尔逊和温特的模型中，因在决定公司增长和"探索"模式方面的作用，以盈利能力来识别成功准来说是可行的。

④ 当繁殖是一种变化模式时，遗传性则是确保适度"黏性"的一种方式，它是这类模型唯一明确需要的。

斯[18] 相反的是，这种观点强调选择并不是一种特定的进化机制，而是在机制选择时由环境决定的。它以并不完全符合生物学哲学中"适合度"概念的方式，阐明了"突变"如何能被选择，以及新颖性如何驱动进化。我们通过拓展源于生物学的视野，获得一种关于自然选择进化的宝贵替代视角，从而能够以源于生物学的某种潜在富有成效的方式重构我们对于进化的理解。

参 考 文 献

[1] Sober, E.: The Nature of Selection. The MIT Press, Cambridge (1984)

[2] Sober, E.: Models of cultural evolution. In: Griffiths, P. (ed.) Trees of Life: Essays in the Philosophy of Biology, Australasian Studies in the History and Philosophy of Science. Kluwer Academic Publishers, Dordrecht/Boston (1991)

[3] Dawkins, R.: The Selfish Gene. Oxford University Press, New York (1976)

[4] Aldrich, H.E., Hodgson, G.M., Hull, D.L., Knudsen, T., Mokyr, J., Vanberg, V.J.: In defence of generalized Darwinism. J. Evol. Econ. **18**, 577–596 (2008)

[5] Foster, J.: The analytical foundations of evolutionary economics: from biological analogy to economic self-organisation. Struct. Change Econ. Dyn. **8**, 427–451 (1997)

[6] Witt, U.: Bioeconomics as economics from a Darwinian perspective. J. Bioecon. **1**(1), 19–34 (1999)

[7] Hull, D., Langman, L.R., Glenn, S.: A general account of selection: biology, immunology, and behaviour. Behav. Brain Sci. **2**, 511–528 (2001)

[8] Lewontin, R.C., Fraccia, J.: Does culture evolve? Hist. Theory **8**, 52–78 (1999)

[9] Sanderson, S.K.: Evolutionism and Its Critics. Paradigm Publishers, Boulder (2007)

[10] Kimura, M.: Stochastic processes and distribution of gene frequencies under natural selection (1955). In: Population Genetics, Molecular Evolution, and the Neutral Theory: Selected Papers. The University of Chicago Press, Chicago (1994)

[11] Fisher, R.A.: The Genetical Theory of Natural Selection, 2nd edn. Dover Publications, New York (1958)

[12] Darwin, C.: On the Origin of Species. John Murray, London (1859)

[13] Matthen, M., Ariew, A.: Two ways of thinking about fitness and natural selection. J.

Philos. **49**(2), 55–83 (2002)

[14] Godfrey-Smith, P.: Conditions for evolution by natural selection. J. Philos. **54**(10), 489–516 (2007)

[15] Lewontin, R.C.: The units of selection. Annu. Rev. Ecol. Syst. **1**, 1–18 (1970)

[16] Metcalfe, J.S.: Evolutionary approaches to population thinking and the problem of growth and development. In: Dopfer, K. (ed.) Evolutionary Economics: Program and Scope. Kluwer Academic Publishers, Dordrecht/Boston (2001)

[17] Saviotti, P.P.: The role of variety in economic and technological development. In: Saviotti, P.P., Metcalfe, J.S. (eds.) Evolutionary Theories of Economic and Technological Change: Present Status and Future Prospects. Harwood Academic Publishers, Chur (1991)

[18] Stephens, C.: Selection, drift, and the "forces" of evolution. Philos. Sci. **71**, 550–570 (2004)

[19] Walsh, D.: Book keeping or metaphysics? The units of selection debate. Synthese **138**, 337–361 (2004)

[20] Nelson, R.: Universal Darwinism and evolutionary social science. Biol. Philos. **22**(1), 73–94 (2007)

[21] Nelson, R., Winter, S.: An Evolutionary Theory of Economic Change. The Belknap Press of Harvard University Press, Cambridge (1982)

第十章
动物的伦理对待：达尔文理论的道德意义

罗布·劳勒

第一节 导 言

进化论者们经常需要针对那些主张达尔文的进化论是不道德的观点为自己辩护，这些观点认为达尔文的理论如果是正确的，则可以为那些拒斥福利国家，或者尝试通过优生学和种族灭绝的方式创造优越种族的观点正名。

对此的标准回应则是强调达尔文的进化论不是一个道德理论，并且道德理论不可能直接从科学理论中推导出来。

虽然关于达尔文的理论可以为不平等或种族灭绝辩护的观点是经不起推敲的，但是确实有人尝试建立关于进化论的道德理论或道德判断。

西蒙·布莱克伯恩（Simon Blackburn）在《牛津哲学词典》（*Oxford Dictionary of Philosophy*）中把进化伦理学描述为一种"尝试把道德的推理建立在关于进化的假定事实基础之上……其前提是，在进化路径中后来的要素要优于早期的要素。作为对于这一原理的运用可以参考西方社会、*自由资本主义*，或其他被认可的对象，它们都比那些较为'原始'的社会形态要先进得多"。他接着表示，"它们在原理或应用上都无法博得尊重"[1,p.128]。

那些反对达尔文理论的人诉诸伦理蕴涵的考量，认为主张进化论提供了关于伦理学与进化之间关系的正确解释的观点是错误的。他们在此基础上论断，这表明了进化论所存在的一个问题。取而代之，他们应该拒斥进化伦理学，并认识到我们不应尝试通过进化理论来推导出一种伦理学理论。

148　　　然而，达尔文的理论在道德上并非是毫无意义的。在本章中，我考察了动物的伦理对待，并例证达尔文理论何以与这些争论相关，特别是对那些希望为物种主义（speciesism）辩护的人提出了一些问题。

第二节　物　种　主　义

彼得·辛格（Peter Singer）和迈克尔·图利（Michael Tooley）都认为，仅仅因为人类是人类，就把人类与其他动物区别对待是物种主义，类似于种族主义。物种主义和种族主义都涉及基于与道德无关的某些特征（肤色或是种族成员），而给予一个群体中的个体以超过其他群体中个体的优待："物种间的差异就本身而言并不是道德相关的差异。"[2, p.51]

图利和辛格都认为，我们应该考虑个体能力，而非专注于个体的物种。辛格再次阐明他的立场，他坚持认为拒绝"物种主义"并不是承认所有的生命都有同等价值。他写道：

> 当我们考虑生命的价值时，我们不能自信地说……生命就是生命，无论是人类的生命还是动物的生命都有同样的价值。认为一个有自我意识的生命，有抽象思维能力、有对未来的规划、有复杂的沟通能力的生命，比没有这些能力的生命更有价值，这种观点并不是物种主义。

不过，他也认为，如果仅仅基于对自己所属物种成员的偏爱，而认为某种生命比其他生命更有价值，这就是物种主义。例如，在两者能力相同的情况下，我们考察人类生命和非人类动物生命。

例如，辛格要求我们参考医学研究中的案例。辛格承认，为了主张对动物进行实验总好过对正常的成年人进行实验，有可能会诉诸动物和人类在能力上的差异。但他继续说，这个论点也让我们有理由拿"严重智力残疾的人类进行实验，而不是对正常的成年人进行实验"[3, p. 60]。

对于那些不熟悉辛格观点的人们来说，强调辛格一直所宣称的观点，并不意味着支持在严重智力残疾的人身上做实验，而是反对对动物进行实验，这是很重要的（无论是从清晰还是公平的方面来说）。

辛格接着问道：

> 如果我们在动物和这些人类之间做一个区分，除了基于在道德上站不住脚的对我们所属物种中成员的偏爱，我们还能怎么办呢？[3, p. 60]

作为回应，有些人已经接受了这个说法，大胆地说他们是物种主义者（虽然通常否认将其与种族主义相比较）。例如，卡尔·科恩（Carl Cohen）说："我是一个物种主义者。物种主义不仅是合理的，而且是必要的正确行为。"[4] 拉福莱特（H. LaFollette）和尚克斯（N. Shanks）说："现在大部分的研究员接受了科恩的回应并将之作为他们保护动物实验的部分辩护。"[5] 同样，大卫·奥得贝格（David Oderberg）写道："我要捍卫的观点是保护动物和人类之间的本质区别。"

本章的目的是通过运用达尔文进化论的细节和内涵从而提出一项挑战，而那些试图为物种主义辩护的人需要直面这一挑战。

在本章的其余部分，我将提出两种我们可以描述物种主义的方式，即道德地位解释（moral status interpretation）和关联解释（relational interpretation），并将论证，无论哪种描述，对于那些捍卫物种主义的人来说都将面临难题。我不一定认为这些描述提供了一个反对物种主义的结论。但我认为，这对于那些想要通过科恩和其他人的描述来接受物种主义的人来说确实是一个重要的挑战。

首先，为了澄清我的立场，我想通过一个不同的论证来区分它，诉诸进化从而针对物种主义提出一些问题。

第三节　通常的论证：诉诸共同祖先

反对物种主义的一种常见方法是诉诸人类和其他动物的共同祖先，并且基于这些理由认为，我们不能为我们对待非人类动物的方式辩护。

例如，彼得·辛格说，我们应该：

认识到我们对待非人类动物的方式是前达尔文主义时代遗留下来的，这夸大了人类和其他动物之间的鸿沟，因此我们应该趋向于为非人类动物设立更高的道德地位，削弱我们支配自然的人类中心主义观点[7, pp.61-62]。

但是辛格这一论点似乎与他反对物种主义的主要观点产生了冲突。如果说，由于我们与动物有共同的祖先，所以我们要更好地对待动物的话，那么这将会使我们认同物种主义是一个道德问题。诸如辛格这样的物种主义反对者会问：为什么我应该对待某种动物比其他的物种更好呢？仅仅是因为它恰好与我是同一个物种吗？同样地，我们也可以问辛格，为什么我们现在应该比过去更好地对待动物呢？仅仅是因为我们现在承认人类与动物有共同的祖先吗？为什么这是相关的呢？如果对我们自己的物种成员给予优待是不允许的，想必对那些和我们拥有共同祖先（我们可以称之为祖先崇拜）的物种给予优待同样是不允许的。

因此，我虽然怀疑诉诸我们的共同祖先能帮助我们拒斥物种主义，但是事实上，祖先崇拜似乎是支持物种主义的（我将在后文中对这一观点进行详细的论证）。

第四节　物种主义的道德地位解释

对于第一种解释，物种主义认为不同的种类有不同的道德地位。因此，在最简单的形式中，任何人类都将具有适合于人类的道德地位，任何狗类也都将具有适合于狗类的道德地位，而无须考虑各自的能力。

因此，个人的道德地位是基于其所属的物种，而非个体特殊的特征。与辛格对立的物种主义者认为，每个人的个人能力是不重要的（或者，至少可以说，个人能力不是唯一重要的考虑因素）。相反，每个人的道德地位主要是由其所属的物种决定的。

在这一点上，它看起来就像是直觉与直觉的冲突。辛格认为，任何诉诸个体物种的方式都是无关紧要的，这可以与种族主义相比较。然而物种主义者坚持认为物种成员是道德上的一个重要考虑因素，并且仅仅由于一个人是人类便拥有特定的道德地位。

通常后者观点将会通过宗教信仰被人们所认识，但是它并不需要。相反可能通过直觉我们便可以知道对有严重智力残疾的婴儿进行实验比对非人类动物进行实验更糟糕。或者可以通过特定的争论被认识，例如，奥得贝格的论点是"一个实体的*种类*决定了其潜能"[8, p. 179]，即使在这种潜能无法实现的情况下，它也是很重要的[8，p.181 and Sect.4.4]。

然而，如果物种主义是依据道德地位的形式来表达的，那么物种主义者就需要给出一种与进化论的正确理解相一致的物种主义，以及何种意义上两种动物属于同一物种。

第五节 道德地位和传递性

如果举例说明，那么传递性（transitivity）的概念其实很容易被理解。西蒙·布莱克伯恩在他的《牛津哲学辞典》中定义了一个传递关系："无论什么时候，如果由 R_{xy} 和 R_{yz} 可以得出 R_{xz}，便是一种传递关系。"[1, p. 380] 也就是说，在这样的情况下，关系 R 是传递的，每当在 x 和 y 之间存在一个关系 R 时，也有相同的关系 R 存在于 y 和 z 之间，在这样的情况下一定有一个相同的关系 R 存在于 x 和 z 之间。举一个例子，"高于"是一个传递关系：如果简比杰克高，并且杰克比菲奥娜高，那么简一定比菲奥娜高。而"喜欢"是一个关系，但并不是传递关系：如果简喜欢杰克，且杰克喜欢菲奥娜，但杰克喜欢菲奥娜未必是真的。

那么这与我们对待动物的方式有何关系呢？支持物种主义的人的问题是，具有相同道德地位的关系应该是可以传递的。也就是说，如果 A 具有与 B 相同的道德地位，并且 B 具有与 C 相同的道德地位，则 A 就应该具有与 C 相同的道德地位。但是，如果我们一旦确定 A 和 B 属于同一物种，那么我们将会看到由物种成员决定的道德地位则不具有传递性。

道金斯[9] 和达尔文[10] 都认为把动物划分成不同的物种仅存在可能性，这是由于不同物种之间的中间物种的消失仅仅是偶然事件。但是如果我们考虑所有存在的动物，那我们将无法识别不同的物种。与此观点相反，我们认为，

151

不同的物种之间会有一个统一的连续体，虽然没有明确的界限，但是我们可以将一个群体与另一个群体分开，并将它们识别为单独的物种。"当我们在谈论所有曾经存在过的动物，而不仅仅是那些生活在现在的动物时，进化论告诉我们，理论上物种间连接着一条连续性链条。" [9, p. 317]

然而，重要的是强调：找到一个物种间的分界点并不困难，这是我反驳论证的核心。寻找分界点的困难可能不过是一个模糊的问题。我关注的问题是物种成员间的非传递性。

道金斯说："不可杂交是两个群体是否应予以不同物种名称的公认标准。" [9, p. 309]

平滑的连续性存在于所有出现过的动物之间，它结合两个物种应予以的不同物种名称的定义，并给以道德地位的方式理解物种主义的物种主义者提出了一个问题。

道金斯认为所有动物之间的连续性为"本质主义者的心智"提出了一个问题 [9, p. 318]。

当道金斯在这里提到本质主义时，他指的是那些认为存在某种东西作为人类或任何其他物种的本质的人："在理想空间中的某处是一只完美的兔子，它与一只真正的兔子具有相同的关系，就好像数学家的完美圆圈与在灰尘中画出的圆圈相关一样。" [9, p. 318]

作为与物种主义相关的本质主义以及人类特殊地位的例子，我们可以通过奥得贝格给出的段落进行思考：

> 当亚里士多德说"人是一种理性动物"时，他不只是说那些理智的、有正常行为能力的人类成员，即当那些处于一个清醒的状态时，不吸毒，不疯狂，思维清晰，可以形成计划，并且对所过的生活能有正确的选择的其他人类。他其实是在定义人类的本质，换句话说，他只是告诉我们人类的本质是什么，进而仅依据作为一名人类成员的身份，告诉我们每一个人是什么……那么，为什么某些不成熟或受到损害的人会因此而减损他们的道德地位，如果他们天生就和他们的伙伴一样成熟、正常的话？ [8, pp. 82-83]

道金斯想象着有一台时间机器可以回溯到过去，以 1000 年为一站，每一站都接上一个年轻且具有生育能力的乘客。道金斯断言，每个乘客都能与下一站上来的 1000 年前的异性乘客杂交。道金斯写道：

> 这台时间机器可以一直回溯到我们的祖先尚在海里游泳的时候。它一直回溯到鱼类，并且每个乘客被运送至其所属时代的 1000 年前时，都能与它的前辈杂交。但是在某些时间点上，可能是一百万年，或许更长或更短，在某些时间段上，即使我们之前一站的乘客可以与其祖先杂交，但我们现代人可能无法与我们的祖先杂交。在这一点上，我们可以说，我们已经通过时间旅行，变成了另外一个物种。
>
> 界限不会突然出现。永远不可能会有某一代际的人说，他是一个现代人，而他的父母却是原始人。[9, p. 319]

在这里，道金斯强调了物种之间的模糊性和连续性，并不存在一个清晰的点可以将人类和他们的祖先区分开。但是，从论证基于物种成员身份来决定其道德地位时所面临的困难来看，这一时间旅行案例中存在一个更为重要的信息。

让我们讨论一下道金斯的观点："这时，我们可以说，我们已经通过时间旅行变成了另外一个物种。"现在我们对时间旅行过程中的某一乘客进行考察——我们在其变成另外一个物种前（例如第 500 站）接上它。我会称他为"咕噜"（Grunt）。此时我可以说，当我已经穿越成为一个不同的物种时，"咕噜"却还没有。"咕噜"仍能与其祖先杂交，而我却不能。我们把在这个站接上的乘客叫做"啊"（Ugh）。

因此，看起来"咕噜"和我是同一个物种，但"咕噜"也与"啊"是相同的物种，尽管"啊"与我不是相同的物种。

这一时间旅行例子证明（根据杂交标准），A 是与 B 相同的物种，并且 B 是与 C 相同的物种，但是有可能 A 与 C 是完全不同的物种。因此，物种成员是不具有传递性的。

问题是，道德地位应该是具有传递性的。也就是说，如果我有与"咕噜"相同的道德地位，而"咕噜"与"啊"具有相同的道德地位，那么我必须拥有与"啊"相同的道德地位。但是物种成员并不等同于道德地位，是不具有传递性的。因此，道德地位不能由物种成员决定。

在这一点上，我应该强调，这并不是基于在确定不同物种时所面临的实际困难而提出的反对意见，就像道金斯所说的，我们在这方面是非常幸运的。

> 创世论者喜欢化石记录中的"缺口"，但他们知之甚少，生物学家们有很好的理由也喜欢它们。如果没有化石记录中的缺口，那么用物种命名的整个体系将会崩溃。[9, p. 319]

正如引文所说，这一问题并不实际。其实我们通常可以定义不同的物种，但是如果我们考虑到其内涵，就不应该用物种成员的方式来确定其道德地位。

如果我们考虑环物种，那么这一反驳的力量将会更加清晰。

第六节　环物种和分类学

153

按照上文所提到的，我认为"作为同一个物种"的标准是非传递性的。然而，分类学家们希望物种成员是具有传递性的，并允许我们按照这种方式，对动物进行分类。也就是说，对物种的探讨并不是对物种进行相关性的陈述，比如，A 和 B 能够相互杂交的问题，而是根据物种成员将动物分组。

最终，分类学家们所使用的把动物分类的标准其实非常不适于这里的探讨。这在实践中大多数情况下不会造成任何问题。然而，在某些情况下，会存在一个并发症。道金斯讨论了一种存在于加利福尼亚的剑螈，它是"两个明显不同且不能杂交的剑螈种类之间的中间物种"[9, p. 309]。

如果将它们看成杂交种，这种看法是错误的。它们不是杂交种。为了发现正确的方式，科学家进行了两次南方探险，对蝾螈种群进行采样，因为它们分布于美国加利福尼亚州中央谷地东西两侧。在东侧，它们身上的斑点逐渐增多，一直持续到位于遥远南方的克劳伯里山脉（Klauberi）。而在西侧，蝾螈则逐渐变得更像我们在 Wolahi 营地重叠区域遇到的平原剑螈。

这就是我们很难将埃氏剑螈的指名亚种（*Ensatina eschscholtzzi*）和大斑

亚种（*Ensatina Klauberi*）视为不同的物种的原因。它们构成了一种环物种
（ring species）……动物学家们通常遵循着斯特宾（Stebbin）的思路将它们放
在同一个物种中[9, pp. 309-310]。

　　最终，我们采取了一种特设的解决方案：用来识别物种成员的标准实际
上并不适合对群体进行分类。对于动物学家而言，这个临时的解决方案是有
用的。但是，对于寻求人类和非人类之间在道德上有显著差异的伦理学家们
来说，还有诸多问题亟待解决。

第七节　这些思想对环物种的影响

　　乍一看，分类学家们对物种的理解可能有助于道德地位的物种主义。像
道德地位的物种主义一样，分类学家们同样希望对物种成员的描述是可传递
的，并允许我们将动物划分成不同的群体。因此，如果分类学家有能力解决
这个问题，物种主义者会帮助他们一起解决。

　　然而问题是，它不具有可信度。特别是在这种情况下，特定种类动物的
道德地位将取决于关于其他已经灭绝的动物的偶然和看似无关的事实。这里
就考察到了加利福尼亚蝾螈的情况。如果作为中间物种的蝾螈已经灭绝，那
么分类学家们将把剑螈的两种形态作为单独的物种，但由于中间物种的存在，
所以它们才被称为环物种。

　　若要知道将道德地位与物种成员身份联系起来的伦理学家们在方法上存
在的问题，就需要参考下面道金斯的观点：

154

　　　　像蝾螈和海鸥这样的环物种只能在空间维度上展现给我们必须在时
　　间维度上发生的事情。假设我们人类和黑猩猩是一个环物种。那么可能
　　发生的事情是：该环可能沿着裂谷的一侧上升，而在另一侧下降，两种
　　完全不同的物种共同存在于环的南端，但是一个尚未分裂的杂交群汇聚
　　于环的另一端[9, pp. 311-312]。

　　按照（道德地位）物种主义的观点，黑猩猩不具有与人类相同的道德地
位，因为其是不同的物种。但是，如果物种主义者采用了分类学家的方法，

诉诸环物种以避免非传递性的问题，那么，物种主义则看起来很荒谬。如果上述情况是现实，那物种主义者会如何评价黑猩猩的道德地位呢？物种主义者不得不承认，因为（在我们想象的情况下）人类和黑猩猩是同一个物种（就像加利福尼亚蝾螈），它们必须具有相同的道德地位。

我认为，说黑猩猩与人具有相同的道德地位的说法是荒谬的。荒谬的不是结论，而是得出结论的方法，而黑猩猩的道德地位取决于黑猩猩与人类之间是否存在一种以道金斯描述的方式存在的连续性。

想象一下，如果黑猩猩和人类之间存在连续性，那么支持环物种概念的物种主义者肯定会说：其具有相同的道德地位。现在想象一下，如果黑猩猩和人类之间的中间物种在大屠杀中被杀死，那么黑猩猩和人类之间就不再有连续性了。现在看来，由于这次屠杀，人类和黑猩猩现在可以被认作是两个独立的物种，因此黑猩猩将失去它们曾经拥有的特殊的、被置于与人类相同的物种中的道德地位。

认为黑猩猩的道德地位可能会被改变的想法显然是荒谬的。当然，物种主义者可以通过拒绝接受环物种的观点来避免这种想法。但是，他们也会遇到我们刚开始时遇到的问题。

第八节　对“物种”的定义

我早些时候就引用过道金斯的观点：“不可杂交是两个群体是否应予以不同物种名称的公认标准。”[9, p. 309] 然而，这不是完全没有争议的。生物学家们一直在争论区分物种的最佳标准。但我所确定的问题并不局限于对“物种”的特定含义。

大多数字典定义①的三个标准是形态相似性、密切关系和可杂交。道金斯似乎也对“物种”有更全面的理解。例如，他在《祖先的故事：生命起源的朝圣之旅》② 中对蝾螈和海鸥的讨论[9, pp. 308-320]。

根据密切相关的标准，可杂交被认为是最重要的。因为，如果两个群体

---

① 基于简单查询的六本字典。
② 英文原书中此处错误。——译者

能够杂交，就可以证明它们是密切相关的。①

　　因此，即使我们继续采用不可杂交的标准决定两个群体是否应予以不同的物种名称，也不能说明杂交本身的重要性。相反，如果两个种群有足够密切的关系，就应该把它们作为一个物种合并在一起。所以说，杂交只是一种识别它们密切相关的方式。

　　然而就我所见，澄清为何两个种群被归为一个单一物种，并没有对物种主义的合理性及道德地位的阐释产生任何影响。如果物种主义基于对物种依赖于形态相似性或密切相关的理解，物种主义将会出现与我们之前所见到的相似问题。物种成员身份将仍是非传递性的。A 可以类似于 B，B 可以类似于 C，但是 A 不需要（十分）类似于 C。② 同样（根据相关标准），A 可以与 B 密切相关，B 与 C 密切相关，但 A 不需要与 C（完全）密切相关。

　　无论分类学家们是否采纳相似性标准、关系标准、杂交标准或是这些标准的某些组合，"作为同一物种"仍然是不具有传递性的且问题依然存在，除非我们诉诸环物种的概念。

第九节　与道德地位的物种主义十分相似的一种立场

　　尽管如此，还是可能会存在一种类似于道德地位的物种主义的辩护立场，但所诉诸的却不是物种。如果我们可以根据物种成员之外的其他事物将动物和人类进行分组的话，那么我们完全可以构建一种物种主义的替代品。

　　当然，这涉及拒斥物种主义，但可能会是一个令物种主义者高兴的结果。如果这个立场可以得到辩护的话，这将可能被视为物种主义者的胜利，而非反对者的胜利，比如说辛格。因此，如果你被奥得贝格的论据所说服，认为道德地位应当赋予某个类型而非个体的话 [8, Sect. 4. 4]，那么我认为，不应当根据物种成员身份，但不这样做又不行。我认为这些群体或类型的成员必须要具有传递性，但物种成员不具备传递性。因此，那些想要将动物分成不同类型，以便根据这些种类赋予其道德地位的人，将需要根据物种成员之外的其他东

156

----

① 当然，杂交不作为无性生殖的生命形式的标准。

② 见道金斯螈螈和海鸥的例子 [9, pp. 308 - 311]。

西对其进行分类。这些群体或类型可能是什么呢，然而我并不知道。

第十节　物种主义的关系解释

现在，我会认为物种主义可以通过拒斥物种主义的道德地位的解释和提供另一种理解物种主义的方式来进行辩护，不必主张人类有一种特殊的不被其他动物共享的道德地位，并且不需要因此认为物种的成员必须有传递性。

关系的物种主义方式可以避免与物种成员身份的非传递性相关的问题，最好是通过类比来解释。

考察同父异母或同母异父的案例，并将之作为我们论证的前提。某人对其家庭负有特殊的义务，包括同父异母或同母异父的兄弟关系和姐妹关系，以及亲兄弟姐妹。

作为同父异母或同母异父的兄弟，他们的关系是非传递性的。因此，下面的例子完全有可能：约翰和杰克是同父异母或同母异父的兄弟，杰克和斯蒂芬是同父异母或同母异父的兄弟，但约翰和斯蒂芬不是同父异母或同母异父的兄弟。因此，对他人的义务的非传递性是表现在家庭基础之上的：约翰对杰克有特殊义务，杰克对斯蒂芬有特殊义务，但约翰对斯蒂芬并没有特殊义务。

应该指出，这与道德地位无关。约翰对杰克有特殊义务，但对斯蒂芬没有特殊义务，并不是说斯蒂芬的道德地位低于杰克。义务基于个人之间的关系，这完全符合约翰、杰克和斯蒂芬都具有相同道德地位的说法。

因此，如果我们提供一种类似于物种主义的解释，那么我们对属于我们物种的其他人都有特殊义务。但这并不是就道德地位而言，而是特殊义务。关于这种物种主义的说法（基于物种主义），并不是说所有人都有比其他物种更高的道德地位而不论它们的个人能力，在这里，只是说我们对我们自己的物种有特殊义务。

然而应该强调，我们同时有可能成为道德地位的物种主义者和关系物种主义者，要么是其一，要么都是（或两者都不是）。例如，如果我们设想火星人存在，并且他们拥有理性和智慧等，有人可能认为火星人具有与人类相同的道德地位（凭借他们是聪明的、理性的、拥有自我意识等事实）。而动物的道德地位较低，因此如果对狗施加某些伤害是被允许的。但如果对火星人施加同样的伤害将是不被允许的（就如同同样不能施加于人类身上一样）。然而，与此同时，基于这种特殊义务的思想，而不是道德地位上的差异，他们也可以认为人类允许（甚至强制）给予其他人类（超越火星人的）优待（比如在工作面试中），就好像火星人给予其他火星人（超过人类的）优待一样。

第十一节　祖先崇拜和物种主义

很难看到如何在不捍卫祖先崇拜的情况下保护物种主义，反之亦然。相反，两者似乎都基于相同的基本原则：允许（和／或义务上）给予我们最密切相关的人优先待遇。

如果是这样的话，并不是说人们对相同物种的任何人都有特殊义务并要坚持对与我们密切相关的那些人给予优待的原则只适用于物种成员的水平，似乎我们更有可能有一系列的特殊义务（程度不同），使得我们与另一个生物的关系越密切，则我们对该生物的义务就越大。

然而，应当指出，这并不是对物种主义的排斥，而代之以选择祖先崇拜。相反，这种分等级形式的祖先崇拜将导致物种主义：我和我自己的物种成员的关系比我和任何其他物种的成员的关系都更加密切，因此我对我自己的物种比我对任何其他的物种都有更强烈的特殊义务。

第十二节　物种主义关系解释的第一个挑战

最初对物种主义的驳斥和种族主义一样，即它们都诉诸某些道德不相关的东西。因此，一个关键的反对意见是物种主义与种族主义相近。在关系的解释层面上，显得尤为有问题。首先，基于这一解释，种族主义者明确提出，我应该给予某些生物不同于其他生物的优待，只是因为我与它们的关系更加密切或更像它们。因此，与种族主义的类比更加明显。

其次，更令人担忧的是，物种主义可能不仅仅是类似于种族主义。更确切地说，为物种主义背书同样也会导致为种族主义背书。如果我们接受上述建议，认为祖先崇拜是物种主义的基础（物种主义只是祖先崇拜的一种形式），那么我们必须认识到，祖先崇拜不仅蕴含物种主义，而且蕴含种族主义。

158

在这一点上，我们有必要从两种方式来定性这一主张。

首先，它并没有蕴含我们可能称为道德地位的种族主义，即一些种族比其他种族具有更高的道德地位。例如，白人至上的种族主义和纳粹的种族主义，显然是一个令人不快的结论。因此，关系的物种主义并不蕴含这种种族主义是一件好事。然而，关系的物种主义确实蕴含了关系的种族主义：虽然没有理由认为不同种族具有不同的道德地位，但是对于种族 A 的成员来说，优先对待种族 A 其他成员是被允许的（甚至是必要的），种族 B 的成员优待对待种族 B 的其他成员也是如此。这似乎并不像道德地位的种族主义那样令人讨厌，但是关系的物种主义仍然是种族主义的一种形式，虽然许多人都渴望避免这种关系。

然而，也许会有人认为关系的物种主义是一种相对良性的种族主义，它不是道德地位的种族主义，而是带有祖先崇拜这一形式的种族主义。

讨论种族问题应注意：我应该承认祖先崇拜蕴含种族主义的说法可能是有争议的，因为把种族的概念应用于人类时就饱受争议。道金斯引用列万廷的话，认为当应用于人类时，相比于任一种族中个体之间的差异，不同种族之间的差异非常小，种族概念在这时没有意义。对种族的分类被认为是"在遗传或分类学上并无实质意义"[9, pp. 417-418]。

因此，我们可以合理得出结论，如果种族是一个混乱的概念，并且没有生物学基础，那么种族主义也就不存在生物学基础，祖先崇拜就不会带来种族主义。然而，我认为有两个理由可以反驳这个结论。

第一，我们不清楚列万廷的观点是否正确。遵循爱德华兹（A. W. F. Edwards）的观点，道金斯认为，我们不应该只考虑群体层面上的变异等级，还应该考虑群体中某些特征与其他特征的*相关程度*。

因此，在两个群体之间存在非常小的遗传差异可能是真的。例如，一个中国人和一个尼日利亚人，他们之间存在的差异可能（在大多情况下）仅仅是外观上的差异，但并不能认为这些差异不是种族差异。

第二，即使列万廷是对的，道金斯和爱德华兹错了，也不能由此得出我们不需要担心为物种主义背书同时也蕴含了为种族主义背书。这仅仅是偶然性的事实，即种族之间的差异相较于种族之内的差异更小。尽管没有相同的实践意义，但我们仍有很好的理由拒绝物种主义，因为物种主义者在所设想的情境下将会成为一名关系的种族主义者，认为遗传学意义上的种族差异是显著的，继而认为认可种族间差异并不是错误的。

当一个白人雇主雇用了一个白人应聘者，而不是更有资格从事这项工作的黑人应聘者，或者当政府实行某种形式的种族隔离，歧视（被认定是一个群体的）少数民族的时候，最重要的反对理由不是雇主或政府没有认识到人类群体在过去某个时候的瓶颈期（也许 7 万年前），其结果是"尽管外表不同，但在人种上有着异常高的遗传一致性" [9, p. 416]。而更重要的反对理由仅仅在于*他们是*种族主义者：他们基于与伦理无关的外表特点，对某些人提供超越其他人的优待。

同样，对种族主义的拒斥不应取决于在遗传学意义上谁对种族的分类是对的：列万廷或是爱德华兹，参见文献 [9, pp. 415-425] 和 [11]。

159

第十三节　祖先崇拜、物种主义和种族主义

考虑这一原则，即我们对与我们最亲近的生物有种特殊的义务，我们大多数人都有这种近乎矛盾的直觉。

涉及我们的直系亲属，大多数人都能够接受我们对我们的父母、孩子和兄弟姐妹有这种特殊的义务，这看起来不像是这一原则所蕴含的尴尬含义。

然而，当我们转向更遥远的关系来考虑不同的种族时，许多人想抵制的结论是：我们对自己种族的成员有特殊的义务，并且我们应该对自己种族的成员给予优待。对许多人来说，这似乎是一个令人尴尬的结论，我们应该想要避免这种结论。

然而，当我们再进一步考虑更远的关系时，很多人都想要支持物种主义，因此（如果我们认为这个原理仅仅与物种主义有关，而忽略对种族的相关影响）我们会对关系近的人予以优待的这条原则看起来也似乎是合理的。

不过，如果我们在此关系上再退一步，考虑动物类型而不是物种，我们似乎也会有不同的感觉。举个例子，如果我说我们对哺乳动物与爬行动物有着不同的义务，因为相较于人类与爬行动物的关系，人类与其他哺乳类动物有着更加密切的关系，我想许多人会认为我所说的话十分古怪。为什么我应该优待老鼠而超过鳄鱼呢？仅仅是因为老鼠和我更类似，是哺乳动物吗？

现在的问题是，我们似乎希望在我们应用该原则（即我们应该对与我们关系更近之物予以优待）的时候更有选择性。因此，这个原则似乎在某一层次（家族）上是相关的，然后是无关的（种族），然后再相关（物种），然后再无关（动物类型）。这一情况似乎需要再加以解释。

虽然可能产生使人不快的影响，但似乎诉诸种族层面上的关系紧密性更具一致性，家族和物种层面上也是如此。

另外，如果你想反对物种主义，并不要再出现同样的问题。这似乎有两个选择：第一，你可以认为该原则（即对关系更紧密之物予以优待）仅适用于极其密切相关的、自己家庭的义务。但是，这些义务将不再扩大，因此没有理由优待你自己的种族而超过其他人，或优待你自己的种族而超过其他种族，或优待你自己的物种而超过其他物种。

另外一个选择是，你可以完全拒绝该原则，并认为我们对家庭的义务是基于社会关系而非遗传关系（或者更彻底的是，你可以认为，我们对自己的家庭没有一点特殊的义务）。

无论哪种方式，这种立场似乎比物种主义者更加明了。

如果你想捍卫物种主义，你可以尝试解释为什么这个原则时而有效、时而无效，在关系密切的家庭层次有效，在对待同一种族中的更远关系时就无效了。在考虑到物种时，即使是更远的关系仍是有效的，但在考虑到动物类别这一层次时就又无效了。然而，尚不清楚你该如何解决这一问题。

或者，如果你不能提供解释，那么另一个选择就是接受该原则适用于不同的层次，并承认这使得你滑向种族主义的某种形式。①

---

① 如果你想反对该结论，即认为我们对其他哺乳类动物有特殊的义务，比如超过爬行动物，这看起来比之前案例面临的问题少，因为认为该原则可能在某个阶段有效消退的观点，较之之前的解释中时而有效、时而无效的特质更为合理。

但是，为了保卫这个解释，你可能会认为这种形式的种族主义是相对温和的。你可能会强调，事实上这与道德地位的种族主义是非常不同的。你也可能会强调，这种形式的种族主义与承诺种族平等和（在某种程度上的）机会平等是一致的。而它允许种族 A 偏爱种族 A 的其他成员超过种族 B，它也允许种族 B 偏爱种族 B 的其他成员超过种族 A。此外，也应对此有合理的限制。即使是那些认为我们对自己家庭成员有特殊义务的人，也可以反对某些形式的裙带关系——特别是在个人处于权力位置的情况下。例如，我可以认为首相对他自己的孩子有特殊的义务而对其他孩子没有，但我也坚持认为他将直系亲属成员安排到所有主要政府职位上是不合法的。同样，可以认为一个物种对其种族的义务应该以类似的方式进行限制。

然而，我不相信这种形式的种族主义是完全温和的。出于本章的目的，我不需要解决这个问题。这是因为，即使这一论点被接受，对于关系的物种主义还有第二个挑战。当第一个挑战结合上这种较弱的形式时，对于科恩和奥得贝格以及其他想要坚持人类与其他动物本质上不同的人来说，如果他们诉诸关系的（而非道德地位的）物种主义，第二个挑战就会使他们表现出一个明显的问题。

第十四节　物种主义关系解释的第二个挑战

第二个挑战是针对那些主张动物相较于人类应有完全不同的对待方式的人，目前尚不清楚这种形式的物种主义是否理由充足。诸如不杀戮以及不造成剧烈痛苦等最基本的职责似乎并不是基于这种特殊职责。如果我们考察救援职责，可以参考一个常见的例子。如果在援救一只狗和援救一个精神严重失常的人之间进行选择（不可能同时拯救两者），可以合理地认为，这一论证可以用来判定应当拯救这个人。① 在这个援救的案例中，我们通常认为这类特殊职责倾向于救援那些你对之有特殊义务的人。

_____

① 在这种情况下，人类智力的严重失常，使得狗缺乏的能力人类也缺乏，所以如果我们遵循辛格的建议，通过个体能力来判断个体，我们将无法区分这两者。因此，如果我们认为我们应该拯救人类而不是狗，似乎只是因为他是一个人，而不是因为他拥有自主性或者是拥有狗没有的能力。

然而，通常我们不认为这些类型的特殊义务允许我杀一个陌生人，使我可以拿他的器官去拯救我的兄弟。相反，不杀人的义务是基于更实质的东西，我们在这里讨论的特殊义务是不能与之比拟的。

因此，通过类比，即使我们认可物种主义，在相关的意义上，我们仍不清楚这能让我们去判定什么。但是，用来区分动物和人类却可能是充分的，因而我们便拥有了能应对来自辛格关于动物实验的挑战的回应。

辛格的论证涉及与道德地位有关的一致性。就其本身而言，那些想要保护动物（而非人类）实验的人可以通过接受辛格的主张做出回应，这些人认为动物和智力严重失常的人类有着相同的道德地位，这些人可以说，只要我们专注道德地位，似乎可以对其中任何一者进行实验。然而，按照关系的物种主义者所说，两者的区别在于，在人的情况下，但不是在动物的情况下，我们对人有特殊的义务，类似于一个人对其兄弟姐妹的特殊义务。

因此，这种解释似乎比道德地位的解释更有优势：它避免了物种成员身份的非转移性所导致的问题，但仍需我们回应辛格的挑战，并且取得的一般性结论是，对智力严重失常的人进行实验会比对动物进行实验更要糟糕。

然而，该解释看起来仍然有问题。对于想要为诸如奥得贝格的立场进行辩护的人来说，这个论点似乎不够强大。我们可能已经回应了辛格的挑战，这样我们可以认为我们能对动物而非人类进行实验，但还不清楚，在诸如奥得贝格这些人想要的方式中，我们是否保留了人类与动物之间的"本质区别"[6, p.140]。对于辛格的反对者而言，这不足以避免辛格论点造成的实际影响。他们也反对辛格"把人类降低到其他动物的水平"的事实[6, p.140]，并且他们也反对某些人的道德地位低于其他人的说法，以及某些人类具有的道德地位犹如非人类动物的道德地位的说法。因此，重要的是认识到关系的物种主义不足以拒斥这些关于特殊的人类的道德地位的说法。

第十五节　将两个问题放在一起考察

对第一种异议与第二种异议之间关系的考察同样重要。两种异议的方向是相反的。如果物种主义者回应第二种异议，认为特殊义务事实上比我认为的更为重要，那么关键在于，这也将同时证明一种更为值得注意（以及较为恶劣）的种族主义形式，使得第一个异议更为强大。

如果物种主义者回应第一种异议，认为基于种族的（或类似的）优待，可以通过祖先崇拜的形式以相对温和或无关紧要的方式来加以证明，那么第二个异议就会更强大。因此，我们不清楚关系的物种主义是否能够同时回应这*两种*批评。

第十六节　结　　论

我在本章中的目的不是反对物种主义。尽管我相信我提出的观点对科恩的观点，即声称物种主义"对正确行为至关重要"，或奥得贝格诉诸本质主义造成了真正的挑战，我觉得它很难抵御一般常识，即对智力严重失常的人进行实验比对动物进行相同的实验要更糟糕。我也赞同奥得贝格所认为的潜能的重要性，以及"一个实体的种类决定了其潜能"。

当然，如果我们要改进有关我们对待动物的伦理问题的理解方式，那么我的目标则是强调我们需要处理的一些难题；并强调这一事实，即如果我们坦率地拥抱物种主义那么一切都将不再有问题，这种想法总是不令人满意。此外，特别提及达尔文的影响以及进化论和伦理学之间的关系，我的目的是主张：虽然我们必须始终牢记，达尔文的理论不是道德理论（而且它不应该被用于为伦理学上的适者生存途径辩护），但是我们也不应该走向另一个极端，认为它在道德上是无关紧要的。

163

致　　谢

对于保罗·阿弗莱克（Paul Affleck）、迈克尔·伯利（Mikel Burley）、丹尼尔·埃尔斯坦（Daniel Elstein）、沙恩·格拉金（Shane Glackin）、杰拉尔·朗（Gerald Lang）、克里斯·梅佳娜（Chris Megone）、乔治亚·特斯塔（Georgia Testa）等人，以及本书的匿名评审们针对初稿的意见和有益建议，我在这里表示衷心的感谢。

参 考 文 献

[1] Blackburn, S.: Oxford Dictionary of Philosophy. Oxford University Press, Oxford (1996)

[2] Tooley, M.: Abortion and infanticide. Philos. Public Aff. **2**(1), 51 (1972)

[3] Singer, P.: Practical Ethics, 2nd edn. Cambridge University Press, Cambridge (1993)

[4] Cohen, C.: The case for the use of animals in biomedical research. N. Engl. J. Med. **315**(14), 867 (1986)

[5] LaFollette, H., Shanks, N.: The origin of speciesism. Philosophy **71**, 41 (1996)

[6] Oderberg, D.: Applied Ethics: A Non-consequentialist Approach. Blackwell Publishers, Oxford (2000)

[7] Singer, P.: A Darwinian Left: Politics, Evolution, and Cooperation. Yale University Press, New Haven (2000)

[8] Oderberg, D.: Moral Theory: A Non-consequentialist Approach. Blackwell Publishers, Oxford (2000)

[9] Dawkins, R.: The Ancestor's Tale: A Pilgrimage to the Fawn of Life. Phoenix, London (2005)

[10] Darwin, C.: The Origin of the Species – Wordsworth Classics of World Literature. Wordsworth Editions, Ware (1998)

[11] Edwards, A.W.F.: Human genetic diversity: Lewontin's fallacy. Bioessays **25**, 798–801 (2003)

第三部分
生命科学中达尔文主义的哲学探讨

第十一章
人类进化终结了吗？

史蒂夫·琼斯

长久以来，人们对未来都充满了浓厚的兴趣。的确，旧约和新约中的很多内容都涉及对未知世界的猜测，古希腊人和其他国家的人也对未来有类似的关注。但是，随着托马斯·莫尔（Thomas Moore）1516 年所著的著名小说《乌托邦》的问世，关于未来的概念在英语中被正式化了。在这本书以及许多其他遵循相同模式的书籍中，未来社会都发生了革命性的变化。例如，便壶是用金子做的，因为金子是一种可塑的金属并且很有用；生病的人由于无法照顾自己而被送进监狱，罪犯则被送往医院，因为他们肯定出了什么问题。这些都是有趣的想法：社会已经发生了变化，但从身体上看，人们看起来和今天一样。

在同样预测未来的现代乌托邦中，通常主题是人的身体看起来已不像人类，但是社会和今天的社会是非常相似的，有敌对的部落、等级、暴力、爱慕对象、犯罪等。这是一个根本性的转变，因为我们对未来的看法已经从一种认为未来生物和今天几乎一致的社会变化的角度，转变为一种强调生物性变化的观点。

因此，本章其余部分将涉及的不是纵向的科学，而是遗传学、进化和生物学。这种观点的变化发生在大约 100 年前赫伯特·乔治·威尔斯（H. G. Wells）的《时间机器》（*The Time Machine*，1895 年）里。这本书被看作是具备现代科幻小说情节的第一本书。书中有这样的故事情节：一个时间旅行者到了未来的一个小镇并且遇到了埃洛伊人（the Eloi），他们是一群有魅力的资产阶级知识分子。随着剧情的进展，这些人有一个可怕的秘密。附近居住着摩洛克人（the Morlocks）。他们是一群暴力的、爱酗酒的恶棍，他们生活在地下，并有规律地在晚上出现，杀害或者吃掉埃洛伊人。已然发生的事实是，人类已经分裂或进化成两部分。这不得不说是达尔文主义的观点。故事的转折是，埃洛伊人成了野蛮的摩洛克人的家畜，摩洛克人成了实际上的统治者，埃洛伊人在直到他们成为食物前可以活着。这是一个关于未来的悲观看法，认为未来的生物退化成为一群谋财害命的、暴力的流氓，这与现在普遍的观点是一致的，即未来由于某些原因注定会遭遇厄运，例如，由于不良基因的复制和扩散。

168

威尔斯是一个狂热的达尔文主义者，同时他也是达尔文的表弟弗朗西斯·高尔顿（Francis Galton）的主要支持者。高尔顿创立了优生学国家实验室（现称伦敦大学学院高尔顿实验室）。他是一个非凡卓越的人，做过很多稀奇古怪的事情，例如制作了一幅不列颠群岛的美丽地图。他用 5 分制的评分对当地女性从具有吸引力到令人厌恶的程度进行打分。高尔顿对人类品质有极大的兴趣，并写了一本书——《遗传的天才》（Hereditary Genius），这本书在某些领域被视为人类遗传学的第一本教科书，而事实上并不是。高尔顿也极大地影响了种族观念。他是优生学的先驱，他认为不可取的特征应该以某种方式加以压制，而可取的方面应该得到鼓励。虽然几乎没有确凿的证据，但他确信天才和犯罪行为是可遗传的，并且他是将统计方法应用于人类差异研究的第一人。

在他的种族能力图（图 11-1）中，高尔顿指出，古希腊人比英国人更聪明，英国人比亚洲人更聪明，而澳大利亚人的智力与狗有重叠！这支持了科学界的种族主义和当时科学家们的普遍观点，表明了种族之间在能力上的差异（参见文献 [1]）。虽然这种观点并没有持续下去，但它表明了在《时光机器》的编写以及许多现代科幻小说作家的智慧思考背后的知识氛围。

由于我们对过去发生的人类进化知之甚多，所以我们现在处于一种可以对人类未来进化做出明智猜测的立场（不像高尔顿或莫尔）。既然我们知道进化过程是如何运作的，我们就能推测未来的发展方向。

高尔顿的种族能力图

古希腊人	*abcdefghijklmop*
英国人	*abcdefghijklmop*
亚洲人	*abcdefghijklmop*
非洲人	*abcdefghijklmop*
澳大利亚人	*abcdefghijklmop*
狗等	*abcdefghijklmop*

图 11-1　高尔顿的种族能力图（数据来自文献 [1]）

在本章中，我指的是广义上的进化，也就是说不同种群彼此之间会变得不同，而不是关于基因频率变化的严格遗传学意义上的进化。

达尔文的观点可以概括如下：进化是世系的改变。世系意味着承载信息的通道从一代遗传给下一代并进行修正，事实上这个通道是不完善的。因此，进化或多或少都是不可避免的。这是一种古老的想法并被语言学家们用来理解语言的进化。达尔文甚至承认这并不是一种新的观点。达尔文的话可以被重新表述为：进化是基因和时间的产物。基因指的是由于突变而被不完全复制的 DNA，时间指的是超过 35 亿年的历史。达尔文对这个论点的补充是至关重要的，这是一个新颖的想法（它甚至被一些人认为是有史以来最好的想法）。他的观点是自然选择，也就是说，遗传差异导致了繁殖机会的增加。整个达尔文机制取决于差异，如遗传体质的差异、生存机会的差异，以及代际成功繁殖在时间上的机遇性差异。

通过审视过去所发生的达尔文机制的三个方面，即变异（突变）、自然选择和随机变化（随机遗传漂变），我们可以预测未来可能发生的事情。

第一节　突　　变

自 20 世纪 30 年代缪勒证明 X 射线会导致突变形成以来，人们就对突变有了诸多了解，并且多年来一直对辐射和化学物质心生恐惧。这些恐惧反映在许多科幻小说的场景中，在小说开头的故事情节中涉及大量的辐射泄漏事件，使得突变率增加，最终导致可怕的怪物诞生！有一个真实生活中的事件，也许是迄今为止最具讽刺意味的科学实验，美军于 1945 年 8 月在日本的广岛和长崎投放了原子弹。这一行为直接导致了战争结束，并在一周内一个科

169

学家团队被送往日本。他们大多数是物理学家，好奇地想要探究炸弹到底产生了什么样的效果，并对它的威力感到震惊。但是很多人都是遗传学家，因为有一个强有力的推测，认为暴露在外的人会受到大量的辐射，将会发生严重的基因损伤。确实，在遭遇原子弹辐射后很多人即刻死亡，或者在一个月内死于辐射疾病，因为他们的 DNA 已经被危害力巨大的辐射所侵害。科学家坚信，接触过爆炸辐射的人的孩子有可能会发生基因损伤，而这些基因损伤在那些没接触过爆炸辐射的对照组孩子身上并没发现。原子弹控制委员会（ABCC）存在了将近 50 年，但它并没起到什么作用，因为 1945 年我们对人类遗传学知之甚少。染色体的数目直到 1954 年才被发现，蛋白质技术直到 20 世纪 60 年代才被开发出来，DNA 技术直到 20 世纪 90 年代才以一种易于掌控的形式出现。然而，在原子弹控制委员会的存在末期，他们确实设法使用 DNA 技术检测出突变。他们观察了数以百万计的基因位点，研究了成千上万的人，在整个种群的 DNA 水平上共发现了 28 种突变[2]。与那些没接触过原子弹的父母所生的孩子相比，接触过原子弹的父母所生的孩子的突变率并没有差异。有趣的是，人们看到一个清晰的模式，在发现的 28 种突变中，25 种发生在父亲身上，仅仅有 3 种发生在母亲身上，这个事实表明男性突变率高于女性突变率。

　　关于男性突变率还有许多其他的例子。父亲的年龄对突变率的影响可以在软骨发育不全侏儒症中看到，在父亲年龄小于 24 岁的孩子中，这种情况的发生率很低，但在父亲年龄超过 50 岁的孩子中，这一比例上升了十倍[3]。这种规律对于一系列显性的骨骼疾病同样适用（只需要一份基因拷贝就可以展现这种情况）。父亲年龄的增长也被证明与儿童智商的下降有关。一项研究显示，在父亲为 18 岁的孩子中，平均智商为 108，相比之下，在父亲为 60 岁的孩子中，孩子的平均智商是 100。

　　父亲的年龄对突变率的影响是由于生殖细胞在男性和女性中的产生方式存在差异。一个女性产生的每一个卵子都是在她出生前形成的，卵子在出生之前就经历了几乎所有的细胞分裂过程，随后被冻结（适时的）。然后，它们会在一个女性的育龄期间被不时地释放出来。另一方面，一个男性一生都在产生精子。每当一个精子被产生，就会有更多的出错概率。这意味着，在女性开始输送其卵子和造就她的卵子之间的细胞分裂数，要大大不同于男性开始输送他的精子和造就他的精子之间的细胞分裂数。对于女性来说，她产生的每个卵子仅有 8 次细胞分裂。对于男性而言，这个数字就大大不同了。对于一个 26 岁的父亲来说（这是西方的平均生育年龄），在造就他的精子和他传输的精子之间大约有 300 次细胞分裂。对于一个 51 岁的父亲，细胞分裂会增加到 2000 次，而对于一个 70 岁的父亲细胞分裂会增加到 3500 次[4]。每次细胞分裂都有出现错误的概率。这就解释了男性突变率高于女性的原因，同时也解释了为什么男性年龄在突变率上有显著差异。因此，如果我们想知道在未来突变率会发生什么，我们需要看看未来可能会有多少年长的父亲。由于随着年龄的增长，突变的增加不是线性的——随着年龄增长，情况会变得更糟——我们需要关注那些处于该尺度末端的父亲们。人们普遍认为现在比过去有更多年长的父母，但真实情况并非如此。纵观整个世界，除了非洲以外，社会的生殖行为已经发生改变，人们较晚地组建家庭（女性平均年龄是 26 岁），但是他们也较早地结束生殖活动。他们的整个育龄被压缩为很短的时间。所以，随着社会的发展，年长父亲的数量也会减少。

图 11-2 显示，在喀麦隆这个欠发达的国家，有一半的父亲超过了 45 岁。在巴基斯坦，一个正在向西方生活方式转变的发展中国家，有 1/5 的父亲超过了 45 岁。然而在法国，只有 1/20 的父亲超过了 45 岁[5]。因此，新突变导致的基因损伤并不太可能会造成突变融合（mutational meltdown）①，而且可能也不会对未来的进化有任何影响。突变率并没有上升反而是下降了。

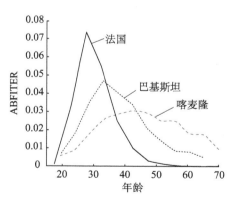

图 11-2　法国、巴基斯坦和喀麦隆不同
年龄的男性生育能力
（佩吉特和提麦奥斯，1994，引自文献[5]）

———————————
① 突变融合是指一个小群体中有害突变的积累，导致群体的适应度下降和种族大小的下降。

第二节　自　然　选　择

自然选择是"生殖机会上的差异"。如果一个人拥有的某一基因版本使其更可能生存，并找一个伴侣进行繁殖，而其他个体则拥有使其不具有与之前相媲美的基因版本，那么，第一种基因版本将有可能在下一代变得很普遍，并随着时间的推移扩散开来，使群体能够适应环境的变化。达尔文认为这个过程可能会产生新的生活形式。

自然选择可以被看作是一个能够生产几乎不可能的东西的工厂，而且不局限于生物。例如在一家生产洗涤剂的工厂里，用来制造粉末的喷嘴经常被堵塞，生产效率低下，所以公司试图改进设计，但收效甚微。工程师们基于达尔文的自然选择进行了精确的类比。他们拿来一个喷嘴，并做了 10 个拷贝，每一个都随机地进行轻微改造。然后，比对原型的结果在它们彼此之间进行测试。如果其中一个比另一个稍微好一点，他们就会把这个喷嘴挑出来，然后再做 10 个稍微不同的随机拷贝。这个过程一次又一次地重复着，因而喷嘴得以通过自然选择的方式进化。经过 45 轮测试之后，最终的喷嘴看起来极为不可思议。没有人设计过它，但最终产品的工作效率比它的前身好 100 倍。这种达尔文式的工程被应用于涡轮叶片的设计和计算机科学中，并且它相当管用！

乍一看，可能会发现世界上有许多人类物种，这是因为不同区域的智人在身体上看起来是有差异的，然而从遗传学上看却有惊人的相似之处。最明显的差异就是肤色。在过去 300～400 年的大规模人口迁徙之前，一般来说，深色皮肤的人居住在热带地区，而浅色皮肤的人生活在世界的北部和南部。在斑马鱼身上发现了一种与皮肤颜色有关的主要基因（广泛应用于发育生物学）。有一种变异的斑马鱼，其中没有黑色素的被称为黄金斑马鱼，其条纹是存在的，但它们缺乏黑色素。运用传统分子生物学，其中所涉及的基因被发现并输入巨大的基因数据库 SWISSPROT 中，该数据库保存了所有被研究过的基因的信息。相同的基因在人类中被发现存在两个版本。99% 的原生欧洲人在某一特定位置拥有某种特定蛋白酪氨酸激酶，99% 的撒哈拉沙漠以南地区的人在这个位置拥有不同的蛋白质。欧洲版本的这种蛋白质不能成功地制

造黑色素，非洲版本的蛋白质能够成功制造黑色素。这种惊人的差异是通过
DNA 中的一个简单变化产生的 [6]（顺便说一下，中国 / 日本民族有这种基因
的非洲形式，但在黑色素生成途径方面拥有不同的突变，同样被自然选择所
选择）。

172

因此白色皮肤已经进化了两次，东亚浅色皮肤与欧洲浅色皮肤有不同的
起源。所有这一切都发生在最近。在 4 万年前最后一个冰河时代到来之前，
第一批到达的英国人可能是黑人，所以从那时起就发生了变化。据我们所知，
拥有关于黑色素的基因都是有利的。最明显的原因是黑色素能够预防皮肤癌。
具有浅色皮肤的怀孕妇女晒日光浴，其血液中的叶酸和抗体就会被破坏。黑
皮肤通常与黑眼睛有关，黑眼睛的人比蓝眼睛的人视力更好，而且听力也更
好，因为耳中的黑色素含量与皮肤中的黑色素含量有关。所以，如果拥有这
种基因的先祖形态是有利的，那么当人类离开非洲后为什么浅色皮肤会得到
演化呢？

答案是维生素 D。维生素 D 是皮肤中的 7-脱氢胆固醇通过紫外线起作用
生成的。拥有非常白皙的皮肤的斯堪的纳维亚人如果在阳光下暴露仅仅 20 分
钟，就可以获得足够的维生素 D 以维持身体健康。黑皮肤在阳光下暴露 20 分
钟是不够的。维生素 D 的缺乏使得骨骼疾病佝偻病的发病率增加。这种病症
在 19 世纪的工业城市中很常见，因为那里缺少阳光。人们经常待在室内，窗
户因窗税而被封住，烟雾弥漫，在饮食中没有油性鱼类等。然而，佝偻病并
没有消失，它仍然是童年世界里第二大常见的非传染性疾病。维生素 D 对于
肌肉健康、血压调节、免疫系统和身体的其他功能都是十分重要的。所以维
生素 D 是绝对必要的，不同的肤色所生成的维生素 D 的含量有巨大差异。

图 11-3 是一年中不同时间段非洲裔美国人和欧洲裔美国人的维生素 D 的
血浆浓度对比图。大多数欧洲裔美国人维生素 D 的血浆浓度高于 50 这个理想
水平，而大多数非洲裔美国人低于理想水平，两者维生素 D 的血浆浓度都在
夏季达到峰值。在英国，对维生素 D 浓度的调查显示，一些亚洲女性维生素
D 的浓度水平较低，因为她们没有暴露在照射充足的阳光下：她们穿着一整
套包裹严实的衣服，也不会多出去走动。这种维生素 D 含量低的情况在现代
世界很少见，因为许多食品中含有维生素 D。但是随着人类迁移到欧洲地区，

173

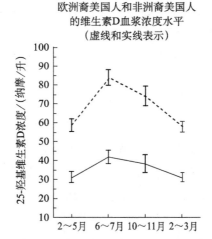

图 11-3　欧洲裔美国人和非洲裔美国人的维生素 D 血浆浓度水平
（*虚线和实线表示*）[7]

这些人将接收较少的阳光。任何没有能力生产维生素 D 的人都是不受欢迎的，并且因拥有浅色皮肤而有能力生成足够的维生素 D 是一种优势。这导致了被自然选择的浅色皮肤的进化[8]。进一步地说，金发存在的意义是什么？人们开始在世界各地走动之前，金发在全球范围内是少见的。众所周知，金发和白皮肤是相随的。大约有六种基因涉及金发、蓝眼睛和白皮肤这些外貌特征。大约在 1700 年（在人们开始迁徙之前）的斯堪的纳维亚半岛上，这些基因出现的频率约为人口的 80%，在英格兰北部是 50%，在南欧国家这个数目几乎是未知的。所以这些基因是什么时候出现的？为了回答这个问题，我们需要研究农业的起源。在一万多年以前，在中东富饶的新月地带，即现在的伊拉克，新的作物和谷物意味着人们能够得到充足的食物，并能繁衍后代，因此迅速地迁移到整个欧洲。但早期谷物需要有温暖的泉水才能发芽。事实上，在与布拉德福德平行的以北纬度线上，不可能生长出原始品系的小麦。一旦人口迁徙到了欧洲大陆这个纬度，他们将不能进一步往更远的地方迁移。西北欧却是一个例外。欧洲大部分地区是温暖的，因为那里有怡人的阳光、明媚的春天，然而西北欧却是由于墨西哥湾流而变暖。春天的温暖来自热带地区，但它伴随着降水，因此 2 月和 3 月是种植谷物的最佳时间段，但这时却缺少阳光。农业直到相对近期才传播到西欧。大约 7000 年前农业传播到了英吉利海峡，约 5000 年前传播到了约克郡。直到大约 4000 年前，农业才传播到了斯堪的纳维亚半岛南部，并且直到 100 年前农业才传到了斯堪的纳维亚半岛北部。这意味着有一群吃谷物的人由于接收太阳光水平低而缺乏维生素 D。在这些情况下，有白皙的皮肤将拥有有利的优势和其他额外的优势，如金发和非常白皙的皮肤都会得到强烈的青睐，使得这些早期定居者比深色皮肤的人更有优势。所以，金发可能在过去几年通过自然选择而扩散开来。

自然选择取决于差异。如果每个家庭有相同数量的孩子，就不会存在自然选择。如果有一些家庭有十个孩子，而另一些家庭只有两个孩子，此时在生存方面就会出现差异，以至于出现自然选择。要想弄懂自然选择的力量，你不需要知道人们死于什么，只需要知道活着的和死亡的人的数目是多少。在现今世界，三个人里面就有两个人将死于与他们的基因组成相关的疾病。在 16 世纪，英国有 2/3 的婴儿在他们 21 岁之前就死亡了。在 19 世纪第一个十年，将近 1/2 的婴儿死亡，在现代英国（2001 年）99% 的新生儿能活到 21 岁，只要他们在出生后的前 6 个月能够成功存活下来。这意味着目前人们在存活率上没有显著差异，所以将不会存在自然选择。然而，正如达尔文意识到的，自然选择有两个部分。它不仅是一个生存问题，而且是生殖能力的问题。在成功繁殖方面，男性创造差异的机会要高于女性。大多数女性受生物学现实的限制，限制了她们生育孩子的数量，但男性不受这种限制。在历史上有很多关于男性有许多孩子的案例，如果某些男性有大量的孩子，那么肯定存在其他一些男性一个孩子也没有。这种影响至今依旧存在。奥萨马·本·拉登（Osama Bin Laden）的父亲有 22 个妻子和 53 个孩子。在男性有很多妻子的地区，毫无疑问，有些男性根本没有妻子，因此一些男性有很多孩子，而其他男性根本一个孩子都没有。

所以在那个群体中，男性间的生育机会有巨大差异。这是非常重要的，因为遗传信息携带在 Y 染色体上。在英国，Y 染色体上承载的遗传信息是相当不同的，但在其他地方并非如此。例如，在北爱尔兰的多尼戈尔（Donegal）约 20% 的男性拥有相同的 Y 染色体变体。他们属于被称为奥多内尔（the O'Donnells）的家族，这个家族的人的祖先可以追溯到 5 世纪的那些爱尔兰国王们。这些国王基本上是军阀，他们统治着一群征服了其他部落的暴力组织。他们以及他们的儿子有很多妻子和情妇。所有这些男人都可以追溯至九名人质中的尼尔国王（King Niall），他的 Y 染色体在今天依旧存在。因此，成功繁殖的变体在数千年后仍然保留了他的印记。

考虑到现在的存活率已经没有任何变化了，那么如今的生育能力有什么变化呢？人们认为生育率有所下降，然而生育率在差异上也有所下降，也就是说大多数人的孩子数量差不多。在西欧，由于生殖差异，自然选择的机会在过去 200 年里下降了 90%，因此也就不再存在达尔文式自然选择了。

第三节　随 机 进 化

达尔文机制的第三部分是随机进化。进化能够随机发生，尤其是在小群体中。达尔文第一次提出进化思想的时候是在加拉帕戈斯群岛，他注意到不同岛屿上的乌龟和嘲鸟是有差异的。他猜测这些鸟看起来像极了美洲大陆的鸟，但也略有不同 [9]。他在佛得角群岛上看到的动物和鸟类非常像非洲大陆上的动物和鸟类，也是略有差异。他认为自然选择不仅是环境变化引起的，同时也包括偶然的机会，也就是说，一些生物到达这些岛屿只是一种偶然事件。与大陆相比，岛屿上的物种数量总是比较少的，因为出于偶然因素，一些生物到了那里，而有些却没能到达。同样的道理也适用于基因：如果注意观察岛上的动物，就会发现岛上的动物几乎总是比陆地上的动物有较少的遗传变异，并且人类也是如此。

小型群体中有很多随机变异的机会。在 19 世纪 70 年代，弗朗西斯·高尔顿首次展示了这种随机变异的力量。他在瑞士徒步旅行时，注意到了一个与世隔绝的讲意大利语的村庄，在这个村庄里，几乎每个人都有相同的姓氏。在另一个贫穷孤立的村庄，每个人也有相同的姓氏，但与第一个村庄的人的姓氏是不同的。这激起了他浓厚的兴趣，因为他对人类品质的传承非常感兴趣，他从一开始就意识到某一姓氏在一个村庄是有利的，另外不同的姓氏在另一个村子里是有利的。然后他意识到这实际上是基因变异在小范围群体中不可避免的效应。拿一个创建于 1300 年的村庄来说，那里有十个不同姓氏的家族，如果在某一代，一个男性没有儿子，他的姓氏就会消失，其他姓氏将会变得更为普遍。不可避免的是，随着时间的推移和事件发生的随机性，其中某一姓氏将会被广泛使用，并且该姓氏男性 Y 染色体上的信息将会扩散。这是关于随机进化的一个例子，随机进化在小型孤立的群体中显得尤为重要。

在我们人类历史的大部分时间里，人类都生活在小型狩猎群体中。很明显，一个物种的丰富度通常与其规模大小有关。例如像鼩鼱科这种小型的哺乳动物的数量远远超过像大象一样的大型哺乳动物的数量。由于农业、医疗卫生、工业等的发展，如今人类的数量是我们预期规模的 10 000 倍。世界上的自然种群大概就是西约克郡那样的情况。在人类历史的大部分时间里，我们都生活在微小群体里，并且在这样的小群体中可能会有快速的基因变化。如果你跟随人类的旅程，从非洲发源地到位于世界各地的最终目的地，你可以看到基因变异的数量有一个线性的递减。这说明我们经历了瓶颈期，在经历了较小群体规模的瓶颈期后，我们一直都在损失基因。

这种遗传变异的减少在许多现代人群中也可以看到。在芬兰，传统上人们生活在孤立的小社区中，仅在芬兰发现的就有至少 30 种隐性遗传疾病。其中一个例子就是常染色体隐性遗传疾病神经元蜡样质脂褐质沉积病。通过使用芬兰卓越的家族记录，一群芬兰科学家绘制了一个家谱，上面显示了所有具有这种罕见疾病的人，他们直接追溯至（只有一到两个相关线索丢失）一名大约生活于 1650 年的男子。因此，患有这种疾病的小孩的父母没有意识到他们是亲戚，但实际上是近亲繁殖。每个人都携带了一份这种稀有的基因拷贝，而子代则遗传了两份拷贝。这是一个在小范围近交种群中存在的普遍现象，例如在印度部分地区、美国和中东等地，同辈表亲（或堂亲）结婚是一种普遍现象。

如果不考虑医学后果，近亲繁殖会随机改变种群的基因频率。另一个例子是在奥克尼群岛的孤立地区，那里近亲结婚的人口比一般苏格兰人多 20%。在世界各地，特别是在伊斯兰中东国家，近亲结婚的水平可能已经变得非常高了。不过这种状况正在改变。在现今的西方世界近亲结婚越来越少了，因为人们旅行比较多，所以这些国家的人能从更远的国度选择他们的婚姻伴侣。英国是世界上婚姻选择最开放、自由的国家之一。在历史上婚姻伴侣会说相

同的语言、有相同的信念，并且属于同一民族。如今在英国，关于你将与谁
结婚的最重要的考量因素是教育水平。

　　对英国人口占比超过 1% 的姓氏的研究展现了人口是如何扩散的。例如
在 1881 年，琼斯这一姓氏的使用被限定在西威尔士，但是到 1998 年，它的
使用已经扩散到西英格兰。一家叫做"23 和我"的公司使用祖先图谱来观察
研究染色体上的 DNA 来源，提供一个人有关其祖先的遗传信息。许多非洲裔
美国人使用这项服务寻找他们的祖先遗传来源。通常情况下，在一个非洲裔
美国人的女性 DNA 中约有 65% 的非洲血统、29% 的欧洲血统，还有 7% 的
亚洲血统，这表明存在大量的 DNA 混合。在未来，DNA 的来源随着人口的
增加和扩散将变得越来越复杂混乱。

　　总而言之，至少在西方世界（这是世界人口的大部分），进化还没有结
束，只是进展非常缓慢。所以，没有必要担心乌托邦将会是什么样子——我
们现在就生活在其中！

参 考 文 献

[1] Galton, F.: Hereditary Genius: An Inquiry into Its Laws and Consequences. Macmillan, London (1892)

[2] Satoh, C., Takahashi, N., Asakawa, J., Kodaira, M., Kuick, R., Hanash, S.M., Neel, J.V.: Genetic analysis of children of atomic bomb survivors. Environ. Health Perspect. **104**(Suppl 3), 511–519 (1996)

[3] Tiemann-Boege, I., Navidi, W., Grewal, R., Cohn, D., Eskenazi, B., Wyrobek, A.J., Arnheim, N.: The observed human sperm mutation frequency cannot explain the achondroplasia paternal age effect. Proc. Natl. Acad. Sci. U.S.A. **99**, 14952–14957 (2002)

[4] Crow, J.F.: The origins, patterns and implications of human spontaneous mutation. Nat. Rev. Genet. **1**, 40–47

[5] Tuljapurkar, S.D., Puleston, C.O., Gurven, M.D.: Why men matter: mating patterns drive evolution of human lifespan. PLoS ONE **2**, e785 (2007)

[6] Lamason, R.L., Mohideen, M.A., Mest, J.R., Wong, A.C., Norton, H.L., Aros, M.C., Jurynec, M.J., Mao, X., Humphreville, V.R., Humbert, J.E., Sinha, S., Moore, J.L., Jagadeeswaran, P., Zhao, W., Ning, G., Makalowska, I., McKeigue, P.M., O'Donnell, D., Kittles, R., Parra, E.J., Mangini, N.J., Grunwald, D.J., Shriver, M.D., Canfield, V.A., Cheng, K.C.: SLC24A5, a putative cation exchanger, affects pigmentation in zebrafish and humans. Science **310**, 1782–1786 (2005)

[7] Harris, S.S., Dawson-Hughes, B.: Seasonal changes in plasma 25-hydroxyvitamin D concentrations of young American black and white women. Am. J. Clin. Nutr. **67**, 1232–1236 (1998)

[8] Robins, A.H.: Biological Perspectives on Human Pigmentation. Cambridge University

Press, Cambridge (1991)

[9] Darwin, C.: On the Origin of Species by Means of Natural Selection, or the Preservation of Favoured Races in the Struggle for Life. John Murray, London (1859)

注：笔者们尽一切努力来考证所使用的数据来源。如果由于无意的疏忽而导致丢失了任何数据来源，笔者们很乐意将这些信息补充到本书的后续版本中。

第十二章
进化医学

迈克尔·鲁斯

第一节 导 言

在本章中，我将讨论一个宏大的课题，将会涉及卫生保健领域，我们称之为"进化医学"（Evolutionary Medicine），这个课题将所有值得我们关注的思想和行为都放在一个坚实的进化基础上。这个领域中有两个非常智慧的人，分别是 20 世纪的重要进化论者乔治·威廉姆斯（George Williams）和密歇根大学精神病学家伦道夫·奈斯（Randolph Nesse），他们倡导的进化医学旨在革新这个领域 [1,2]。正如杜布赞斯基 [3] 所说的，"若没有进化论，生物学毫无意义"。威廉姆斯和奈斯补充说道："若没有进化论，医学也毫无意义。"

即使到 1959 年（达尔文主义《物种起源》发表一百周年），新达尔文主义（neo-Darwinism）——达尔文自然选择理论和孟德尔学派（Mendelian）（以及后来的分子）遗传学的综合——还是一个如日中天的范式，这个模式（即使事实上在现在看来已经很勉强了）在进化理论真正融入生物学本科课程之前就已经存在很多年了。在某种程度上看，杜布赞斯基的声明不是一个自豪的断言，更多的是寻求认可。所以同样没有卫生保健专业人员（以及更多的相关师资）真正非常想要接受进化理论所提出的见解。然而，我们不应该哀愁（或庆祝）这个事实，让我们直接去考察最近一本主要教科书中提出的声明，这本书是新西兰杰出的科学家和医生彼得·格拉克曼爵士（Sir Peter

Gluckman）与人合著的。让我们跟随他的八重分类方法来探讨进化对疾病和我们所遭受痛苦风险的影响 [4]。在我们完成之前我会留下一些哲学思考。

第二节　什么是进化医学？

第一，有一个事实，即我们（有些人）可能处于一种进化尚未为我们进行准备的处境中。我们的环境或者文化已经超过了我们的生物学。有一个例子就是通常被提及的乳糖不耐症。自从大约 8000 年前农业起源以来，农业从业者们已经面对有关对乳糖耐受性的强烈选择压力，即趋向于获得在生活中耐受我们所饲养家畜的奶（以及奶干物质）的能力。很显然，现在大多数欧洲人具有这种获得性能力——虽然不是每个人都有这种能力。最近一个很吸引人的观点是，这种获得性能力可能是达尔文身体长期欠佳的根源 [5]——但是世界上很多没有农业史的地方的人们没有这种获得能力，这可能导致严重的不适。在其他项目中，格拉克曼和他的合作者提到我们无法合成维生素 C，因此导致船员患上坏血病，直到海军认识到每天喝柑橘汁可以预防坏血病。肥胖也是这样，也许肥胖本身不是一种疾病，但显然某些原因可能导致肥胖。可能是由于有很大的内在欲望去暴食，其也许在更新世中有极大的有利价值，但在现代社会中显然不再那么重要。

第二是与生命史相关的因素。最明显的是老年疾病。自然选择关心的是让我们达到最佳的繁殖条件，然后保持我们的健康，只要我们积极地参与育儿并且抚养孩子。之后我们才属于自己——一个非常孤独的自己。我们处理传染病和创伤的能力，还有所有的老年疾病——那些我们将会逃过的疾病（因为届时我们已经死了）大大减弱。有时候，生命早期有用的东西和以后有害的东西之间有着直接的联系。组织中的干细胞就是一个很好的例子。当我们在成长和生育的时候，组织中的干细胞是有价值的，因为它们促进组织的维持和修复。不幸的是，在后来的生命中，它们会导致肿瘤的形成和细胞的异常增殖，这些都可能是致命的。

第三，存在过度和不受控制的防御机制。像咳嗽、呕吐和腹泻之类的东西本身并不令人愉快，但它们是一种很明显的身体试图驱逐或抵御入侵生物的方式。显然，如果这些防御机制过度作用的话会适得其反——比如严重性胃肠炎后脱水（严重胃肠炎后脱水是一个典型的例子）。了解这些机制的进化意义对治疗有重要意义。平时当我们生病时，我们（通常）很嗜睡，不愿意做任何非常费力的事情。有证据表明，这种嗜睡是我们生物性的一部分，使我们处于相对缓慢的状态，使身体可以集中精力对抗疾病。生病时运动可能会适得其反，发烧也属于同一情况。通常的建议是服用两片阿司匹林然后去睡觉。发烧被认为在抗感染的过程中很重要，也许少部分是因为它们能直接杀死细菌，更多的则是因为它们能启动产生某些蛋白质（"热休克蛋白"），这些蛋白质可以在血液中循环并且具有强大的抗菌功能。

第四是"丧失对抗其他物种的进化军备竞赛"。这是一个众所周知并且被证明的现象。一旦一些新的抗感染药物出现在市场上，其所针对的有机体或有机体群就面临着巨大的选择压力，从而发展出应对的方法。考虑到像细菌这样的微生物繁殖的速度很快，而且它们的数量也很大，在抗药性菌株被知晓之前的几年里这不足为奇。这种情况发生于青霉素的案例中，该药物在1942年左右引入，在第二次世界大战期间是非常宝贵的。在第二次世界大战结束后的一年内，抗性菌株出现。造成这一切的一个主要问题是，没有任何地方像医院那样，耐药生物迅猛地涌现，而医院恰恰是最需要保护人们的地方。这源于多种原因，包括生病的人数、抗生素的频繁使用、工作人员传播疾病的方式等。预料之中的是，抗病的复杂性是由于抗性生物有许多不同的抵抗方式。对抗疾病的过程伴随着这一事实，即耐药生物通过许多不同的方式进行抵御。它们逃避药物的过程中几乎不可能找到一种可以经过探索而一劳永逸解决所有问题的方式。

第五，存在设计或进化限制的问题。格拉克曼[4]突出强调进化过程可能受到很少的限制并留下很多东西。阑尾是一个很好的例子。对我们来说，阑尾炎可能是致命的，但阑尾几乎是没有用的。阑尾具有功能的时期得追溯到我们的祖先还在吃草的时候，他们需要阑尾来帮助他们消化。更明显的例子是，导致某种妥协的一个制约因素是出生时人脑的大小。大脑越大，孩子能越快成长到完整尺寸。然而，大脑越大，对母亲的危害也就越大，因为产道的大小取决于骨盆直立行走的需求。另一个制约因素是下背部，因为直立行走，背上有负荷和压力，这远远超出了猿类的体验。还有一个例子，男性乳腺癌（约占所有病例的 1%）的发生仅仅是因为没有简单的途径能够去除掉那些在启动时能引起女性乳房功能的基因。

第六是由于自然选择的直接影响而产生的疾病，因为它"平衡"了好的效果和坏的效果。这里的典型病例是镰状细胞贫血。在非洲部分地区，疟疾是一个可怕的威胁，会造成相当大比例的人口死亡。因此，任何能够对抗疟原虫而起保护作用的基因都将处于强烈的正向选择压力下。事实证明，存在一个可以提供这种保护的基因（在这里我们简单地称之为镰状细胞基因）。值得注意的是，只有当它处于单剂量（single dose），即它与正常或野生型等位基因形成杂合体时，才能提供这种保护。它对红细胞的影响是这样的：如果身体受到疟原虫的侵袭，那么感染的红细胞就会崩溃，并被白细胞去除。不幸的是，两个剂量（镰状等位基因是纯合的）导致红细胞塌陷成一个新月形或镰刀形，并且其载体通常因贫血而早逝。它是一个非常简单的数学表现，在一个群体中，两个镰状细胞等位基因的破坏性影响是通过一个镰状细胞等位基因的良好效果（疟疾保护）来平衡的，并持续进化后代，除非被外部因素破坏。另一可能情况"杂合子适合度平衡"可能涉及囊性纤维化。据认为，它可能是由较少量抗伤寒或结核病的基因导致的。

第七，我们拥有性选择以及它的影响。战斗机飞行员往往不是 60 岁的老人，这是有充分理由的。由于性选择，年轻男性更愿意冒险去做危险的事情。正是他们有荷尔蒙，使他们准备直接或间接地为女人进行战斗或竞争而准备。当然，年轻男性不仅仅是在性上富有侵略性。我们都通过社会性而被选择，拥有群体生活的能力。这要求我们应该适度并且调节其他的欲望。所以，这可能会导致心理冲突甚至更糟的暴力和伤害，以及各种形式的危险。无论是对于当今的电影明星还是体育名人来说，极端的性欲和行为都应该被标记为一种疾病，这是留给读者的一个案例。

最后，第八点，我们有"人口统计历史的结果"。我们在本章和本章之前已经提到过这些问题了。格拉克曼和他的合作者提出了一种不对称，即发现由于进化历史，群体中各种因遗传导致的疾病方面存在不对称，如德系犹太人（Ashkenazi Jews）和泰-萨克斯病（Tay-Sachs disease）。关于犹太人患上泰-萨克斯病没有什么特别的。关键在于，由于历史过程中的一个偶然，这种突变发生于种群中，因为生育通常（至少到目前为止）不会跨种族发生，致使德系犹太人尤其容易感染。在这一案例中，主要是一些社会因素构成了跨种族生育障碍。事实上，这些障碍在美国已经被彻底废除，犹太人和外邦人之间的联姻越来越多。在其他情况下，更多的是地理和物理方面的障碍，当人口数量在再次扩大之前剧烈减少时，这些障碍可以与阻碍因素相结合。例如芬兰的居民所展现的，少数的芬兰人从南欧经过波罗的海，一旦定居，就会因当地的地理和气候而被孤立。正如他们显示出来的疾病模式与别人是有区别的。例如，相对来说，亨廷顿舞蹈症（Huntingdon chorea）、囊性纤维化（cystic fibrosis）和苯丙酮尿症（PKU）的发病率都是比较低的。2 型糖尿病（type 2 diabetes）和心血管疾病（cardiovascular disease）的发病率会比较高。这些都不能排除环境因素的可能性。芬兰的冬季和夏季与意大利相比有很大不同，这就是说，进化生物学因素可能是非常重要的。

第三节　预　设

现在继续讨论哲学可能感兴趣的问题。显然这些问题是有的，而且有些是很明显的。我们都知道流产和绝育，特别是强制绝育，是非常有争议的道德问题。天主教会对流产和绝育持强烈的反对态度，我们不难发现，它是反对优生学，特别是消极的方面的带头人之一，比如想要限制生育和不健康人群的生育。有人怀疑，随着天主教在美国（不仅在最高法院）的影响力的扩大，在 20 世纪早期，任何在美国出现（并通常会颁布）的优生建议，在今天将会寸步难行。很明显，这里有哲学议题，相比于进化医学的专门阐述，它们更像是通过进化医学推波助澜并提出的（通常认为包括遗传咨询等）更加普遍的问题。

很明显，重要的概念以及认识论议题在其中变得尤为突出。正如人们所预料的，今天的进化医学趋于立场坚定的达尔文主义和个体选择论，这是由乔治·威廉姆斯开创的领域。这并不意味着一切都被认为是一种适应。没有达尔文主义者曾经提出过这样的主张，并且肯定不包括达尔文本人。我们已

181

经看到，进化医学是建立在已经摆脱适应性关注的基础之上的。过去的适应性概念和现在的适应性概念之间可能存在滞后。一种有机体（寄生虫）的适应性可能对另一种有机体（或我们）特别不适应。限制和妥协以及（达尔文所说的）退化器官是另一组适应论难以自圆其说的地方。事实上，性选择可能在某一方式上是适应的，但显然在另一方式上可能是高度不适应的。最后一点，我们看到历史对群体的影响，表明随机因素——创立者的影响（奠基者效应）尤其可能在人类健康和疾病中发挥关键作用。不用说，所有这些都是相当标准的达尔文主义理论，自《物种起源》出版的一个半世纪以来一直被强调。关键是，其进入医学界不需要新的理论支持。

这些都不能否认该检验标准，即预期的规范是有利适应型。进化医学的重点是，我们把身体看作是自然选择的产物，我们期望能看到适应性的优势。显然，在许多情况下，我们都可以马上看到这一点。眼睛的功能是视觉，失明是一种痛苦。鼻子是为了嗅觉，尽管格拉克曼注意到我们的进化史指向一个明显的事实，那就是我们和其他哺乳动物相比，对嗅觉的依赖性低很多，如狗之类的哺乳动物，因此对于人类来说嗅觉没有像视觉那样重要。我们有为失明儿童设立的特殊学校，但是我们没有为丧失嗅觉的儿童设立的特殊学校。虽然在更新世我们可能需要它们，因为那时嗅觉可能更为重要——例如嗅出找不到的肉。

在某些情况下，在一些案例中，对个体选择的支持至关重要，其中认为进化医学在对个体选择的理解上取得了成功突破。例如，哈佛大学生物学家海格（D. Haig）[6]研究了母亲及其后代之间的关系。你可能会认为我们至少想要拥有一个庞大并且幸福的家庭，但是海格注意到这样可能会产生亲子冲突。他借鉴了生物社会学创始人之一特里弗斯（R.L.Trivers）[7]早期的个体选择论思想。符合母亲利益的事情可能不符合儿童的利益，反之亦然。真的，你一想就会觉得这是很明显的。如果一个母亲有两个孩子，把她的注意力分散在他们之间或者给较小的孩子更多的关注可能是她的利益所在。但这并不意味着符合儿童的生物利益，特别是较大的孩子，即使我们已经考虑了孩子之间的关系（特别是如果孩子们有不同的父亲）。海格将这个想法应用于母亲血液的循环中。提高血液循环的比例水平是符合胎儿利益的；适度流向胎儿的血液循环是符合母亲利益的。对抗母亲血液循环系统中的阻力的一种方式就是血压。血压在怀孕早期会下降，海格说这代表母亲对胎儿的胜利。然而不久之后，血压就会开始上升，因为胎儿现在将更多的血液导引到他身上——血液量从孕期开始时的几乎没有，到孕期末期的占比 16%。

　　当然，在某种程度上，你可能会争辩认为，所有这些功能都是以胎儿为利益中心，同时确保母亲能够幸存的方式，因为他们之间有共同的利益。但有时怀孕的妇女会患上先兆子痫，这是一种非常危险的情况，它会使血压升高，同时尿中含有大量的蛋白质。显而易见的解释只是某些地方出了问题。而海格 [6] 认为，这是胎儿拼命抵抗的行为。如果出于某种原因，胎儿没有得到足够的营养，出于胎儿的利益而对抗当下使得母体受益的血液循环，使其血压升高甚至达到危险的水平。有趣的是，双胎妊娠中患上先兆子痫的情况更常见，这当然是一个恰当的例子，在这种情况下，一个胎儿可能不能获得充分的营养。胎儿是在赌博，尽管存在可能丧失往后获得照顾的风险，但当下最好是争取眼前的利益。母亲的利益不介入这个等式，或者只是次要的。我们由此可以获得一种有关个体选择的视角。

　　这里的要点显然不在于先兆子痫症状的解决方案，或者是应如何预防，因为这是"自然的方式"或与之相关的事情。最重要的是，我们现在可能有了一些真知灼见，而这些知识就是成功行动的开始。还有一点，个体选择理论不是在任何情况下都绝对正确和压倒一切的。相反，这似乎是今天进化医学解释的一般模式，需要得到那些提出不同解释的人的承认。显然，其需要进行概念分析，因为已经有一些领域内研究使用了"多层级选择"（multi-level selection）这样的术语。一个例子是伯格斯特龙（C. T. Bergstrom）和费尔德加登（M. Feldgarden）[8] 最近所讨论的一种方法，通过它我们可以对针对外来入侵生物创造新的屏障的进化现象进行分析。他们指出，细菌造成的危险通常不是来自单个细菌本身，而是当它们处于群体并开始共同行动时，换句话说，当它们达到一个"法定人数"的时候。因此，也许解决方案可能是诱使细菌认为（这里是高度隐喻性的语言）这里不存在法定人数。此外，令人向往的是，当细菌的社会行为被破坏时，它可能不会像人们所想象的那样快速反弹。他们写道（涉及别人的想法）：

当细菌发生合作时，抗生素抗性通常不是个体选择的直接必然结果，而是多层级选择良好平衡的结果。因此，如果细菌合作被扰乱，其可能不会像个体选择的性状那样容易反弹。要了解这一过程是如何运作的，就要想象通过扰乱群体感应从而使一个细菌群体的社会行为停止。相对于传统抗生素，针对其第一种抗性突变株有客观的生长优势，相较于细菌群体感应干扰物，针对其第一种抗性突变株则处于生长劣势。后者的产生虽然符合公共利益，但是它没能从其他种群成员那里获得收益，因为干扰物的存在使得这些种群成员不再产生该突变。此外，由于这些行为是在种群水平上被选择的，如果抗性确实发生变化，那么很可能是在种群的时间尺度上进行的，而不是在个体的时间尺度上。虽然细菌个体可以在几小时内繁殖一轮，但是其种群经常以几周到几个月的时间尺度进行更替，因此针对群体感应干扰物的抗性可能比针对常规抗生素的抗性的演化要慢得多[8]。

"行为是在群体层面上选择的"，第一次读到这句，会给人一种是群体选择在起作用的清晰印象。但是，如果你仔细观察，这样的机制并没有被真正提出。这些行为发生在种群层面上，但由于它们起初不为个体利益服务——"它从其他群体中得不到任何好处"——因而它们不会迅速传播。的确，人们甚至可能会问，它们究竟是如何扩散开来的。"多层级选择"术语并不包含群体选择，但承认个体选择可以产生对个体来说具有显著影响的群体效应。

第四节　疾病与健康

除了那些与已经提出的或由进化医学领域的研究所预设的此类进化理论的相关议题，还有有趣的哲学话题。例如，很明显，有一些与检验有关的议题，以及如何验证这些理论适用于人类。人们不能简单地像对待老鼠或兔子那样进行实验。然而，我现在想转而探讨深藏于有关医学本质的哲学追问背后的话题。我指的是病态、疾病和健康的概念。近年来，对这些主题已经有了很多的研究。重要的是要看看它们如何在进化医学的背景下发挥作用。这个讨论将是一个双向过程。哲学家们关于进化医学的讨论是什么？进化医学又如何看待哲学家们的讨论？

先暂时不讨论关于健康的问题（和它是否只是疾病的反面），这里有两种关于疾病核心问题的基本研究途径。这些通常被归于"自然主义"（naturalism）和"规范主义"（normativism）的旗帜下，尽管已经被给出了其他术语[9,10]。例如基切尔就主张称之为"客观主义"（objectivism）和"主观主义"（subjectivism）。

关于疾病的一些客观主义学者认为，存在与疾病概念的对应人体事实，并且那些清楚掌握这些事实的人即使在存在挑战的情况下也不会有麻烦。他们的反对者——关于疾病的建构主义者认为这是一个错误观念，这个有争议的案例揭示了不同社会群体之间的价值观如何冲突，而不是揭露任何无知的事实，有时甚至会因为普遍接受一个价值系统而产生某种共识[10]。

无论使用什么语言，你都可以看到，在认为可以根据实际的物理事实来定义疾病是"在那里"（out here）的那些人，与认为疾病必然是一种价值概念，其本身就是某种主观的、文化思想的、某些主题的或某些参数选择的事物的那些人之间存在一个关键的分水岭。

从自然主义者的立场开始。标准解释由布尔斯（C. Boorse）提出[11-13]。他直截了当地说："我们认为，疾病的判断是价值中性的……对它们的认定是一个自然科学的问题，而不是评估决定。"[12, p.543] 但是，如何兑现自然科学的参考价值？在某种意义上，它必须是和物种有关的规范或自然问题。"每个物种或有机体的结构和有效功能都有固有的正常标准……如果某些人类拥有全部人类种族的自然能力，那么这些人类就被认为是正常的，如果这些能力……是相互平衡且关联着的，它们就会有效和协调地发挥作用。"[12, p.554] 但是我们如何清晰地"定义规范性的标准"呢？这会产生争议！假设你只是在做统计工作，并主张多数就是规范的标准。这是否意味着自己成为少数人会让你生病？作为一个同性恋患者，仅仅因为他或她是少数就患有同性恋疾病？除了性取向这个棘手的议题，再来讨论镰状细胞贫血的例子。我们当然想说，如果疾病的概念出现在任何地方，那么它也会出现在这里。但事实远非如此，我们之所以做出这样的判断，仅仅是因为受害者是少数。而我们之所以这样做，是因为他们处于极度的痛苦之中，并且会英年早逝。

因此我们也许应该基于有效且协调的功能深入思考。忽略上述定义中的群体选择的暗示，大概我们现在所想的是以进化的方式兑现，也就是说是生存与繁殖。在某种程度上，这似乎是相当不错的，从进化医学的观点来讲是有吸引力的。如果有人患有儿童白血病，那他们之所以患病，是因为他们的生存和繁殖的前景大大缩小。同样地，如果有人在与细菌的军备竞赛中失败，那么他的生存与繁殖前景也是堪忧的。但是，我们显然很快就遇到了问题。假设有人呕吐、腹泻和发烧。进化医学说，这是身体反抗和对抗感染的方式。我们想说的是，这样的人是不是生病了？"振作起来，不要抱怨！"因为镰状细胞贫血会使情况更糟糕。在这里，我们拥有某些通过自然选择所积极推进的东西，至少在这个意义上说，选择在数量上的逐步上升使得杂合子在生存和繁殖的斗争中做得比在其他方面更好。这是一种非常典型的关于物种的类型学观点，迈尔[14]晚期花了很长时间去反对该观点，也就是说，由自然选择形成的少数，它们在某种程度上不是典型的物种，甚至不是自然功能的一部分。正如伦道夫·奈斯总是提到的，你必须停止认为自然选择能促进健康和幸福（不管可能是何种形式）。它在生存与繁殖的事业中是完全与彻底的[1]。

第五节　最接近的原因与最终的原因

也许在这一点上，有必要援引最接近的原因和最终的原因之间的区分。显然，进化的观点集中于最终的原因，或用传统语言来说就是最后的原因。也许我们在医学上应该总是或主要是寻找最接近的原因。

沙夫纳（K. Schaffner）[15]的论证很有说服力，虽然医学可能利用目的论来发展人体如何运作的机械论图景，但是目的论只是启发式的，当给定器官或过程的机械论解释完成时，它可以完全被省略。沙夫纳认为，当我们更多地了解结构在生物体的整体功能中所起的因果作用时，对任何种类的目的论的需求都会被机制解释的词汇所取代，并且进化功能的归因仅仅是启发式的；他们把我们的注意力集中于"满足次要功能（即机制）的实体"，而对于我们来说重要的是要知道更多的相关细节"[15, 16]。

初步看来，这是一个有吸引力的做法。从长远来看，无论是什么理由，某人发烧和腹泻就是生病了。首先观察是什么使得其如此难受，然后才是考虑如何进行协助以及治疗的过程。同样地，无论最终是什么原因，患有严重贫血的孩子是患有疾病的，与他的兄弟姐妹们的健康成长是不相干的。我们想知道是什么原因导致贫血，也就是最接近的原因，以及如何治愈它。

　　请注意，这是一个宽泛的概念论证。你可能想到其他的点，例如疾病没有直接的最终原因的可能。它不是一种适应，而是一种适应的失败。或者其从一开始就不是适应，但可能是某种副产品或限制的结果。诸如此类的事情，斯蒂芬·杰·古尔德称之为"拱肩"（spandrel）[17]。然而，我们已经看到，进化医学的支持者们有资源来处理这些问题，因为这种形式的达尔文主义已经预先解释过这些问题（是否医生们总是将之充分地考虑在内，就好像他们应该这样做一样，这是另一回事）。问题是，这是否是最终的原因，从长远考虑，也许这一开始就是个错误。它顶多可以作为发现过程中的一种启发式工具。在这里，进化医学的支持者们将会这样回应，如果你从事的是医疗保健事业，只要你想定义像疾病和健康这样的术语，那么你无法回避最终的原因，必须向达尔文主义询问关于适应性的问题。这些不仅仅是启发式的，它们是制定适当治疗的根本和关键。你应该给一个人几片阿司匹林来降低他的体温，或者你应该告诉他们放轻松并且熬过去吗？如果是先兆子痫的病例呢？我们应该只是专注于母亲，或者我们应该意识到这可能是胎儿寻求帮助的哭声，并且在治疗的过程中也要努力考虑到胎儿的需要吗？我们应该看到进化可能会告诉我们很多关于胎儿的需要吗？当面对困难的分娩时，我们应该认识到"自然"可能不一定是最好的东西吗？我们面临着妥协，自然选择也无法创造奇迹。因此，剖宫产这种形式的分娩，或者至少会阴切开术不会因为错误的自然信念或类似的情况而被禁止。

　　那么在实际的措辞使用方面是怎样的？尽管发现这种现象背后的进化原因有重要意义，但很难看出在任何情况下，人们会不想把镰状细胞贫血当作一种疾病。但也许在其他情况下人们会想修改这种语言。这也许在很大程度上取决于修订主义者将如何使用措辞，或者会否对这些事情采取保守姿态。这不是一个完全不重要的事情或纯粹的品位问题。例如，今天"肥胖"的医学定义包括了在过去可能被描述为"令人愉悦的丰满"，这显然是一种期望，使那些超重的人如果不是很严重的话，会因此而震惊并采取一些补救措施。

186

同样，也就是通过修改措辞来改善医疗保健，我们可以看到一种情况，将自然选择作用于个体的进化结果（无论多么令人不快）的案例，和与之相反的，自然选择作用于他人的结果（健康的兄弟姐妹、健康的婴儿）的案例以及自然选择的失败案例（在军备竞赛中失利）区分开来。我们做这样的一些事情，也许已经减轻了措辞保守派的一些担忧。知道了真实的情况，你可能会说，这种疾病是一种细菌感染，而你的身体正在与之战斗。发烧只是一种令人不舒服的副作用，但肯定不是疾病本身甚至不是疾病的一部分，而由细菌引起的器官肿胀才可能是疾病本身的一部分。

第六节　价　　值

　　然而，显然所有这些讨论都有点断章取义和曲解，因为我们并没有带来任何能让即使是自然主义者也必须纳入考量的东西，也就是说价值。为什么我们要说镰状细胞贫血是一种疾病？显然，最根本的原因是它使人不舒服，患有镰状细胞贫血的人受到了伤害。显然在某种程度上，这是沙夫纳促使我们去思考最接近的原因术语的潜在因素。疼痛和痛苦是在最接近的水平上发生的。最终的原因可能在理解上有帮助，但从基本定义上讲，它们针对的不是当下的问题，而是最终在医学上处理。事实上（碰巧的是）布尔斯（C. Boorse）自己承认了这一议题，因为他对疾病（disease）和病态（sickness）或身体不适（being ill）进行了区分。后面的术语带有价值负荷（如果真是如此的话）。身体不适是指我们患上了一种我们自己不想患上的疾病，因为它令人不舒服。注意，价值本身不会导致这一切。我的身体必然是在生物学上以某种方式发生了故障。假如我在监狱里因为一项我没有犯下的罪行而等待处决。毫无疑问，我会很伤心，在死囚内漫长的时间里可能会让我濒临疯狂。但主要使我悲伤的不是疾病，而是对不幸的自然反应（我应明确，我没有犯罪，因为很多被判有罪的犯人其心理健康状态已经受到质疑）。

　　当然，引入价值不能解决以纯粹自然的方式定义疾病的认识论问题。因此，现在是时候转移到关于规范主义的疾病解释了，被基切尔称为的建构主义者的小恩格尔哈特（H. Tristram Engelhardt Jr.）[18, p.259] 是这方面的重要人物："我们通过我们的身体或心理不适，或者令人讨厌、不愉快或畸形的经验来识别疾病。"显然这是不够的。如果我被不公正地判处死刑，我就不会生病。规范主义者继而立即开始向自然主义方向转移。我们依据"我们的身体或大脑的某种机能失常形式来确认他们的痛苦或悲伤。我们将疾病状态视为可观测的星座，通过身体不适的状态来解释疾病"[18, p.259]。注意，小恩格尔哈特似乎在假设某种进化，即目的论对因果关系的理解。其他规范主义阵营更倾向于最接近的原因。例如 L. Reznek[19] 想要摆脱功能故障的观念，并基于异常过程来进行深入讨论。这里的重点在于，一旦你放弃了用所谓的客观科学作为衡量你的疾病的措施，就会转向一种反常的状态，你不仅转向了最接近的原因，同时也进入了文化领域，在这里所谓异常需要一种价值上的判断。换句话说，医疗问题是医疗人员处理的问题！这样说有些同义反复，什么可以判定为疾病需要对其自身进行价值判断。例如，在一些社会中，一个男人想要和尽可能多的女人发生性关系的欲望被认为是正常的，但是在美国，这显然是一种需要治疗的疾病。

　　显然，进化医学根本不能接受这一点。大家都认同疼痛和痛苦在判断某人是否生病方面是重要的，这可能又回到了某人是否患有疾病的问题。以最接近的因果关系来定义疾病是可以理解的，只要它不否认或不偏离以适应的术语来思考最终原因的本质重要性。但最终是否存在医学上的错误不能从文化上来判断。文化在判断中可能很重要。格拉克曼在其第一个类别中对疾病的处理源自环境中的快速变化，文化是这里的关键因素。但判断本身并不是文化。最终，这一切都归结于生存和繁殖。有些可以，有些不可以。就是这么简单（或复杂）。

188

第七节　健　　康

　　那么从另一方面来看，健康又是什么？再次重复奈斯的话，自然选择不在乎你是否健康，它关心的是生存和繁殖，假设你的性欲让你苦不堪言，不管这算不算一种疾病，为此，你无法在一个舒适的夜晚去阅读《纯粹理性批判》(*Critique of Pure Reason*)，欲望迫使你不得不再次去单身酒吧进行各种琐碎且不真诚的交际，这一切都是为了这一夜之间的性生活。如果这是一种更好的传递基因的方法，那就只能这样。除非能够揭示出通过某种方式能够遏制你的行为，或许是性传播疾病（STDs），又或者是由于要为因你而出生的孩子提供适当的父母关怀，由此看来，进化医学真的不是一个人在战斗。

显然这有点极端。生物学可能与健康有关这一点在这里是否有更微妙的方式可以表现出来？某些人想要以一种本质上与自身相关的方式来定义健康。其他像是德国哲学家伽达默尔（H.-G. Gadamer）这样的人[20]则更多地把事物放在社会背景中："这是一种被牵涉、存在于世界之中，与其人类伙伴一起，积极且有回报地致力于其日常工作的状态。"有些人想结合两者。世界卫生组织将健康定义为"健康不仅是躯体没有疾病，还要具备心理健康、社会适应良好和有道德"[21]。然而，正如世界卫生组织的定义所明确指出的那样，一个人可能不会仅仅从生存和繁殖的角度来定义健康。成就感和价值感也是健康的一部分，而即便痴迷于孩子的数量肯定也存在某一平衡点。不过，育有孩子可以被认为是圆满和健康生活中非常重要的一部分。有些人认为选择成为丁克一族（DINKS，双份收入，没有孩子）即便不是病态也是作为人类可悲的不完整。此外，除非你能从根本上避开疾病和残疾，但这样你仍不太可能获得完全的满足感，也不太可能被判断为完全健康。所以生物学肯定会在某处发挥作用，进化论途径的恰当性不能完全被否认，甚至在很大程度上是不可否认的。

确切地说，这一切该如何解决显然是未来要进行的工作，并且有理由预期哲学家们在其中能做出许多贡献。在一个更宽泛的语境下，这一反思是我们这里所进行的讨论的一个很好的结束点。就全部的历史先例而言，作为一种正式研究途径的进化医学还是一门相对较新的学科，也许在未来可能有很多成果，但无论是作为科学还是医学，乃至医学团体以及（非常重要的）医学教学的一部分还有很长的路要走。它提出了一些非常有趣的哲学问题，那些在这个领域接受训练的人都可以而且应该参与进来。我希望这次简短的介绍能鼓舞其他人拿起火炬，继续进行探究。

参 考 文 献

[1] Nesse, R. M., Williams, G. C.: Why We Get Sick: The New Science of Darwinian Medicine. Times Books, New York (1994)

[2] Nesse, R. M., Williams, G. C.: Evolution and Healing: The New Science of Darwinian Medicine. Weidenfeld & Nicholson, London (1995)

[3] Dobzhansky, T.: Nothing in biology makes sense except in the light of evolution. Am. Biol. Teach. **35**, 125–129 (1973)

[4] Gluckman, P., Beedle, A., Hanson, M.: Principles of Evolutionary Medicine. Oxford University Press, Oxford (2009)

[5] Dixon, M., Radick, G.: Darwin in Ilkley. History Press, Stroud (2009)

[6] Haig, D.: Intimate relations: evolutionary conflicts of pregnancy and childhood. In: Sterns, S. C., Koella, J. C. (eds.) Evolution in Health and Disease, 2nd edn., pp. 65–76. Oxford University Press, Oxford (2008)

[7] Trivers, R. L.: Parent-offspring conflict. Am. Zool. **14**, 249–264 (1974)

[8] Bergstrom, C. T., Feldgarden, M.: The ecology and evolution of antibiotic-resistant bacteria. In: Sterns, S. C., Koella, J. C. (eds.) Evolution in Health and Disease, 2nd edn., pp. 125–137. Oxford University Press, Oxford (2008)

[9] Ruse, M.: Homosexuality: A Philosophical Inquiry. Blackwell, Oxford (1988)

[10] Kitcher, P.: The Lives to Come: The Genetic Revolution and Human Possibilities, 2nd edn. Simon & Schuster, New York (1997)

[11] Boorse, C.: On the distinction between disease and illness. Philos. Public Aff. **5**, 49–68 (1975)

[12] Boorse, C.: Health as a theoretical concept. Philos. Sci. **44**, 542–573 (1977)

[13] Boorse, C.: Concepts of health. In: C. Boorse (ed.) Health Care Ethics, pp. 359–393. Temple University Press, Philadelphia (1987)

[14] Mayr, E.: Systematics and the Origin of Species. Columbia University Press, New York (1942)

[15] Schaffner, K.: Discovery and Explanation in Biology and Medicine. University of Chicago Press, Chicago (1993)

[16] Murphy, D.: Concepts of health and disease (Zalta, E. N. 2008)

[17] Gould, S. J., Lewontin, R. C.: The spandrels of San Marco and the Panglossian paradigm: a critique of the adaptationist programme. Proc. R. Soc. Lond. B Biol. Sci. **205**, 581–598 (1979)

[18] Engelhardt, H. T. Jr.: Ideology and etiology. J. Med. Philos. **1**, 256–268 (1976)

[19] Reznek, L.: The Nature of Disease. Routledge, London (1987)

[20] Gadamer, H.-G.: The Enigma of Health. Stanford University Press, Stanford (1996)

[21] World Health Organization (WHO): WHO definition of health. Preamble to the Constitution of the World Health Organization as Adopted by the International Health Conference, New York (1946)

注：本章是基于我即将在剑桥大学出版社出版的《人类进化：一种哲学导论》（ *Human Evolution: A Philosophical Introduction* ）一书的最后一章。

第十三章
生存斗争与生存环境：达尔文进化的两种阐释

D. M. 沃尔什

在达尔文彰显出的许多巨大成就之中，有关生物学世界的两个核心命题——形式的分布与适应性——通过一个简单过程而得到论证，即进化或"变化的世系"。一个世纪以来，达尔文所设定的理论其中一半曾发生了修正、改良，以及在适用范围、广泛性、细节上得到了拓展。达尔文思想的发展历史是一种扩张，同时也是一种深植。达尔文思想的发展主要是在20世纪，成为一种牢固的正统观念，也就是众所周知的进化的"现代综合理论"。现代综合与达尔文的理论保持一致，但也是一次意义非凡的拓展。一个问题也恰好被问起，即20世纪现代综合理论是否是唯一合理且可被接受的拓展。

在本章中我认为不是。仅在最近，在理解生物发育、特征的遗传以及适应性改变的机制方面的经验研究进展，暗示了一种新的路径。这一新路径才刚刚找到一种清晰或完全充分的表述，但在其依旧模糊的大纲中，显而易见地表现出与达尔文主义构想的差异。达尔文主义的现代综合演绎与其初期竞争对手的重要区别在于核心说明角色，后者根据的是生物体的能力，特别是个体发生学上的表现，将之作为进化的发动机。①我的策略是，追溯自达尔文至现代综合这段时期引起的主要概念发展的轮廓，提出这些发展是非必需的，特别是当现在我们知晓发育、遗传以及适应之后。我将会拿早期生物体为中

---

① 大卫·迪普（DavidDepew）[1] 也将之称为发展的达尔文主义。参见文献 [2]。

心的进化概念与现代综合理论进行比对。虽然这两种路径截然不同，但它们都可被视为是达尔文在《物种起源》中所预示的进化理论的拓展。

为了能够领会这些有关进化的达尔文解释拓展，我们需要理解《物种起源》中所设定的理论内核。我通过如下方式进行论述。在本章第一节、第二节中，我会提出我所认为的达尔文理论的核心洞见。我认为，依照达尔文，自然选择并不是进化变化的原因，而是被我称为一种"高阶效应"（higher-order effect）。达尔文将生存斗争中进化变化的原因锁定在生存环境上。但目前尚不清楚生存环境下的生命斗争如何导致进化变化。现代综合理论提出了一种排他性的解释（参见本章第三节）。但这里还有另一种解释，即我所相信的，一种以生物体为核心的进化变化原因的构想，其目前已获得经验上的证据。这两种进化理论版本具有十分不同的信条。它们间的关键区别在于进化说明中的规范单元——复制子或生物体。生存斗争与生存环境之间关系的本质（参见本章第四节），以及进化是否不可避免的是机遇性的这一核心问题，构成了它们更深层的差异（参见本章第五节）。

我勾勒出这两种替代性进化阐释的目的仅仅在于，点明在一个半世纪之后，达尔文进化理论依然是进化学说理论化的活跃阵地。这对于当下生物学来说至关重要且息息相关，正如历史上其之于生物学那样。达尔文理论以其丰饶的思想性根本不足以确定一种进化的完整理论内涵。该理论与各种进化原因的阐释相一致。这里我只是列出存在巨大差异的两种阐释。

第一节　达尔文的两个原则

达尔文的变化的世系理论受到两个原则的影响，即生存斗争和生存环境。在《物种起源》的第三章中，达尔文提出了他的核心问题：

> 针对不同生存环境，生物体某一部分相较于其他部分，某一显著的有机物较之其他物体，所有这些的精致适应现象是如何达至完善的？[3, p.114]

人们通常以为达尔文对于该问题的答案显然是他所发现的"自然选择"。但在该段结尾处他给出了真正答案。

　　所有这些结果，正如我们可以在下一节完整看到的，是出于不可避免的生存斗争[3, p.115]。

　　生物体一整套行为构成了生存斗争：生长、育养、繁殖，以及利用环境资源的方式。根据达尔文的观点，单独的生存斗争并不构成进化，至少生物体自身的行为并不足以构成斗争。众所周知，达尔文是受到了马尔萨斯（T. R. Malthus）的启发，后者认为种群数量具有指数级增长的自然趋向。达尔文认识到，在没有"斗争"的情况下如果这种倾向不受抑制，即便是繁殖十分缓慢的生物，在相对短的时间内也会变成能够覆盖整个大地表面的庞大群体，需要某种东西使得这种种群自然趋向受到控制。因此，只有当这种自然挥霍受到限制时才存在斗争。

　　达尔文采纳了被赖尔称为自然的经济性的观念，并将其用于斗争所扮演的角色。对于赖尔来说，复杂的一系列生物构成了一个经济性群体，它们共同维持着系统的稳定，而这正是一种经济性。每一物种在这一经济性中都拥有一种身份：一种独一无二的角色。赖尔使用自然的经济性概念来解释同一区域内化石与现存物种间的区别。赖尔假设，当某一物种开始灭亡时，它作为自然经济性的身份也变得无效，上帝创造了其他物种来填补其角色。

　　达尔文将自然的经济性用于他途。自然的经济性对生物的生存条件设定了一系列参数。生存条件同时作为生物学形式的限定与过滤器。通过自然的经济性，那些生物在越过施加于它们自身的限制以及条件方面变得更适应，从而生存下来并留下更多子嗣，更适合这一角色的那些变异在这场生存斗争中被保留下来。达尔文承认自然的经济性同样也适用于生物体的部件，其对于生物体的要求也同样针对生物体的部件是否能协调地起作用。所以，一个生物体的各种部件被整合起来作为一个整体工作同样也可以用自然的经济性来加以解释。不像赖尔，达尔文认为自然的经济性是易变的，一个生物利用其所处环境的资源并与其他生物竞争能够从事实上改变环境本身[4]。

　　这里的核心在于，达尔文的理论具有某种形而上学的与解释性的职能。首先，他对于生物的本质有种特殊的观点：生物体的突出特征是它们进行生存斗争。其次，这种本质秘藏于生存条件之中，作为适应与多样化的原因，居于生物体与环境之间关系的核心位置。这些关联性构成了进化的原因。

第二节　自　然　选　择

　　自然选择通常被称为达尔文的伟大发现，但我对于其理论的解释并未提及此点。一个关于进化原因的解释如何能忽视自然选择？毫无疑问，达尔文发现了一种在此之前人们一无所知的过程——自然选择。相应地，这一过程导致一种截然不同的解释，但这并不意味着选择会导致进化。这是一个重要的议题，因为将选择作为进化的原因是将达尔文的理论转化为其继任者现代综合理论的至关重要的第一步。

一、选择的形而上学

　　尚不清楚达尔文将选择置于什么样的形而上学角色之中，但可以肯定的是，达尔文有时似乎将自然选择置于一种截然不同的原因性角色中。自然选择被称为一种机制，其"时时刻刻进行着检视"。也有另一种阐释，选择可以被我们称为一种"高阶效应"。

　　达尔文曾表达过这样的愿望，他的变化的世系理论应当至少达成其在解释适应与形式的多样化［正如佩利（William Paley）基于设计所进行的论证，尽管没有诉诸意向性的主体］时所取得的成功。对于佩利来说[5]，生物对于它们生存条件的令人印象深刻的适合性，以及令人震惊的系列生物学形式是仁慈的造物主的作品。诉诸设计者是基于这样的假设，生物体各具特色的活动本身不足以解释适应性及生物形态的多样性，有时更为甚者，还需要一种*额外的*促进适应的原因。这是一种具有吸引力的想法，并且在进化思想发展中扮演意义非凡的角色。

　　通过聚焦非自然的类似情况，即人工选择，达尔文推动着他关于自然选择的主张，这种思想无疑脱离了达尔文的论证路线。通过筛选变异并杂交，饲育者们能够使一个物种的形式发生显著变化。在人工选择中，存在一种发生在个体间的超乎正常的过程，并导致了物种形式的变化，这一过程就是选择育种。达尔文认为通过类比饲育者们在物种少数代际内所做的工作，即仅选择少量的特征，即可得知自然能以相似的方式做得更为深远。

……正如我们此后看到的，自然选择作为一种力量不断地发生作用，不可估量般地优越于人类的那些微弱尝试，形成堪称艺术的大自然的作品 [3, p.115]。

达尔文诉诸选择育种的方式是如同修辞天才般的创举。在设计者的意向性与发生于生物个体间的自然过程之间，选择育种占据了中间点位置。饲育者是意向性的主体，但他们是以这些生物特有的过程为媒介，进行配种并使变异形式遗传下来的。

对于达尔文来说，这种修辞性的装置的标准阐释是，人工选择不过是一种对生物活性展开操作的机制，自然选择同样也是如此。确切地说，自然选择作为一种原因或"力量"，在《物种起源》中不断提及。而且，很大程度上被当作达尔文所承诺的真实原因的解释。达尔文遵循着赫歇尔的思想认为科学研究的正当目标是发现真实的原因 [6]。他认为他的理论遵循了这一方法论，并以此为傲。相应地，从亥姆霍兹（H. von Helmholtz）[7] 到霍奇（M. J. Hodge）[8] 数代的达尔文评论者们都将达尔文阐释为其认为自然选择是一种进化变化的原因，甚至是一种关于此的机制。

事实上也的确如此，它已经变为达尔文式理论以及现代进化理论的标准阐释。选择扮演着机制的角色，有时甚至是作为一种力。埃利奥特·索伯（Elliott Sober）的影响深远的工作例证了其要点。索伯使用"适合度"概念作为衡量个体（在生存斗争中）生存与繁殖潜能的标准。按照索伯，导致进化变化的并不是适合度，而是选择：

选择是卓越的原因性概念……一个生物整体的适合度并不会导致它的生存或死亡，但是，如果存在一种选择，能够让猎物在面对捕猎者时不是那么的易被攻击，结局就会完全不一样了 [9, p.100]。

像是饲育者，选择导致生物的生存与繁殖发生差异化。

在我看来更为可能的另一选项是，自然选择的阐释本身并不是一个原因性过程，甚至对于达尔文来说也是这样的，其仅仅是我所谓的"高阶效应"。其并不导致生物生、死或繁殖，也不是生物自然活性的深层原因，它是一种整体层面上的过程，但不是原因性过程。自然选择是原因性过程的叠加：这

195

些过程由生物在生存斗争中的自然活性构成，包括出生、死亡及繁殖。

不是所有原因性过程的叠加就一定也是原因性过程，就好像一个物体的影子横穿地面的运动并不是该物体的运动与地表差异化的光源的叠加。它是这样一种过程，它是原因性过程的叠加，但异乎寻常，它不是一种原因性过程[10]。科里奥利效应（Coriolis effect）是身体沿地表的运动与地表运动的叠加。它也是一种过程，但不是原因性过程。某些这种叠加甚至被俗称为"力"，比如离心力是身体运动时趋向于连续直线运动的惯性与向心力向中心点回扯身体的运动的叠加，其让人误以为是一种外向的力，但其实并不是。

同样地，沃尔什[11]认为自然选择是一个伪过程：它是非原因性的，是个体层面上的原因性过程在总体层面上的叠加。自然选择是在种群结构上的出生、死亡与繁殖的叠加所产生的效应。马森和艾瑞[12]认为种群特征结构的变化——被认定为是选择——不过是个体差异化生存与繁殖的"分析性推论"。当生物出生、死亡或繁殖时，特征结构会发生即时性的变化，这一变化被当作"自然选择"来认识。

196　　　但如果自然选择并非进化的原因而仅仅是一种效应，那么它如何能够作为关于种群变化的真实说明。关于这一问题的处理，我相信我们将会见证达尔文的真正高明之处。达尔文不仅仅发现了一种全新的整体过程——自然选择，他同样发现了一种全新类型的说明方式——我可以称之为"高阶效应说明"。

二、高阶效应说明

高阶效应说明事实上相当普通。考察埃尔温·薛定谔（Erwin Schrodinger）[13]被动扩散说明的例子，如果我们用滴管将高锰酸钾滴入一烧杯水中，我看到的效果是，高锰酸钾从高浓度区向低浓度区扩散，最终直到在水中完全扩散、均匀分布。我们如何解释所观察到过程的方向性？薛定谔通过以下方式解释这种扩散。假设我们在扩散达到平衡前向溶液中放入一个膜状物，将会使薄膜一边聚集更多的高锰酸钾微粒。如果我们假定这些微粒随机运动，那么高锰酸钾微粒与薄膜相撞的频率将表现为高浓度一边高于低浓度一边。我们可以将薄膜当做提供了粒子运动方向分布的样本，从而存在更多从高浓度区向低浓度区的运动，所以个体粒子运动叠加的高阶效应表现为系统趋向于这样一种状态，在其中高锰酸钾微粒无论怎样最终都会遍布整个溶液。

这一案例被我称为"高阶效应"说明，其具有一些有趣的判定特征。首先，它通过群体中全体成员的属性（不是整体的属性）来说明高阶效应，很明显，这里不需要总体层面的力或原因，不存在"扩散"力。扩散并不是一种力或原因，其仅仅是微粒差异性运动的分析性结论。它由一种总体层面的偏态构成，即系统朝向微粒平均分布的趋向。但这种总体层面的偏态并不需要个体层面的偏态。*按照假说*，个体微粒的运动是随机的，这种在个体层面上的无偏态运动已经足以导致在总体层面上的偏态运动。

高阶效应说明并不需要诉诸无偏态的低层过程。对于所强调的观点，薛定谔还有另一个例子。当我们看到雾气降下时，可以发现它清晰明辨的边缘，并以匀速下降。但是，其中每一个水微粒个体某种程度上都是随机运动的，它们每一个都具有十分微小的下沉的偏态，但无法明晰看到该轨迹，而难以计数的该种偏态的总和却是恒定明辨的，作为整体的雾气以明晰的速率降下。小水滴个体微小运动偏态的叠加引起了高阶效应。

现在我们能看出将选择解读为高阶效应的意义，绝非将选择定义为整体层面上的原因，达尔文的理论已经证明，构成生存斗争的活性，诸如生物的出生、死亡以及繁殖，使构成自然选择的它们的种群特征结构变化成为可能。只要生存斗争还在继续，并且种群中存在变异，那么变化的世系就会出现。在这个意义上，基于自然选择的进化就会自发形成，其并不需要任何深层的原因。达尔文的适应以及形式多样化理论具有简约性的优点。达尔文证明佩利的形而上学假设是错的，表明我们需要在生物的生与死之外设想某种原因或力。对于解释适应与形式的变异来说，生物在其生存环境中进行的生存斗争是唯一的原因，没有其他。

而且，作为生物整体的组成部分对于达尔文的进化理论来说在解释上是不可或缺的。在种群层级动态的层面上无法找到进化的原因，原因只能在生物个体行为中找到。这一点从根本上与索伯关于达尔文种群思想重要性的主张相违背，根据索伯的观点 [14, p.370]："种群思想就是忽视个体。"

197

这引发了一个问题："生存斗争与生存环境如何协力构成了适应性进化的原因？"这里（至少）存在两种可能的解释，其中的一种解释成为现代综合理论的正统，另一种直到目前才开始变得流行。它们的重要区别在于将什么视为生物组织的权威单元：一种是复制子，另一种是有机体。通过推论能更进一步得出它们之间在特定意义上的三个差异。这两种关于进化原因的阐释，我可以通过对生物体与其生存环境之间关系的分析概括出两者之间的差异。同时，在对适应进行说明所需的恰当说明模型方面，以及在进化中机遇所扮演角色方面，可以进一步区分出两者之间的差异。尽管存在差异，但它们都是达尔文物种起源学说中所描绘理论的拓展。

第三节　复制子生物学

纵观 20 世纪进化论的发展，曾在达尔文那里扮演核心角色的生物体活性让位于亚生物实体——复制子（基因）的活性。20 世纪，在对达尔文式进化的阐述进行润色方面，生物体不再是生物组织的正统单元，复制子取代了其地位。复制子是亚生物实体，从亲本拷贝并向后代传递。基因是范型样本。

198
　　　　进化是选择性复制子生存活动的外部、可见的表现……基因是复制子；生物体……最好不要视为复制子，它们是复制子进行传递的媒介。复制子的选择是某些复制子以其他复制子为代价进行生存活动的过程。[15, p.82]

如果进化是低层实体活性的高阶效应，那么复制子生物学就等于认定最适合承担说明性角色的低层实体是复制子。人们也乐于让复制子拥有这一特权，因为它们通过不同方式构成了适应性进化过程：遗传、发育、适应性种群变化。

生物体进化需要遗传、发育、适应性种群变化。遗传需要进化变化是累积性的；发育需要进化变化表现为表型或形式的变化；适应性变化确保生物体适应于其所处的生存环境。这些过程在特征上各不相同：遗传是生物体间过程；发育是生物体内过程；适应是在种群结构上发生的超生物体过程。

关于这些过程，复制子生物学包含两种鲜明主张。第一种主张是，它们截然不同且是准自治的（quasi-autonomous）。我认为，发育过程并不对遗传过程产生影响，也不会促进种群中适应性变化，但选择会。相似地，遗传过程也不会促进适应。生物体继承它们亲本的基因型，不管这些基因是否有益。当然，选择并不会改变发育或遗传特征的内容，它仅仅是汰则。在这一套过程中，唯一非自治的是发育对于遗传的不对称依赖。正如进化所关注的，这里存在一个重要的例外，即突变，除此之外生物体完全按照它们所遗传的特征进行发育。第二种主张是，尽管它们是准自治的，但这里存在一种单一生物组织单元能够对每一种过程进行说明：复制子。

　　遗传：遗传指形式在连续代际的稳定性。按照发展自达尔文时代的孟德尔遗传理论，遗传是粒子性的。亲本向后代传递编码了建造生物体所需信息的复制粒子，因而"遗传"成为这样一种过程，复制物质被拷贝并从亲本传递给后代。

　　发育：发育是生物体从合子（有性繁殖的情况下）到成体的生长过程。如果说孟德尔理论还将复制子视为遗传中的特殊角色，到源于奥古斯特·魏斯曼（August Weismann）的教义已将复制子作为一种控制表型发育的、独一无二且特殊的物质。魏斯曼发现遗传物质在发育早期（至少是后生动物中）就与细胞原生质相隔离，这样一来，发生复制的种质不会随细胞原生质在发育期间发生变化。那些伴随发育构成生物体的变化不会传递给后代，只有种质中的元素会发生拷贝并在代际传递。通过这种方式，复制并遗传的物质不仅在遗传中扮演关键角色，而且在发育中也发挥特殊作用。遗传物质可以说是用于建造生物体的编码信息。

199

　　种群变化：因为进化生物学包含的遗传变化以及被遗传的复制子都是唯一的，这似乎表明，复制子在关于进化变化的现代综合解释中占据十分重要的地位。的确，基于这一观点，进化变化通过种群中复制子结构的变化来度量和定义。选择通过生物体差异化的生存与繁殖而运行，但这种差异化生存与繁殖的进化效应是由复制子结构的变化而导致并被度量和定义的。适应性进化被视为有利复制子的增生与累积。

　　所以，当说进化由大约三个相互独立的过程构成时，这里仅仅存在唯一的能将这些过程统一起来并提供解释的权威生物组织单元。在一个种群内复制子是遗传单元、表型控制单元及进化变化单元。

20 世纪生物学的发展见证了生物体概念地位的革新变化，从其居于理解适应与机体形式多样化时的核心位置，到进化中的中间者——沦为处于复制、生物体建立基因活性以及环境选择力量之间的交界面。

依照这种观点，生物体是进化力量所针对的对象，其分别独立且被动地与外部和内部力量相关联，当随机地产生某一有关生物体的"问题"时，也会相应随机地产生有关环境的"解决方案"[16, p.47]。

第四节　以生物体为中心的进化生物学

近几年在关于重新重视生物体方面出现了一股潮流。生物体在自然界具有高度与众不同的特征，它们能够自我建造、自我组织，具有高度可塑性以及内稳态（homeostatic），是高度复杂的系统。按照伊夫林·福克斯·凯勒（Evelyn Fox Keller）的话说，生物体是：

有边界的物理化学躯体，能够自我调节——自我操控，更为重要的是，能够自我生成。一个生物体是这样一种物质实体，其借助特殊且独有的组织能力将自身转变为一种自我生成的"自我"[17, p.108]。

首先惭愧的是，生物体似乎并不像人们所认为的那样，其所具有的这些特征对于进化不构成重大的贡献。但经历 20 世纪里相当长时间之后，对于生物体独特性的重视愈加减弱[18,19]。

然而，近几年生物体一项与众不同的能力越来越表明它在解释进化原因方面的地位[20,21]。通常观点认为，可塑性作为生物体的一项本质特征，不只对生物体取得生存斗争胜利具有贡献，对适应性进化同样具有贡献。可塑性是指一个生物体通过主动适应，对各种变化进行补偿，从而不论生存环境（包括内部以及外部的）如何多变，都能自行实现其形式，达成并维持自身稳定的能力。

　　　　生物体并不强健，因为它是通过充满韧性的方式建造的。其鲁棒性
源于一种生理机能的适应性。它保持不变并不是因为它不能改变，而是
它不断就变化做出补偿。表型的秘诀在于动态修复。[22, pp.108-109]

　　生物体在面临遗传学或环境变化时对形式或功能变化进行补偿的能力被
认为是表型可塑性。它赋予生物体减缓由突变或环境变化所导致的不利效应
的能力，从而使其获得在生存斗争中获取胜利的资格。

　　不过，按照一种业已提出的观点，表型可塑性的好处不只这些[23]。表型
可塑性通过以下方式推进了适应性进化。一个生物体每一部分的发育器官都
有宽泛的表型区间（phenotypic repertoire），也就是说，每一部分都拥有形成
宽泛类型的稳定结构的能力，在一系列条件尺度下，囊括了各种新颖的适应
性结构。表型区间对于生物体发育的重要性不应过分夸大，发育需要大量的
协调与编排工作。例如，当肌肉质应某一发育需求而增加时，其同样也需要
其他系统与之伴生的效应[24]。为了适应改变了的受力，周围骨骼结构同样须
发生变化以应对，大量的神经以及血管同样也要发生调整[21]。一个系统中的
任何适应性变化都与其他系统中的适应性、补偿性变化相联动。

　　　　例如，一个环境诱发的形态学变化通常与行为和生理学上的变化联
动。因此，对于某一表型的诱导能够间接地影响许多其他性状的表达，
并将它们置于新的选择压力之下。[24, p.460-461]

　　韦斯特-埃伯哈德（M. J. West-Eberhard）将这种发育过程中的协调性称为
表型适应（phenotypic accommodation）。这种适应通过降低新的形式发育所导
致的破坏，促进了生物体的生存能力[25]。

　　适应性的表型变化需要多个发育系统的编排，可塑性与表型区间赋予了
生物体确保其各发育子系统的适应性编排的能力。如果这些子系统中的每一
个都处于严格的遗传控制之下，也就是说，如果每一个伴生表型变化都需要
其独有的遗传突变，那么复杂生物体的适应性进化可能永远无法发生。所以，
由发育可塑性提供保障的表型区间与适应是复杂适应性进化所必需的前置条
件[20,25]。

201   由于发育中存在大量的缓冲机制，在通常情况下它掩盖了巨大数量的遗传以及表观遗传变异。适应性表型变化揭示了这一潜在的遗传多样性[23]。相应地，这一多样性为新的形式的产生提供了可能，或者说，经由遗传同化过程，其由于在代际稳定地产生新的形式而被选择。

> 遗传适应是这样一种进化机制，在其中，新的表型既可以通过突变也可以通过环境变化而产生，经由一定数量的遗传变化而提炼出适应性表型[24, p.461]。

通过遗传适应，新的适应性表型变得程式化并且稳固，发育系统将这些最为稳定地产生适应性新颖形式的过程铭记下来。

这一说明模型提出一种关于适应性进化原因的解释，与原有的复制子模型相比表现出极大不同。在生物体中心的模型中，适应的新颖性源于生物体发育，而不是复制子突变。而且，适应性进化变化是由使生物体之所以成为生物体的属性——高度的可塑性，自我建造、自我调节的实体，"动态修复"的能力——引发的。这种进化解释使遗传变化较之表型变化的地位发生了反转。适应性表型变化的发生先于基因变化，生物体对它们生存环境的适应性反应导致了种群遗传结构的变化。"在进化变化过程中，基因更多情况下是作为追随者，而不是引领者。"[26, pp.6,543] 而且，新的形式的遗传不仅仅是通过遗传修饰，还通过生物体发育调控而得以确保。基于这一观点，生物体的适应可塑性对于种群遗传结构变化（并非唯一结果）来说是前置条件："没有发育可塑性，单纯基因外加环境客观影响对进化无法产生实质效应。"[26, pp.6,544]

复制子进化生物学与生物体中心的生物学最重要的区别在于，前者将生物体生存斗争是进化变化的原因的观点边缘化，而后者正好相反，甚至进一步充实了这一观点。生存斗争不仅仅是与饥饿斗争，它还是一种培育对抗内、外部生存环境异常的生存能力的目的性机制。生物体通过高度可塑性、适应性、"动态修复"投入生存斗争之中，在生物体中心的路径上，这是进化变化的最重要原因。

第五节　生物体／环境的关系

复制子生物学与生物体中心生物学之间的区别不仅仅在于它们谁作为进化变化的主要原因，在关于生物体与其所处环境之间关系的设想方面同样存在不同。也就是说，它们不仅仅在关于生存斗争的重要性上存在差异，在对生存环境的态度上同样存在巨大分歧。

复制子生物学主张生物体与其生存环境之间存在一种退耦机制。生物体通过基因或复制子的活性而建立，而适应性变化通过外界环境改变生物体形式的能力而实现，生态位概念在这里扮演了至关重要的角色。在赖尔关于自然经济性中的"位阶"（stations）的思想中，生态位概念经常被构想。基于这一观点，生态位是塑成能满足生物迫切所需的形式的一系列生物体外环境。生物体与生态位的退耦是通过复制子途径对适应进行说明的必要特征，复制子生物学的适应性说明是一种外在论（externalist）[27,28]。它们解释了作为生物体外环境的生存环境是如何导致生物差异化生存和繁殖的，并由此解释了种群中复制子差异化的丧失和保留。但是，当那些迫切所需不依赖于或先于适应的形式时，环境或生态位只能是使形式适应以满足其迫切所需。

> 为了使这一关于适应的隐喻可行，环境或生态位必须先于它们所囊括的生物而存在，否则环境不能使生物满足该生态位。生命史进而变为生物不断变化为新的形式以使其逐步更加适应于业已存在的生态位的历史。[16, p.63]

相反，生物体中心的生物学或含蓄或明确地反对生存环境与生存斗争之间的退耦。因为在适应性进化过程中，发育与遗传机制扮演了十分重要的角色，它们同样在决定生存环境过程中发挥重要作用。当一个生物体在其某一表型特征上发生适应性变化时，它就改变了其他表型特征的生存环境。正如我们所看到的，这些特征需要进行补偿，相应地使表型适应。而且，这些改变了的表型构成了一个新的使基因在其中进行操作的发育处境。此外，当生物为应对其外部生存环境而发生适应性变化时，也就改变了环境影响其生存与繁殖的方式。表型适应通过帮助生物体对环境中有害特征进行缓冲，从而改变了生物体与环境的关系。从这方面来讲，表型适应性变化改变了生物体经验其环境的方式。基于这一观点，生存环境最好不要仅被解释为生物体外环境的独立特征，而是由内部特征与外部特征共同构成[29]。适应性变化改变了生物体的可供性（affordance）：

> 环境的可供性指环境给予动物的东西，无论好坏，提供或供给的东西……我的意思是，它是同时与环境和动物相关的东西……它暗示了动物与环境之间的互补性[30,p127]

可供性，按照我的解释是，同时包含了生物体内部与外部因素。

203 　　为适应内部与外部环境，生物体创造出一组新的可供性，为此它们必须更加适应，因而生物体与其所响应的可供性存在交互作用。生物体对可供性做出响应，同时也改变可供性。也就是说，当生物体在生存斗争中经历适应性表型变化时，它们也改变了自身的生存环境。相应地，这些新的环境需要更进一步的适应性表型变化。生存斗争与生存环境之间不存在退耦，它们纠缠在一起相互建构。正如大卫·迪普[1]所说："（生物体）是建造它们所属世界的主体，更确切地说，因为生物体建造了世界，所以它们适应了世界。"

　　那么，这就意味着适应性的说明应当是"内在论"（interactionist）而非外在论。也就是说，生物体中心的生物学不是通过引用外部环境对基因的影响，而是应当通过引用可塑性、生物体间交互作用以及生存环境的共建来对适应性进化提供说明。

> 通过为后续代际促成发育的环境条件，包括人类在内的生物体积极地参与到它们的进化中。[31,p.187]

　　生物体与环境间存在相互的、建设性的交互作用关系。相互的构建也发生于生物体与它们的部件之间，这里也存在相互的适应性交互作用。事实上，生物体与其子系统之间的关系和生物体与其环境的关系并无不同，它们都是通过生物体的适应可塑性而条件化的。这种生存环境的设想使人强烈地联想到居维叶（Georges Cuvier）。

　　　　每一组织化的个体规约了其所拥有的整个系统，其所有组成部分通
过相互作用共同对应并作用于导向某一限定目的，或通过联合趋向于相
同的结果。因此，当同一生物体内其他部分没有发生相应变化时，这些
离散部分中的任何一个都不能改变其所属系统构成方式，所以，这些
部分中的每一个都各自标示着其所属系统内的其他所有部分（居维叶，
1812 年，绪论，引自文献 [4]）。

当然，达尔文关于生存环境的设想就源于居维叶。

　　这里的要点在于，按照生物体中心的生物学，生存斗争在事实上创造了
生存环境，后者进而又对生存斗争产生了影响。

　　以上这些都是为了说明复制子生物学与生物体中心的生物学在设想生存
的相关环境方面存在非常大的差异。在复制子生物学看来，生存环境对于生
物体来说全然是外在的，它们通过生物体外环境的物理特征而个体化，它们
不是由生物体活性组成的。这些外在特征独自构成了适应性进化变化的主体。
在生物体中心的生物学看来，生存条件同时包括了生物体的内在与外在，它
们通过它们的物理设定共同构成了生物体可塑性的交互作用。

第六节　机遇与遗传

204

　　作为更进一步的推论，复制子生物学与生物体中心的生物学在说明适应
性进化上存在根本性的差异。复制子生物学的说明模型是纯粹机制性的。我
们引用引起变化的机制来对适应性进化进行说明，基因的原因性活性为遗传
以及形式的发育提供了说明，环境对于生物体的原因性影响为种群结构中的
变化提供了说明。生物体以生存与繁殖为目标所进行的积极活动在复制子理
论中并不占据地位，结果导致类似具有目标导向性的合目的性说明方式在这
里不起任何作用[32]。

　　对于复制子理论者来说，这种纯粹依赖于机制来说明进化所导致的一个
结果是，出现不可避免的机遇性问题，即贾克斯·莫诺[33]的名句"借风而起
的机遇"（chance caught on the wing）。选择所作用于的变异的终极来源是复制

子的随机突变。生物体发育与遗传在解释进化中的适应性方面不起作用，因为它们被视为在根本上是保守的，生物体继承它们的复制子并按照其中编码进行发育。这里不存在固有的"创造力"或有关这一过程的适应性问题，进化中"创造力"[34]或适应性来源根本上是变异的随机产生，以及自然选择的筛选力量：

> 在一个强力保守的系统中，开启进化的最初基本事件将生物出现视为微观领域的偶发现象，与任何基于程序目的性（teleonomic）运作的效应全无关联[33, p.188]。

适应性进化从根本上依赖于非偏态的随机突变，高阶目标导向性的效应建立于潜在随机性的基础上，与我们前面讨论的高锰酸钾扩散方式的案例十分接近，其依赖于高锰酸钾微粒的随机运动。新形式的产生源于机遇，之后被自然选择锁定并建立，这一观点被现代综合的复制子生物学从深层牢牢持有。

> ……随机变异的复制实体由于其"表型"效应而被非随机地选择，这是我唯一知道的能从根本上引导进化趋向适应复杂性的原因[35, p.32]。

或许表达现代综合中这一信条的句子可以在迈尔关于进化中最接近的原因与最终的原因之间的区分里找到[36]。按照迈尔的观点，发育与遗传是基于生物个体拥有性状的最接近的原因，但我们不能用这些为适应性进化提供说明。在迈尔看来，适应性进化是全然不同于发育与遗传的过程，是自然选择的过程。询问一个性状在适应性上的重要性，即"它有什么作用"，就是问其最终的原因。终极原因的说明涉及突变与选择。迈尔认为，多亏了自然选择，有关进化的说明不再需要不可约化地诉诸生物体的目的，随机突变与选择满足了所有要求。①

尽管支持发育使适应性过程的证据纷杂，但一些生物学家及哲学家依然主张这种观点在说明形式的进化中发挥着作用，只不过限定在发育是一个保守过程的范围内[38]。值得指出的是，形式的守恒性以及新颖性特征的随机性

___

① 安德烈·艾瑞[37]对此进行了精彩的讨论。

不是达尔文在《物种起源》中概括的理论轮廓。达尔文乐于接受这样的观点，即部件的使用或废弃是形式变化的原因，并且这种改变可以被遗传，为此，他为形式的育成列举了案例。

> 在我们家养的动物身上，我们使用的特定部位会得到强化、扩增，而废弃的部位则会减弱，并且这些改变是可遗传的，我想这是毫无疑问的。

相较之下，关于适应性进化的生物体中心解释并不是或不应该局限于纯粹的机制。它们可以诉诸于生物体对其目标的目的性追求，作为进化的一个促进因素。生物体是目标导向系统的特定范式，它们的特征性活动——自我调节、适应性反应、动态恢复都是目标导向性活动。

> 如果没有这种纷繁多样且相当随意的适应性、目的性、目标探求或诸如此类概念……你甚至无法去对一个生物进行思考[39, p.45]。

表型可塑性是一种目标导向性的表达，这种目标导向性的可塑性导致并说明了适应性进化。

通常观点认为，生物在生存斗争中获胜的能力与其所追寻的目标一致，对这一目标的追寻表达为生物体生命周期内形式上与功能上的适应性变化。由于生物具有在代际维持和产生这些新颖适应性表型的能力，这些变化中的一些成为或开始变得在代际稳定传递，即可遗传。

生物学世界中存在一组极端重要的规则，这些规则从随机突变与选择的机制视角来看是隐性的。对于生物体形式的发生来说，某些变化是因为它们对于生物体的目标来说是有助益的。生物体中心的适应性进化的发生是由于生物体具有特定类型的目标导向活性，如果这一点是正确的，那么从生物体中心的生物学视角来看，适应性进化是不可避免的机遇。但是，这些目的论式的规则在复制子生物学的视角下是难以觉察的。

纽曼（S. A. Newman）和马勒（G. B. Muller）引入了"偶然性"（contingency）与"内在性"（inherency）之间的区分。

> 如果某事物依赖于某些罕有的……偶发性条件才可能发生，那么它是偶然性的，条件中存在大量机遇性成分；当某事物经常发生……或它具有长期存在的倾向性，那么它就是内在性的。[40]

206　　　复制子生物学与生物体中心的生物学在适应性进化中偶然性或内在性问题上持有截然不同的立场。对于复制子生物学而言，适应最终依赖于机遇或偶然的事件，例如随机突变。生物体中心的生物学将进化的适应性等同于表型可塑性中所表达出的生物体目标导向的能力。大量进化新事物的首次出现并不是由于机遇，而是因其有助于生物体的生存与繁殖。适应性进化变化在其目的性、目标导向的生物可塑性中是内在性的。

第七节　结　论

　　正如我们看到的，达尔文的《物种起源》提出两项根本性的新命题。第一项毫无疑问，即生物体形式的适应与变异是如下单一过程的结果：变化的世系或进化。另一项更为深入且不引人注目，但影响深远，即进化是一种"高阶效应"。这一过程发生在总体之内，通过总体中全部成员的活性而导致并以此进行说明。但是，生存环境内发生的生存斗争是如何导致并说明这一高阶效应的？

　　我概述了两种大不相同的路径来理解和学习进化，并称它们为"复制子"和"生物体中心"的路径，每一种都与达尔文《物种起源》中描述的形式的适应与变异理论相一致。尽管这样，但这两种路径之间的差异是巨大的，其中一个差异的维度是历史 / 社会学的，在 20 世纪的大部分时间里，复制子生物学享受于其作为达尔文主义的唯一继承者的特权，从达尔文的理论到当下的复制子生物学，可以描绘出一条连续的历史线索。所以复制子式的思维完全主导了我们关于进化的思考，但其与达尔文的理论间存在的巨大差异却通常不被注意。复制子生物学是一种引人入胜且强大的达尔文理论继任者，同时也是一次意义非凡的拓展，它在方法论和形而上学上所做出的承诺已经远远超出了达尔文的理论，直到最近几年才开始出现与达尔文理论存在本质不同的拓展研究视域。

在本章中，我试图理清复制子理论的核心信条，并将之与关于进化的彻底生物体中心的生物学核心信条进行对比。它们在生物学组织的权威单元议题上存在差别，作为这一差别的结果，在关于达尔文提出的导致进化的两个关键，即"生存斗争"与生存环境之间的关系方面，它们各自存在不同的解释。而且，它们在用以说明适应性进化的高阶效应的最为恰当的说明模型上也存在不同。

复制子生物学将复制子（大致也可称为基因）视为生物组织的权威单元，在这一路径中，复制子具有显著的地位，因为它统一起了被认为进化中的三个独立的组成过程：遗传、发育、种群变化。按照复制子生物学，遗传仅仅是复制和传递复制子；发育仅仅是复制子中编码的表型信息的表达；而进化是种群中复制子结构的变化。遗传与发育本质上是进化中的保守过程。进化是通过环境保留和促进某些变异复制子的能力而展开的，那些变异复制子促进了生物体的生存与繁殖。而变异的终极来源就是随机突变。通过突变以及复制子解决生存环境所设难题的能力，生物的形式发生了改变。相应地，这需要生存斗争与生存环境间的退耦。由于其依赖于随机突变，复制子生物学将必然的随机性作为必需。产生新颖表型的过程，即遗传突变，本质上是随机和非偏态的，进化是"借风而起的机遇"。

相较之下，生物体中心的生物学将生物体视为进化变化中的权威单元，这意味着，其是那些导致种群结构变化的各具特色的生物特征。在这种路径中，生存斗争由生物体特定的目标导向性能力构成，通过在形式和功能上对外部变化进行补偿以维持生存能力。这表明，这些能力同时存在于遗传与发育过程中。表型可塑性认为生物体为了适应它们所处生存环境的各种挑战而做出改变，同时，这种可塑性也确保了生物体后代与亲本的相似性，即便存在基因与环境的波动[41]。由于生物体积极地参与到改变和调节它们所处环境冲击的活动中，因而"生存斗争"部分地构成了生存环境。按照生物体中心的生物学，要说明适应性进化过程，就必须改变生物体的形式，更明确地说就是对改变其功能的方式做出解释，因为是它们促进了生存。进化必须通过目的论的方式来解释，机遇对其来说并不是不可或缺的，进化是在生存斗争中所体现出的生物体特殊能力。

　　达尔文的权威工作发表一个半世纪之后，成为众多科学灵感与科学争论的源头，以此为基础形成两种表现出极度不同的进化进程设想。我并不确定应当采纳哪种设想，或者在何种程度上它们是相容的。我们论证目的的关键点在于，每种设想都与《物种起源》中提出的进化理论相一致，达尔文变化的世系理论依然为研究生物形式的适应与多样化提供着框架。如果说在这一个半世纪中的大部分时间里，人们专一致力于发展一种达尔文主义的阐释，即现代综合的复制子生物学，我认为，由《物种起源》所开创的研究事业的下一阶段将会是两种设想中的另一个，同时也可能是权衡对比起来彼此不相容的另一版本的达尔文理论。总之，我认为关键问题在于哪种达尔文主义的拓展才是达尔文所发现过程的更好解释。

参 考 文 献

[1] Depew, D.: Adaptation as product and process: Protracting genetic Darwinism's past into developmental Darwinism's future. Studies in the History of Biology and the Biomedical Sciences (Forthcoming)

[2] Walsh, D. M.: Situated adaptationism (Forthcoming)

[3] Darwin, C.: On the Origin of Species. Penguin Classics, London 1859 [1968]

[4] Pearce, T.: A great complication of circumstances – Darwin and the economy of nature. J. Hist. Biol. **43**(3), 493–528 (2010)

[5] Paley, W.: Natural Theology. 1802. Oxford's World Classics, Oxford (2006)

[6] Hull, D.: Darwin's science and victorian philosophy. In: Hodge, M. J., Radick, G. (eds.) Cambridge Companion to Darwin, pp. 168–191. Cambridge University Press, Cambridge (2003)

[7] von Helmholtz, H.: The aim and progress of physical science. In: Kahl, R. (ed.) Selected Writings of Hermann von Helmholtz, 223–245. Wesleyan University Press, Middletown. [1869]1971

[8] Hodge, M. J.: The structure and strategy of Darwin's long argument. Br. J. Hist. Sci. **10**, 237–246 (1977)

[9] Sober, E.: The Nature of Selection. MIT Press, Cambridge (1984)

[10] Salmon, W. C.: Causality and Explanation. Oxford University Press, Oxford (1998)

[11] Walsh, D. M.: Chasing shadows – natural selection and adaptation. Stud. Hist. Philos. Biol. Biomed. Sci. **31**, 135–153 (2000)

[12] Matthen, M., Ariew, A.: Selection and causation. Philos. Sci. **76**(2), 201–224 (2009)

[13] Schrodinger, E.: What Is Life? Dover, New York (1944)

[14] Sober, E.: Evolution, population thinking, and essentialism. Philos. Sci. **47**, 350–383 (1980)

[15] Dawkins, R.: The Selfish Gene. Oxford University Press, Oxford (1982)

[16] Lewontin, R. C.: The Tripe Helix: Genes, Organisms and Environments. Oxford University Press, Oxford (2001)

[17] Fox Keller, E.: The Century of the Gene. Harvard University Press, Cambridge (2000)

[18] Callebaut, W., Muller, G. B., Newman, S. A.: The organismic systems approach: EvoDevo and the streamlining of the naturalistic agenda. In: Sansom, R., Brandon, B. (eds.) Integrating Evolution and Development: From Theory to Practice, pp. 25–92. MIT Press, Cambridge (2007)

[19] Gilbert, S. F., Sarkar, S.: Embracing complexity: Organicism for the 21st century. Dev. Dyn. **219**, 1–9 (2000)

[20] Moczek, A.: On the origins of novelty in development and evolution. BioEssays **30**, 432–447 (2008)

[21] Sterelny, K.: Novelty, plasticity and niche construction: The influence of phenotypic variation on evolution. In: Barberousse, A. (ed.) Mapping the Future of Biology. Boston Studies in the Philosophy of Science, vol. 266. Springer, Dordrecht (2009), pp. 93-110

[22] Kirschner, M., Gerhart, J.: The Plausibility of Life: Resolving Darwin's Dilemma. Yale University Press, New Haven (2005)

[23] Moczek, A.: Phenotypic plasticity and diversity in insects. Philos. Trans. R. Soc. B **365**, 593–603 (2010). doi: 10. 1098/rstb. 2009. 0263

[24] Pfennig, D. W., Wund, M. A., Snell-Rood, E. C., Cruickshank, T., Schlichting, C. D., Moczek, A. P.: Phenotypic plasticity's impacts on diversification and speciation. Trends Ecol. Evol. **25**, 459–467 (2010)

[25] West-Eberhard, M. J.: Developmental Plasticity and Phenotypic Evolution. Cambridge University Press, Cambridge (2003)

[26] West-Eberhard, M. J.: Developmental plasticity and the origin of species differences. Proc. Natl Acad. Sci. US **102**, 6543–6549 (2005)

[27] Godfrey-Smith, P.: Complexity and the Function of Mind in Nature. Cambridge

University Press, Cambridge (1996)

[28] Godfrey-Smith, P.: Organism, environment, and dialectics. In: Singh, R., Krimbas, C., Paul, D., Beatty, J. (eds.) Thinking About Evolution, Vol. 2: Historical, Philosophical, and Political Perspectives, pp. 25–266. Cambridge University Press, Cambridge (2001)

[29] Walsh, D. M.: Two Neo-Darwinisms. Hist. Philos. Life Sci. **32**, 317–340 (2010)

[30] Gibson, J. J.: The Ecological Approach to Visual Perception. Houghton Mifflin, Boston (1979).

[31] Ingold, T.: Culture and the Perception of the Environment. Cambridge University Press, Cambridge (1986).

[32] Walsh, D. M.: Teleology. In: Ruse, M. (ed.) The Oxford Handbook of Philosophy of Biology, pp. 113–137. Oxford University Press, Oxford (2007).

[33] Monod, J.: Chance and Necessity. Penguin, London (1971).

[34] Mayr, E.: Towards New Philosophy of Biology. Harvard University Press, Cambridge (1976).

[35] Dawkins, R.: Universal Darwinism. Reprinted In: Hull, D., Ruse, M. (eds.) Oxford Readings in Philosophy of Biology. Oxford University Press, Oxford (1998).

[36] Mayr, E.: Cause and effect in biology. Science **131**, 1501–1506 (1961).

[37] Ariew, A.: Mayr's ultimate/proximate distinction reconsidered and reconstructed. Biol. Philos. **18**, 553–565 (2003)

[38] Lewens, T.: What's wrong with typological thinking? Philos. Sci. **76**, 355–371 (2009).

[39] Von Bertalanffy, L.: General Systems Theory. George Barziller, New York (1969).

[40] Newman, S. A., Muller, G. B.: Genes and form. In: Neuman-Held, E., Rehman-Suter, C. (eds.) Genes in Development: Re-reading the Molecular Paradigm. Duke University Press, Durham (2007).

[41] Gibson, G.: Getting robust about robustness. Curr. Biol. **12**, R347–R349 (2002).

第十四章
基因与文化协同进化中的频率依赖争论

格拉谢拉·屈希勒　迭戈·里奥斯

第一节　导　言

　　在过去的几十年里，已经发展出丰富的进化模型来解释文化和基因之间可能存在的关系。爱德华·威尔逊（Edward Wilson）[1]开创性地开启了一个由进化心理学[2]、行为生态学[3]和双重遗传模型（dual inheritance models）[4,5]这些新思想进一步扩展而来的富有成效的辩论。所有这些模型共享着来自达尔文主义的强有力承诺；尽管如此，它们在细节上对于如何在社会科学中贯彻达尔文主义的纲领持有不同意见。一个鲜明的争议话题涉及基因-文化的因果关系。然而社会生物学和进化心理学提供了一种本质上自下而上的框架（从基因到文化），而双重遗传理论则已经准备好允许更为复杂的——自上而下的——过程，其中文化对于基因的固化（fixation）起至关重要的作用。本章是针对这场辩论的再发展，我们将简单分析一种特殊的协同进化机制——鲍德温效应，它提供了一种研究路径，其中文化可以剧烈影响以及"指导"我们的基因结构[6]。

　　鲍德温效应相当于将最初获得性性状整合入基因组。从一开始，鲍德温效应就遭到了质疑。不同的原因导致了这种怀疑。一些批评家认为鲍德温效应不可避免地会导致拉马克学说[7]。这些批评者认为基因对于后天获得性性状的异常行为是不敏感的，并认为它们无法将生物体在生命周期内所习得的知识传递给下一代。依据这一观点，对拉马克学说的采纳导致鲍德温效应被排除在严格的进化机制序列之外。其他的批评者则采取了不同的策略，坚持认为缺乏重要且完善的经验实证证据来支持鲍德温效应。尽管对于第一个反对意见，我们认为是错误的，但对第二个问题的辩护我们可能有很多话要说。虽然对于全面支持鲍德温效应来说，经验证据的缺乏依然是个严重问题，但我们相信，构想某些实验设定来检验它并非不可能。我们已经解决了第一个异议并在另一篇论文中提供了一个可能的解决方案[8]。

　　本章的重点并不在此。尽管我们对于鲍德温进程的前景持（温和的）乐观态度，但本章的主要目的不是要解决批评家们提出的反对意见。我们将更仔细地研究其中一个据说是为了支持鲍德温效应的论证。有人认为，鲍德温效应很可能发生在正频率依赖的环境中[9-11]。我们认为该论文是不完整的。在分析了不同类型的频率在鲍德温效应中的作用后，我们提出了一个框架，我们相信这个框架能更好地识别支配鲍德温进程的因素。

　　在本章第二节中，我们介绍了鲍德温效应。在本章第三节中，我们对可塑性和固化之间的权衡算法进行了一些讨论。在本章第四节中，我们提出了正频率依赖解释的主要原则。在本章第五节中，我们简单探索了一种博弈理论框架，我们相信，它能够非常强大地澄清对鲍德温效应的一些误解。在本章第六节中，我们回到正频率解释（the positive frequency account）上，并对它进行系统的检查。本章的主要论点是，一旦博弈理论框架被付诸行动，它能比一个依靠正频率存在的普遍框架提供一个更好的模型来评价鲍德温效应的动态。最后同样重要的是，我们通过一些结论结束了我们的研究。

第二节　鲍德温的猜想

　　鲍德温的想法是试图提供一个缜密的达尔文机制，使其能够解释获得性性状的渐进遗传同化。多亏了这个机制，对最初获得性性状的固化可以通过纯粹的选择来完成。使鲍德温的思想概念化的最好方式就是通过举例的方法。想象在一个种群中出现了一种有利的性状——一种新的方式，例如，能爬上一棵树并从树枝上采集富有营养的水果。此外，假定这种性状通过社会性学习传播到了人群中。现在，任何有助于获得新性状的基因突变都将被选择，并且从长远来看，最初通过代价高昂的反复试错所获得的性状将会被逐渐整合到基因组中。①

　　正如前面例子所示，鲍德温效应是解释本能和先天结构突现的一种独创性方式：有机体努力适应环境，学习新技能，并且这些适应增强技能（fit-enhancing skills）接纳了那些能够固化最初获得性性状的有利突变。基本的观点就是，习得性状的存在正在"引导"整个过程趋于基因的固化，尽管以一种间接和不可预见的方式。需注意的是，基因结构是结果而非进化过程的起因。突变的产生仍然是随机的，但是他们所保留的却不是：*倾向于使某些突变扩散的适应增强技能会优先存在* [9]。②

　　我们以最初习得性状的接纳形式描述了鲍德温效应。这个描述可能会导致误解。重要的是要记住，鲍德温设想的机制本质上是群体性和选择性的，而不是发育性的。这与拉马克学说的进化有惊人的差异。在拉马克学说的图景中，表型的创新直接影响着生物体的可遗传结构，以此方式代代相传。在鲍德温效应的例子中，这个过程要复杂得多，因为通向基因固化的路径不仅为学习提供了关键的作用，也为随机突变提供了重要帮助。第一代的接纳者不会因为采取了新技能而改变他们目前的基因构成。基因变化只会在后代中出现；这些基因变化是跨代随机突变的结果。

　　在文献中普遍讨论的鲍德温效应的许多例子都依赖于社会性学习的中级阶段 [9]。然而，需要注意的是，社会性学习并不是鲍德温效应的必要条件：非社会性学习（asocial learning）也可能导致基因固化。对于印随行为是这样来解释的。有人认为，追随母亲的印随行为（mother-following behavior）在一开始就是通过反复试错而习得的，作为先祖的那些小鸡四处徘徊去寻找它们自己的母亲 [12,13]。那些生物体通过个体的反复试错发现，运动是父母在场的统计学上的可靠线索，从而获得比较优势。此后，任何促进这种行为被采用的基因突变都将被选择。这个例子显然不涉及社会性学习。然而这并不排

---

① 鲍德温效应并不局限于与生理性状相对应的行为性状。环境诱发的生理适应性也能算作鲍德温效应的例子。

② 需要强调的是，突变并不是严格必需的。隐藏的变异可能也足以引发同化。

除鲍德温效应进化的可能性，只要那些学会了这种伎俩的小鸡在种群中繁衍生息。在下一代中会发生什么？对于父母已经学会了这种新伎俩的小鸡，这里存在某种过度表达（over-representation）。如果它们碰巧有一个新突变通过反复试错促进了新性状的获得，它们就会被选择。然而，需要注意的是，正是由于学习到了新的性状，有利的突变才得以保留。如果小鸡没有适应这种适应性行为，那么从长远来看有利的突变就会消失。这意味着学习的中间阶段在这种情况下是至关重要的。社会性学习当然会促进鲍德温效应，但非社会性学习也可能会导致鲍德温效应。

214

　　我们已经指出社会性学习并不是必需的。但是关于鲍德温效应最引人注目的例子往往涉及社会性学习，这就需要一种解释。事实上，社会性学习尤其重要，有两个原因。第一个涉及时间，社会性学习有力地促进了鲍德温效应的进化，因为它有助于传播有利的性状。社会性学习本质上具有蔓延性的特征，增加了适应性行为在种群中长期保留的机会，这就为针对遗传基础的更新的选择保留了空间。通过这种方式，随机遗传突变可以循迹生物体所进行的针对有利表型的探索。

　　第二个机制甚至更重要。社会性学习产生了溢出效应。一种有利行为通过社会性学习的简易传播，解析整个群体来搜索先前已经存在的具有充足遗传材料的个体。不管何时在种群中发现拥有有利突变的个体，它都将在获得新技能方面拥有很大优势。从长远来看，这些幸运的生物体将会有更多后代。值得注意的是，拥有有利的突变其本身并不是适应增强（fit-enhancing），表现出相关的行为同样也是必要的。社会性学习的可能性极大地增加了获得这种行为的机会。如果没有社会性学习，那些拥有有利突变的个体将需要依靠纯粹的运气或个体学习来产生适应性行为。

　　总之，尽管社会性和非社会性学习（social and asocial learning）都可能起作用，但在非社会性学习的情况下，其结果肯定会比存在社会性学习时更缺乏活力和稳定性。非社会性学习在关注时间效应的进程中发挥的作用十分微弱，并且对所采纳性状的外溢效应的影响几乎为零。根据定义，非社会性行为是不会蔓延的。其他生物体不能复制它，因此，无法为了寻找有利突变而对群体进行解析。鉴于鲍德温效应在录用适合的有利遗传基础时对所采纳性状产生了极大影响，事实上，由于缺乏社会性学习，行为不能轻易地在群体中扩散，从而严重阻碍了整个过程。

第三节　生成性侵染与可塑性及固化的算法

使鲍德温效应概念化的一个有趣方式就是以生成性侵染的形式。一个生成性的固化的结构有很多其他事物依赖于它 [14]。口头语言、书面语言和字母语言的出现以及农业和农业的传播具有深度侵染的适应性：很多进一步的发明和创造都依赖于它们 [15]。我们认为生成性侵染的概念能充分解释鲍德温效应的机制。

威姆萨特（W. Wimsatt）指出，生成性侵染有助于冻结（frozen）偶然的适应性，使它们不太容易改变并受到干扰 [14]。如此一来，任意性（arbitrary）的性状或现象就会成为必然。生成性侵染的结构通过一个累积性的搭建过程而产生对它们自身的强化，在这个过程中新的性状或现象逐渐固化（fossilised）。生成性侵染的一个主要特征就是它能够适应变化。有趣的是，生成性侵染的稳定性既是过程的开始，也是结尾。生成性侵染在本质上是一个反馈过程，它把稳定的现象作为输入，建立起进一步的适应能力，这恰恰强化了原初现象的稳定性。这个过程在鲍德温效应的例子中尤为突出。被采纳的行为一旦被部分地同化，就会提高目标行为的表现，从而使它进一步得到稳固。

就我们的目的而言，应坚持输入的稳定性而不是输出的稳定性，这一点很重要。事实上，输入稳定性对于鲍德温固化机制的运行是至关重要的：它为通过选择的进一步改进机会提供了平台。要使基因能够循迹行为，输入必须足够强健和有弹性从而使得基因能够更新；短暂的行为不能留下足够的时间让基因运作，它们会在基因同化发生之前就消失。因此，为基因固化留出时间是鲍德温效应进化的关键因素，而输入行为的稳定性对于确保这一要求至关重要。虽然时间是决定性的，但鲍德温效应并不要求被同化的性状永远保持适应性。它只是要求在基因同化发生之前，所采纳的行为保持适应性。一旦这个性状被保存到"硬件"层面，它就不再需要是适应的了。后面将会展现得更为明显，鲍德温效应进化的这个特征将会在我们后面进行的论证中扮演重要的角色。

生成性侵染的过程可能会面临严格权衡。戈弗雷-史密斯指出，当环境条件影响其适合度发生变化时，固化行为的策略可能会变得不适应[16]。采取某种行为而获得的便利性是一种针对环境的响应，其因此表现出灵活性并依赖于多种因素：第一，某种行为在环境的最佳状况下和最坏状况下所得到的回报存在差异；第二，每种环境的状况的概率；第三，存在一个能够提供关于自然真实状态的可靠信息的线索。而主要结论在于，如果生物体缺少循迹环境的方法，那么固化行为总是一个好的选择。

环境的变化与稳定和灵活的行为及学习之间，是非常直观的直觉。如果没有变化，就没有必要采取灵活的行为。另一方面，太多的变化可能会使任何试图发现规律的尝试变得不合时宜。斯蒂芬斯[17]区分了代内的环境变化和代际的环境变化，并总结说，当某一代内的可预测性很高而代际的可预测性很低时，学习是受欢迎的。在这些条件下，早期的试验允许生物体去适应会塑造其之后生活的条件。总之，不稳定的环境不仅对基因固化不利，也对意在发现重复事件所表现出的规律的任何学习并获取知识的尝试不利[13,16]。由于环境的稳定性并没有对我们所关注的鲍德温效应的论点有决定性影响，我们将假定环境在刚刚描述的意义上是稳定的。就像这样，我们将假定所考察的行为的优点大于其代价，因为这是鲍德温效应的先决条件。

我们现在已经介绍了鲍德温效应进化的基础，并就可塑性与固化之间的权衡进行了一些评论。在下一节中，我们将简要介绍一个卓越的框架，以确定促成鲍德温效应的条件。稍后我们将提供一个替代模型，我们相信该模型能更好地捕捉控制鲍德温效应的条件。这个框架将允许我们评价正频率解释的有效性。

216

第四节　正频率论证

对鲍德温效应的论证存在不同方法，其中一种可能的策略是展示其可行性。欣顿（G. Hinton）和诺兰（S. Nowlan）对此的模拟是捍卫鲍德温效应的

一个案例 [18]。另一种可能的辩护策略则是通过识别一系列的现象，相比完全基于自然选择来解释，这些现象可以通过鲍德温效应以更简单、直观以及引人注目的方式来解释。大卫·帕皮诺（David Papineau）的复杂性假说是这种辩论策略的代表 [19]。在本章中，我们将不涉及这两种策略中的任何一种。我们将更关注另一种试图证明鲍德温效应的尝试——迪肯（T. Deacon）和戈弗雷-史密斯所倡导的正频率解释 [9,10]。

正频率解释的目标是识别有利于鲍德温效应进化的背景要素。每当拥有某一性状的优势在具有收敛特性的种群中随着个体比例而增加时，就会形成正频率依赖性 [9,10,20,21]。考虑一下语言的例子。越多的人们说这种语言，越容易找到学习这种语言的示例（exemplars），获得这种语言也会得到更多回报。在存在相互加强的交互作用之处存在一个网络化过程。一种使用者很少的语言既难学习也不太值得学习。

正频率论证是一种生态位建构（niche-construction）论证。生态位建构指的是生物体改变自身环境的各种方式，从而也改变了作用于它们的选择力 [22]。建造巢穴、网和洞穴是很明显的改变环境的方式，从而为选择操作创造了新环境。"环境"通常指的是一系列影响生物体适应性的外部因素，不仅包括物理生活环境，也包括不相关物种的行为。然而，存在一个更具包容性的包括所有其他同种个体的行为的"环境"概念。这一概念与个别生物高度相关，因为行为通常是相互依存的。当一个生物体的适应性是由频率决定的时，它的环境就会随着整个群体的行为内生地发生变化。正频率解释充分利用了这个想法。拥有某种性状的优势取决于种群中其他生物体在统计学上表现为收敛特征的行为。在正频率解释内，每一个新的采纳者都改变了其他生物体的环境，从而增加了采纳新行为的优势。

关于正频率依赖性的观点有很多值得称赞的地方。它指出了一个涉及鲍德温效应过程的重要因素，但它并不是故事的全部。让我们来解释一下这个观点。需注意的是，正频率依赖性是一种回报渐增的形式，因为采纳行为带来的收益随着采纳者的比例而增加。虽然一些现象表现出这种特征，但是也有很多交互作用对于所采纳行为表现出收益恒定甚至减少的特征。在收益恒定的情况下，采纳某一表型的优势并不取决于采纳者的占比，而在收益递减的情况下，优势甚至随采纳者的频率而降低。举例来说，打开椰子的诀窍为最后一种情况提供了一个例子：采用这种技巧的个体比例越高，就越难找到可以打开的椰子。然而，采用这个诀窍是有适应性的，即使它是以逐步降低的形式提高了采用者的适应性。这个例子说明，采纳行为的相关标准不是由频率依赖性的类型决定的，而是由其他个体正在进行的行为的最适反应性质（best-response nature）决定的。

我们认为，重要的不是表型的适应性如何随着它的频率而变化，而是在给定了目前种群中表型的比例的情况下，采纳某一表型是否在群体水平上是一个高于平均水平的反应。对于采纳行为，这些交互作用是否涉及增加、减少或恒定的收益并没有直接的意义。要注意我们论证的本质。我们不否认正频率解释的真实性，我们仅仅是认为它没能精确找到在鲍德温效应中起作用的足够准确的因素。正如本章的剩余部分所讨论的那样，其中更重要部分可能在博弈理论的形式中才能被充分地描述。

第五节　博弈理论和策略交互作用

鲍德温构想效应的主要优势在于，它为生物体省去了需要通过反复试错才能获得行为的麻烦。但潜在的缺陷是，通过将行为置于遗传控制之下，生物体失去了在环境变化时可能需要的表型灵活性。[①] 从而我们认为，任何潜在的鲍德温效应的行为都必须保持适应性，至少在基因完成同化之前是这样的。换句话说，生物体在目前所面对的条件下，单单一个特定的适应的表型是不够的。鲍德温效应要求表型能抵抗可能会危及它的持久性的新行为的入侵，直到达到基因固化为止。从这个角度来看，我们认为进化的稳定性是鲍德温效应的先决条件。

笼统地说，如果一个表型拥有足够的超过其竞争表型的适合度，并且群体中每一个体采纳它之后都会对与其竞争的表型的侵入进行抵制，那么这个表型在进化上是稳定的。进化稳定策略（ESS）较之任何其他与其竞争的突变

218

---

① 欣顿和诺兰[18]发展出一个计算机模型，用来探索学习的收益与成本之间的相互作用，以及适应性进化中这些变量带来的影响。

策略表现更优或是平分秋色，并且如果有一个突变策略在与进化稳定策略竞争方面做的和进化稳定策略的表现一样好，那么进化稳定策略就必须比这个突变策略在与其对抗上做得更好。通过这种方式，进化稳定的表型能够抵制所有可能的突变表型的入侵，至少在假设相对较小并孤立的突变以及大规模群体的情况下是这样。进化稳定性是对纳什均衡的一种改进，它与某种形式的行为选择和复制相关。我们之所以关注这个概念是因为它在文献中有重要的作用，但我们想强调的是，我们的论证依赖于均衡和动态稳定性的一般性概念，并且可以根据其他的稳定性概念重新定义。我们在其他地方对这个问题有更详细的讨论 [8]。简单来说，考虑到它的属性与不同种类的学习和模仿行为是兼容的，我们也将会假设一种特殊类型的动态过程，即复制子动力学的连续时间版本（continuous-time version of the replicator dynamics）。

具体来说，考虑这样的一个种群，其中的一些个体发现了一个打开椰子的新技巧。① 由于这个技巧是非常有利的，可以预期促进获得这项技能的突变可以被保留下来。② 图 14-1 描述了每个个体的每种行为的相对适合度。只要满

	采取技巧	不采取技巧
采取技巧	（2,2）	（3,1）
不采取技巧	（1,3）	（1,1）

图 14-1　与占优策略的互动

足两个条件，特定回报就是不相关的（我们清晰地展现它们以使例子足够生动）：第一，当另一个人不采纳这个技巧时，采纳这个技巧的人的适应性会更高（3＞2），例如，可能是由于椰子的恒定供应引起的；第二，不采纳这种技巧的人的适合度并不依赖于其他个体的行为（没有采纳该技巧总是会带来 1 的回报）。在这个博弈中需要注意的是，采取这个技巧的适合度是负频率依赖性（negative frequency dependent）的：采用者数量越高，采纳者的相关适合

①　这是一个用来分析骨髓炎的例子 [19]。
②　简单地说，我们处理的是两方的交互作用，而不是表型在多方作用下的更为现实的设定，但我们对进化稳定性的论证在任何案例下都成立。

度越低。① 尽管事实如此，但采纳这种技巧的人在所有表型选项中都占主导，因此无论它在种群中的频率如何，它都表现得更好。

在这种类型的博弈中，构成纳什均衡的配置集（the set of profiles）是进化稳定性的潜在候选者。这些配置集是这样的，如果另一个人一直效仿，以至于没有玩家能通过改变他或她的行为而做得更好，那么配置集（采纳技巧，采纳技巧）不过是这个博弈中的纳什均衡。此外，由于没有可行的回报集（set of payoffs）可以使得某一个体变得更好同时不使另一个更糟，所以纳什均衡也是帕累托最优（Pareto optimal）。根据前一段给出的定义，我们可以很容易地检查到"采纳技巧"是进化稳定的，并且是任何适应动态性的全局吸引子（global attractor）。② 出于这个原因，我们可以很有把握地认为，从长远来看整个群体都将采纳这个技巧。

根据定义，鲍德温效应涉及合适的或适应的表型。虽然进化稳定性也包括适应能力的要求，但是它带来了额外的条件。进化稳定策略不仅是适应性的，而且也能抵抗来自小的和偶然的突变引起的其他表型的入侵。从我们的讨论中可以得出这样的结论，并不是每一个超过平均合适度的行为都符合鲍德温效应，因此适应能力一般对于鲍德温效应来说是不够的。对其原理的阐述是，鲍德温效应需要时间。一个正在经历遗传固化但没能构成进化稳定的表型可能会在这个过程中变得不适应。自然选择短视地倾向于适应性行为，也就是这些目前表现优于平均水平的行为不需要是进化稳定的。进化稳定性的行为从长远来看有潜力吸引系统的动态性并持续下去。由此看来，如果一个鲍德温效应过程以当下的适应为目标但并非进化稳定性的行为，那么它可能无法完成这个过程。

进化稳定性的要求对鲍德温效应有一定的限制。首先，进化稳定策略构成了可能不存在的纳什均衡的一个子集。在缺乏稳定均衡的情况下，一个动态系统可能会循环或无法渐进地收敛到任何一个静止点。其次，长期的动态性也可能收敛到一个非进化稳定的纳什均衡。后一种情况对需要进化稳定性

---

① 有关采纳和不采纳该技巧的情形下的收益，假设了打开椰子的新技巧使得采纳者在单位时间内比未采纳者能吃得更多东西，并且这种更大的实物摄入量可以提高繁殖生存率。
② 适应动态性是一种适合度高于种群平均适合度的策略的动态性。

220

的论点提出了一个问题，因为在这种情况下，系统会收敛于一个非进化稳定的策略。如果这一案例的一个实例出现于存在中性稳定策略的情况中，当然这些策略并不是进化稳定的，那么这些策略是不能被侵入和取代的，因为没有突变能在与它们的对抗中获得比它们更高的回报。然而，它们也并不足以淘汰其他的突变。只要有一个突变具有同等的适应性，那么它就可以与它们共存。基于此，从一个更普遍的角度来看，考虑到构成进化动态性的过多因素，我们的论点归结为强调稳定性标准在鲍德温效应过程中的重要性。

简单地说，我们已经证明了正频率解释无法解释涉及采纳行为后收益递减的鲍德温效应的典型例子，例如采纳开椰子技巧的性状。不管其他个体的行为如何，获取一种打开椰子的新技巧都是一种有利的行为，尽管它的相对适应度随采纳者的频率升高而降低。正频率依赖性的论证根本无法把握到后一个潜在的鲍德温效应例子的重要性。然而，如果我们从最佳对策的角度来思考，正如我们在这里所暗示的那样，我们很有可能会认为采纳这种技巧对于通过鲍德温效应的进化来说是一个很好的选项。

第六节　概　括　评　论

在前面的内容中，我们知道正频率依赖行为的存在并不是鲍德温效应的必要条件。为了支持这个观点，我们提出了一个反例：图 14-1 中所示的博弈表现出一种表型，它满足了鲍德温效应所需要的稳定性条件，尽管它并没有表现出正频率依赖性策略。在这一节中，我们进一步探讨正频率依赖性和进化稳定性之间的关系，以充分评估其对鲍德温效应的影响。

基于这个意图，我们需要解决一个问题，即存在不止一种正频率依赖行为的博弈中会发生什么。在这个范畴之下，我们找到了协调博弈（coordination games）。这些博弈的特征是，只要另一个玩家也接受它，每一个行为都是有利的。① 这种情况在图 14-2 中得到了说明，并且表现为两个人在缺少一种普

---

① 信号传递博弈（signalinggames），是路易斯（D.Lewis）[23] 开创的用来分析有关意图的惯例和突现的方式，并且技术标准的采纳也是一种协调博弈。可参见斯科姆斯（B.Skyrms）[24,25] 对此的一种拓展处理。

	L₁	L₂
L₁	（1,1）	（0,0）
L₂	（0,0）	（1,1）

图 14-2 更多的正频率依赖行为

遍认同的语言的情况下，也希望能够彼此交流。玩家的回报仅仅取决于交流是否发生，而不取决于所使用的语言的特殊性。这个博弈有两个进化稳定性均衡，对应于两个人通过选择一种相同的语言进行协调的情况。两个均衡有相同的吸引力以至于有 50% 的可能性使动态性朝着其中任何一个方向发展。哪一个均衡将被选择取决于初始条件和动态的历史。即使系统在达成相同的均衡过程中都花费了很长时间，提供了足够的时间最终完成鲍德温效应，但很明显，仅仅正频率依赖性不足以决定最终哪种语言被采纳。

简单地说，正频率依赖性并不足以把握到进化动态性的微妙之处。如果（L₁，L₁）的回报变为（10,10），稳定性和正频率依赖将提供不同的预测。而我们可能会说 L₁ 是鲍德温效应演化的推定目标（有一个相当大的吸引域），如果无法达成一种外部的度量标准来区分正频率依赖性的程度，正频率解释将无法做出这样的预测。

哈特格尔（S. Huttegger）[26] 认为在超过两种信号和行为方式且初始状态是等概率的博弈中，复制因子动态性可能被锁定在次优均衡中（babbling equilibrid）。在研究可塑性和渠化（canalization）之间的权衡时，佐曼（K. Zollman）和斯米德（R. Smead）[11] 提出陷阱策略（pit strategies），就是以一种强化的学习机制应对环境的影响，而不是无论环境如何都产生一种固化的行为。在他们的模拟中，可塑型（plastic types）的出现为进一步的固化铺平了道路。然而，这些可塑表型（plastic phenotypes）后来被能够固化其自身行为的类型所取代。佐曼和斯米德认为，只有少量的博弈表明可塑行为和非可塑行为可以共存。

另一个关于正频率依赖性的有趣案例就是猎鹿博弈（Stag Hunt game），这是关于社会契约的一个原型 [27]。这个博弈通过图 14-3 来描述。个体必须在猎鹿和猎兔之间做出决定，采纳前者意味着不断增加的回报，而采纳后者意味着不需要承担策略风险。只有在其他个体参与到猎鹿中时，"猎鹿"的选择才是具有优势的，然而"猎兔"的选择意味着不需要进一步的协助。从进化博弈理论视角分析，让个体选择"猎鹿"均衡的前景是可怕的。尽管这两种表型都是进化稳定性的（它们的吸引域取决于特定的回报结构），如果动态性允许更大且非零星的突变，"猎兔"策略将随机性地压倒"猎鹿"策略。尽管如此，当交互作用在空间上是有限的，必然自然地形成一种情势，"猎鹿"策

	S	H
S	（4,4）	（0,3）
H	（3,0）	（3,3）

图 14-3　正频率依赖性行为是另一种行为控制的风险

222　略的固化可以在群体中传播和发展[28]。考虑到"猎鹿"是唯一的正频率依赖行为，正频率解释会致力于确立它。但尽管如此，我们还是会对最终结果保持不可知论。

我们对于鲍德温效应的论点不应被夸大。除了占优策略（dominant strategies）和社会最优均衡（socially optimal equilibria）之外，鲍德温效应更加依赖于扰乱系统的冲击因素的性质①。在具有多重进化稳定策略的博弈中，如果系统受到小的并且偶然的干扰，进化稳定性可能仍然会使鲍德温效应成为可能。另外，如果扰动是大的并且是反复的，那么动态可能最终会使系统从一个均衡向另一个均衡发展。在这些情况下，鲍德温效应的可能性取决于系统在每种均衡中所花费的时间量。最后，值得注意的是，这里所分析的各种博弈完全是从生物学有机体的结构复杂性特征中抽象出来的，这可能会给所讨论的进化动态性带来很大的约束。

---

① 如上所述，规则引导了个体间的互动，最为显著的空间交互类型同样也能影响那些博弈的进化动态性。

第七节　结　论

现在是时候简要总结下本章了。我们讨论了鲍德温效应的一个突出的辩护理由——正频率依赖性。根据其倡导者的说法，正频率解释能精确指向能够为鲍德温效应提供肥沃土壤的条件。我们认为这种说法并没有抓住涉及鲍德温效应的因素；正频率表型对于鲍德温效应来说既非必要也非充分。我们基于均衡和稳定性的观念提供了一个关于博弈理论的分析，用来评估鲍德温效应的可能性。为了达到这个目的，我们主张社会性互动，其进化稳定策略涉及优势的表型，尤其当均衡在社会性上是最优的时候，这为鲍德温效应提供了范式基础。而我们证明了这些因素即使在负频率依赖性的情况下也适用。

参 考 文 献

[1] Wilson, E.: Sociobiology: The New Synthesis. Harvard University Press, Cambridge (1975)

[2] Barkow, J. H., Cosmides, L., Tooby, J. (eds.): The Adapted Mind. Oxford University Press, Oxford (1992)

[3] Krebs, J., Davies, N.: An Introduction to Behavioral Ecology. Blackwell, Oxford (1982)

[4] Boyd, R., Richerson, P.: Culture and the Evolutionary Process. The University of Chicago Press, Chicago (1985)

[5] Durham, W.: Co-evolution. Stanford University Press, Stanford (1991)

[6] Baldwin, J.: A new factor in evolution. Am. Natl. **30**, 441–451, (1896)

[7] Watkins, J.: A note on the Baldwin effect. Br. J. Philos. Sci. **50**, 417–423 (1999)

[8] Kuechle, G., Rios, D.: A game-theoretic analysis of the Baldwin effect. Erkenntnis (forthcoming)

[9] Deacon, T.: The Symbolic Species. Norton, New York (2007)

[10] Godfrey-Smith, P.: Between Baldwin skepticism and Baldwin boosterism. In: Weber, B., Depew, D. (eds.) Evolution and Learning: The Baldwin Effect Reconsidered. MIT Press, Cambridge (2003)

[11] Zollman, K., Smead, R.: Plasticity and language: an example of the Baldwin effect? Phil. Stud. 147: 7–2 (2010)

[12] Ewer, R.: Imprinting in animal behaviour. Nature **177**, 227–228 (1956)

[13] Avital, E., Jablonka, E.: Animal Traditions: Behavioral Inheritance in Evolution. Cambridge University Press, Cambridge (2000)

[14] Wimsatt, W.: Re-engineering Philosophy for Limited Beings. Harvard University Press,

Cambridge (2007)

[15] Diamond, J.: Guns, Germs and Steel. Norton & Company, New York (1997)

[16] Godfrey-Smith, P.: Complexity and the Function of Mind in Nature. Cambridge University Press, Cambridge (1996)

[17] Stephens, D.: Change, regularity and value in the evolution of animal learning. Behav. Ecol. **2**, 77–89 (1991)

[18] Hinton, G., Nowlan, S.: How learning can guide evolution. Compl. Syst. **1**, 495–502 (1987)

[19] Papineau, D.: Social learning and the Baldwin effect. In: Zilhao, A. (ed.) Evolution, Rationality and Cognition: A Cognitive Science for the Twenty-first Century. Routledge, Abingdon, Oxon (2005)

[20] Suzuki, R., Arita, T.: How learning can guide the evolution of communication. *Proceedings of Artificial Life XI*, pp. 608–615 (2008)

[21] Suzuki, R., Arita, T., Watanabe, Y.: Language, evolution and the Baldwin effect. Artif. Life Robot. XII (1), 65–69 (2008)

[22] Odling-Smee, J., et al.: Niche Construction: The Neglected Process in Evolution. Cambridge University Press, Cambridge (2003)

[23] Lewis, D.: Convention. Harvard University Press, Cambridge, MA (1969)

[24] Skyrms, B.: The Evolution of the Social Contract. Cambridge University Press, Cambridge (1966)

[25] Skyrms, B.: Signals, evolution and the explanatory power of transient Information. Philos. Sci. **69**, 407–428 (2002)

[26] Huttegger, S.: On robustness in signalling games. Philos. Sci. **74**, 839–847 (2007)

[27] Skyrms, B.: The Stag Hunt and the Evolution of Social Structure. Cambridge University Press, Cambridge (2003)

[28] Alexander, J. M., Skyrms, B.: Bargaining with neighbors: is justice contagious? J. Philos. **96**, 588–598 (1999)

第十五章
认真对待生物学：新达尔文主义和它的诸多挑战

戴维德·韦基

第一节 导　言

　　为达尔文思想在文化上给我们带来的巨大影响进行庆祝是正当的。我们很难低估基于自然选择的进化的思想对哲学和科学的许多分支产生的巨大影响。这个想法是如此简单并强大，以至于它不断受到瞩目，一方面每个人都认为能够正确地理解它，另一方面，这种自信的误解和误用的情况比比皆是，尤其是以某种公认的新颖方式来解释某种特殊的变化现象的尝试。古尔德[1]和弗拉基亚还有列万廷[2]试图对学者们发掘达尔文思想潜力的做法进行限制，或许他们表现出过度的怀疑论态度。他们强调，这个理论针对的是生物进化而不是其他进化现象。他们作为反成规者（anti-conformist）的警告是意在避免达尔文主义沦为手工作坊的危险趋势。进化心理学和进化精神病学引发的公开恶名就是过度消费达尔文遗产的例子。

　　我个人不认同这种怀疑论。例如，文化的进化研究路径正在滋生一些有趣的想法，即使可能并不是新颖的解释（它可能只是核实了进化考古学和语言学的最新文献）。此外，作为一名哲学家，我可能会较为认可并满足于好的类比的启发式力量。终究，正如波普尔的定义，进化认识论远不能用一个类比来解释，并且哲学家一直对波普尔充满兴趣——尤其在生物学哲学领域将其视为一个批评靶子。只有时间能够解释怀疑论者是否是正确的。

在我看来，这个问题并不在于达尔文理论是否适用于文化领域（我认为这是肯定的，并且已经建立起来了），而更确切地说，是要评估这些文化进化路径是否或者在何种程度上是达尔文主义的：使用系统发生（phylogenetic）的方法来分析人工制品分布模式或语言使用模式，是否需要确信是选择单独地塑造了这种模式？答案显然是否定的，因为其他因素也可能导致进化。因此，有趣的问题就是，要理解自然选择进化理论是否足以说明文化的适应性和多样性。另外，这是一个经验性的问题，只有时间能给出答案。然而，我猜测有理由相信，我们所需要的绝非仅仅是关于文化的达尔文化（Darwinization），而是关于文化的*生物学化*（biologization）。在本章中，我将通过关注生物学方面的新趋势，努力澄清我的意图。历史表明，不仅在生物学领域，许多领域都存在不加批判地接受一种与其说吸引人，不如说简化了的达尔文主义信条（vulgate of Darwinism）的倾向。但是事态开始发生变化，至少在生物学领域，产生了一种意识，认为新达尔文主义正在逐渐失去其对实践者群体的牢固支配力。在本章中，我将着重强调在生命科学领域越来越多的关于新达尔文主义的一些理解，就进化如何运作提供一个十分简化的图景。

第二节　新达尔文主义和达尔文教派

从历史上来看，新达尔文主义这一术语是由乔治·罗马尼斯（George Romanes）创造的，用来指魏斯曼关于进化的超选择论思想（ultra-selectionist ideas）。不去深入探究其中的一些有趣的问题，而是围绕一些与这一背景无关的评释性问题，我们可以说达尔文的达尔文主义比魏斯曼的理论更多元化。例如，在弗莱明·詹金（Fleming Jenkin）提出的所谓"覆没"（swamping）论证之后，达尔文开始强调拉马克学说的一些方面，比如使用和废弃，作为遗传变异决定因素的直接诱导和习惯，它们中的任何一个都比盲目的变异更有可能导致相似变异的同时发生，从而导致重要的适应性进化。如今，许多生物学家都在寻找像达尔文的理论这样的多元达尔文主义，这一理论强调超越自然选择（或其他）的进化过程的相关性。

226

今天提及新达尔文主义，我们不再是指魏斯曼的观点，而是指现代综合的达尔文主义信条。许多生物学家认为，这种解释应该被抛弃，转而支持一种采纳生物学最新进展中深刻理论蕴含的解释。但很自然的是，存在许多不同观点。例如，迈尔[3]宣称：

> 到 20 世纪 40 年代末，进化论者的工作被认为已经基本完成，正如进化综合的鲁棒性所表明的那样。但随后的几十年里发生的各种事情都可能对达尔文主义的范式产生重大影响。首先，艾弗里（O.Avery）证明核酸而不是蛋白质是遗传物质。随后在 1953 年，沃森和克里克双螺旋结构的发现使得遗传学家的分析能力至少提高了一个数量级。然而，出乎意料的是，这些分子水平的发现都没有要求对达尔文主义的范式进行修正——甚至也没有更为激烈的基因组革命以使基因分析精确到碱基对。似乎有理由断言，到目前为止，作为分子生物学领域惊人的发现结果，对达尔文主义范式的修正还不是必要的。

227   许多生物学家不赞同这个观点，其原因是多种多样的。过去 30 年的生物学研究已经表明，例如，变异的形成可以以多种方式进行，而且它可能是突然的、系统的甚至是一定程度上的突变。关于基因组结构、基因组变化、细胞及其发育过程的分子数据，与当下仍然流行的陈旧的进化观点存在许多不一致。新达尔文主义受到了多方面的挑战。总的来说，这些挑战旨在表明，进化涉及大量的过程，尽管选择的作用至关重要，但还是被过度强调了。

然而，新达尔文主义仍然具有很大的影响力。根据其最新的官方提法之一[4]，进化源自一种被另一种能够赋予其宿主微小生殖优势基因的缓慢替代的基因，其中变异形成的主要模式是基于 DNA 的突变。其中焦点完全集中在选择和 DNA 序列上，而变化则是随机的和渐进的。科因（J. A. Coyne）的立场非常保守，类似于道金斯[5]早在 1986 年在《盲眼的钟表匠》（*Blind Watchmaker*）中所宣称的那样：进化只不过是通过累积性选择来积累微小变化的过程。但若是道金斯即便没有去面对涌现的事实以及突然蹦出的发现，也能某种程度地被原谅，那得归功于对分子水平的研究。科因坚持不懈地捍卫这一正统观点的做法仍然令许多人感到困惑。似乎我们正面临着一种更类似于宗教狂热的激进主义：新达尔文主义成为达尔文的教派。

许多人认为，这种附加形式的激进主义是不应该有一席之地的。这是不合时宜的，因为由分子革命的进步所推动的生命科学正朝着不同的方向发展。在本章中，我将认为，如果来自基因组学、发育和细胞生物学的知识不是系统化的并且被纳入一个新的多元进化理论中，那么我们将继续简单地定义达尔文主义（向达尔文致敬），另外，还会对人类科学造成伤害（因为他们将无法利用已经存在的重大进化类比的整个宝库）。

第三节　绘制生物学的未来

当然，我们应该批判要求彻底重新解读甚至抛弃新达尔文观点的任何途径。然而，很多实践者看起来所反对的东西，不如说是对达尔文主义现代综合解释的一个长期且多层面"淬火"（hardening）过程的结果，就像古尔德[6]在某些方面所记载的那样。但是，应该注意的是，从历史上来看，一些新达尔文主义者比其他人思想更加开放，并且道金斯版本的新达尔文主义尽管取得了一定的成功，但仍处于边缘地带[7]。此外，很显然我们还没有处于库恩式的生物革命的边缘，至关重要的原因就是达尔文从根本上说还是正确的：地球上的生命虽说是多样的，但却通过共同的祖先相互关联，并且是通过自然选择进化来的。没有一个明智的生物学家会否认选择的发生，它是真实存在的。但很多人也会补充说，会有更多的事情发生，正如我将试图在本章的其余部分说明的那样。生物学需要扩展，且赞美达尔文的天才的理由仍未改变。

不用说，关于新达尔文主义范式所需要的修正和扩展的类型存在分歧。所需填补的缺口似乎无处不在。在本章中，我将重点讨论三个有望为新生物学的出现产生深远贡献的研究领域：进化发育生物学、微生物学和病毒学。这些领域的研究至少显示出新达尔文主义视角可能存在的三个局限。首先，与新达尔文主义者的主张相反，新的变异并不仅仅是由于 DNA 序列的偶然变化产生的，相反变化可以来自多种方式；其次，与新达尔文主义者通常认为的相反，遗传变异可能受生物体发育历史的影响；最后，与新达尔文主义者的主张相反，进化不仅仅是基于垂直的世系，而且其模式并不总是树状的，除非我们关注的是一种受到很高程度选择偏态的生物体。

我所关注的为新达尔文主义带来挑战的生物研究领域直指这一思想的特定方面，即大量连续的轻微且随机的形态变化将会导致进化、自适应复杂性和生物多样性。更为普遍地，我们可以说，新达尔文主义的批评者否认达尔文所提出的大量连续的轻微且随机的变化这一假设足以解释进化模式。但这种否定在多大程度上具有革命性仍是一个悬而未决的问题。

第四节　进化发育生物学：一种后现代的综合？

进化发育生物学是生物学哲学中的一个专门术语。进化发育生物学是一个不断发展的研究领域，拥有许多专门的杂志和各种各样的出版物[8]。由于一些明摆着的原因，该领域引发了许多哲学方面的关注。首先也是最重要的，因为它旨在揭示发育促成了进化，潜在地填补了现代综合所导致的进化与发育研究之间的鸿沟。尽管胚胎学在生物学中处于一个很显眼的位置，但从历史上来看，发育生物学基本上被排除在现代综合之外。简而言之，20世纪80年代早期的同源基因的发现彻底改变了这个领域，因为它立刻显示出发育过程是如何具有进化意义的。古尔德[9,p.189]曾经是现代综合运动中最有影响力的评论家之一，同时也是倡导在发育生物学和群体遗传学之间进行新综合的最热切的支持者之一。他写道，进化可以通过以下影响起作用"……微小突变对成年表型有很大的影响，因为它们在个体发育的早期阶段起作用，并且可能导致贯穿整个胚胎学的层叠效应"。自从1983年发现了HOX基因，这一段话对于所发生的事看起来几乎有先见之明。没有人能预料到保存于分子水平上的DNA序列数量不久就会被发现，也没有人能预测到，少数HOX基因的控制范围涵盖了不同且彼此疏远的后生动物的近源种的发育过程。有一些基因甚至控制了所有动物基础且关键的发育过程，恰好就像古尔德预测的那样，这一发现几乎立刻以一种异时变化（heterochronic changes，即发育事件在时间上的变化）的形式提供了某种进化的秘方。

最近，发育遗传学家们和进化生物学家们之间一场非常重要的辩论涉及遗传进化的轨迹：虽然后者通常倾向于认为在碱基序列水平上的进化是首要的［胡克斯特拉（H. E. Hoekstra）[10] 和科因］，但前者倾向于关注基因调控机制的变化［卡罗尔（S. B. Carroll）[11]］。而可靠的答案似乎是，这两种模式都是普遍并且重要的，这意味着进化发育生物学对于它所关注的问题在一定程度上是正确的。发育遗传学无疑如一开始所交代的是进化发育生物学的研究领域，尽管基因并不是进化发育生物学关注的唯一焦点（后面我将回到这一点）。发育遗传学已经产生了一系列有趣的发现，甚至在某种程度上恢复了直到最近还被冷落的系统性突变的观点。进化发育生物学已经将诉诸进化的跃变（saltational）假说和进化模式的做法合法化了。例如，米内利（A. Minelli）等 [12] 最近发现了一种蜈蚣物种（热带蜈蚣，*Scolopendra duplicata*），其身躯节数是其近亲身体节数的两倍。米内利等认为，形态学和系统发育的证据支持了这一假设，即由于一种非常简单的翻倍复制的发育机制，在躯体分节上产生了如此巨大的变化。在这种情况下，这种物种与其最接近的亲属之间并没有位于中间过渡的形式，也没有渐进的变化，而是一种系统发育的跳跃，或者不如说是一种发育过程中调控的"大突变"（macromutation）。随之而来的表型进化模式在某种程度上是突变的。使用迈尔滥用戈尔德施米特（Goldschmidt）思想的著名表述，可以激进地说，这样看来热带蜈蚣可以被认为是某种"假想的畸形动物"（hopeful monster）。

　　从历史上来看，哲学家们对进化发育生物学的兴趣集中在发育限制的本质问题上。关于进化过程的新达尔文主义构想是基于变异具有等向性（isotropic）这一观点，也就是说，表型周围所有可能的方向上的变异都是等概率的 [6]。这个构想在道金斯 [13] 那里达到了一种极端，他几乎挑衅地认为选择是如此强大，以至于只要给予足够的时间，任何变体都将会出现在基因库中。索伯 [14] 则反驳认为，很难想象未来的斑马会演化到能用机关枪来对抗捕食者。进化发育生物学非常明确地表明，选择并不是如此强大，并且更有趣的是，变异并不是等向性的，更确切地说是在发育中受多层面方式的限制 [15]。"限制与选择"的争论 [16] 导致了一种认识，即发育动态性在变异形成中发挥着根本性作用。然而，即使在今天，尽管达成一致，但哲学议题却总是根据发育以及生成性过程与自然选择的二元划分来构建的。

230　　　　争论的核心问题涉及选择在塑造进化方式的过程中的创造性作用。发育论者普遍认为，选择是一个修剪过程，本质上是去除不太合适的表型。在这种观点中，选择仅在有限的意义上才可以说是有创造性的，也就是为创新的出现创造条件[17]。选择论者有时会通过重新建构这个问题的方式进行答复，就好像它具有语义属性一样。正如鲁斯[18]用一个可能是误导性的类比所反驳的："米开朗琪罗雕刻大卫的时候，他是在修剪还是在创造呢？"换句话说，人们可以将这两个看法明确地表达为两个不同的焦点：选择论者关注的是导致适者生存的过程，而发育论者则把注意力集中在导致适者到来的过程上。这两种立场都很重要，尽管再一次证明了进化发育生物学的立场是正确的：如果变异不是等向性的，那么生成变异的机制就具有进化相关性。

在这场辩论中，更实质性的生物学问题处于险境。其中之一便是关于选择的暂时性作用。发育生物学家们倾向于大体上把选择看作是稳定的，在选择出现之后，时间主要通过淘汰不太合适的表型来扮演辅助的和附属于进化过程的真正有创造性方面的角色，其创造了新形式，即新形态、新生理以及新行为。创造力属于一个不同的层次，它只会被自然选择所触动（即通过对发育系统进行微调）。事实上，这取决于形成进化创新的发育机制。并且这里涉及的进化发育生物学路径存在广泛分歧，因为不同的理论家倾向于强调个体发生在不同方面的创造力：由此概括或许太多了，人们可能会说，尽管大多数人倾向于强调胚胎学的过程，但其他人则突出强调了胚胎后期发育动态的根本贡献（包括行为、生理适应过程和发育重组）。一个更进一步且略显粗略的一般原理涉及发育新颖性（developmental novelty）的起源：虽然一些发育论者强调发育系统（如生物体）的内部结构特性，但其他人则倾向于强调环境的影响。当然，这些粗略的概括并不是为了在进化发育生物学中对各种研究途径进行可靠的分类。我使用它们是为了向读者澄清进化发育生物学的多方面贡献。事实上，一般的途径强调内部和外部因素的共同影响，同时强调胚胎学的进化作用以及生理适应过程，它们是某种规范而不是例外。构造主义者的（structuralist）和环境的传统在进化发育生物学中都有很好的体现。

此外，进化发育生物学宽容地接受了一系列致力于避开胚胎发育的个体发生方面的研究，如生态位构建和鲍德温效应的进化。这些研究领域的传统重点一直是行为。例如，波普尔[19]采用这两种方法来提出他对新达尔文主义的修正：对于波普尔来说，行为是进化的"先锋"（spearhead），是进化过程的起点（波普尔在这种有限的意义上可以被看作是一个发育论者，因为他将个体发生置于进化过程的核心）；新行为提供了新机会，如果成功的话，可以通过创造新的生态位（生物体依据他们自己的偏好，构建新的生态位）改变生存环境；随之到来的必然是，选择作用于那些拥有有利于重建新的有利行为的基因组的生物体。波普尔认为，这是一种继之以遗传同化的表型进化过程，它产生了重大的、继之以选择的自适应复杂性，而非新达尔文主义的突变。

　　乳糖耐受性的进化似乎是这一过程的一个实例。当人类开始从采集狩猎过渡到农业的生活方式，最终开始饲养和培育牲畜时，消费牛奶和奶制品的机会便出现了。消费牛奶可以被视为一种新颖表型，在某种程度上，它被我们祖先中一部分显然是为了得到营养的人所选择。一个新的生态位（我们可以称之为牛奶"产业"）是由人类的新颖行为塑造的。遗传同化过程遵循生态位构建和表型进化的过程：考虑到人类乳糖代谢能力的变化，自然选择开始推动人类增加乳糖酶（即消化牛奶所必需的酶）的活性。如今乳糖耐受性几乎在北欧地区流行开来（那里的牛奶消费水平仍然很高），而乳糖不耐症则在亚洲部分地区普遍流行（那里的牛奶消费水平很低）。

　　波普尔将其提出的这种粗糙的表型进化模式，作为一种解决新达尔文主义认识限制的灵丹妙药，最近在一个更为清晰缜密的版本中将之上升到了新的卓越的层次，这要归功于生物学家韦斯特-埃伯哈德[20]、基施纳（M. Kirschner）和格哈特（J. C. Gerhart）[21]的贡献。这些方法通过强调表型进化的作用，以其他方式挑战新达尔文主义。让我更为清楚地说明这一点（这样做的话，它也将成为围绕选择创造力的争论核心的第二个实质性的生物学问题）。新达尔文主义者通常设想变异在源头上是遗传性的。突变被假定为是为选择行为提供原材料的过程。为此一些进化发育生物学的研究途径争辩认为，至少在最初，通常进化既不是基于基因的也不是基于突变的，从而挑战了这个正统观点。另一种可供选择的解决路径聚焦于被主流进化思想忽视的生物现象：表型可塑性，即生物体在回应其所处的环境时形成表型的能力。如果

231

生物体是可塑的，只要它们形成的表型是可遗传的，那么发育过程就变得很重要。这被认为是一个问题，因为表型的发育变化是躯体的变化，不能轻易地传递给后代。这是真的吗？

在回答这个问题之前，我首先要指出的是，进化发育生物学否认这种变异是"原生的"（raw），即意味着影响小且没有目的性。其结果就是，尽管对原生变异的选择非常强，但是其也伴随着大量结构化的变异，作为结果，比如说在发育重组和生理适应的过程中，选择就变得不那么有创造性了。发育论者经常引用双足山羊的例子来解释发育重组的概念。不需要过多地探究这个案例的细节，在这种情况下可以说几件事情。首先，这个例子并没有表明双足山羊比"正常"的山羊更具有适应性，并且从进化的角度来看，山羊两足行走并不新奇。这个例子的意义很微妙，因为它展示了表型的可塑性是怎样的，以及在没有遗传基础的情况下可以实现多少功能发育重组。双足山羊是一种具有奇特的新颖表型特征的能够存活的生物体。有趣的是其中的一个特征（盆骨特征）让人联想到袋鼠的形态。难怪韦斯特-埃伯哈德在此基础上能够推断出一个有趣且大胆的猜测。考虑到关于人类进化的通俗描述：从猿到人的进化过程中，逐步获得双足直立的姿势。我们真的需要很多次的自然选择和很多代人的渐进遗传变化来达到这个目的吗？毕竟，自然只需要一次试验便可创造出双足山羊，这是一种不同寻常但功能强大且可行的表型。

再回到关于发育形成的表型的遗传这一关键问题，进化发育生物学的研究正在导致理论上的进步，有望很快就能与实验数据相匹配。韦斯特-埃伯哈德认为，环境诱导是解开这个谜题的答案：如果环境诱导生殖细胞产生了类似的变化，那么就没有谜题了；否则，如果环境诱导体细胞发生变化，那么我们就回到了一种鲍德温效应和遗传共调节（accomodation）的设想。最重要的是，韦斯特-埃伯哈德 [22] 有力地强调，环境诱导能够像突变一样可靠，甚至可以使突变变得不再必要：

> 　　一个突变基因似乎比一个新的环境因素更可靠，也就是说，更可能代代相传。然而，我们只需要对发育的本质进行一点反思就能领会到环境因素的可靠性。所有生物都依赖于大量非常具体的跨代环境输入存在：

特定的食物、维生素、寄主、共生体、父母行为，以及温度、湿度、氧气或光的特定环境。这样的环境要素就像特定的基因一样至关重要且可靠；比如光周期以及像氧气和二氧化碳这样的大气元素，比任何特定的栖息地和区域内的基因更可靠，因此我们似乎忘记了这些环境因素构成了强大的诱导因子和必不可少的原材料。当群体殖民到新的区域，其在地理上的可变状态诱导发育上的新颖性……鉴于所有人都熟悉的证据，在正常发育过程中，大量的环境输入是恒常供应的（必不可少的），较之基因，生物学家们对环境因素可靠性的怀疑论跻身于生物学思想中最奇怪的理论盲点行列。

此外，从宏观进化论的角度来看，环境诱导解决了影响新达尔文主义的一个最大的问题：环境诱导可以同时影响许多生物体，甚至整个种群，这取决于所讨论的环境因素。这样的物种形成过程所导致的后果是惊人的，特别是在给定压力条件下[23]。

最近的一项研究[24]调查了控制形成节肢动物节数的发育机制，这是为了阐明表型可塑性和环境诱导的概念保障。这项研究主要关注一种蜈蚣（Strigamia maritima）。节肢动物是有趣的，因为它们对纯粹的达尔文进化论提出了一个难题。事实上，大多数节肢动物物种在节数上是不变的。因此，难以理解的是，鉴于缺乏物种内部的变异，选择可以在这群生物体的节数中"产生"多样性。这篇论文阐述了支持这个假设的证据，假设就是在胚胎形成期直接的环境温度效应影响了节数的形成：高温会产生更多的节数。作者认为，表型可塑性解释了为什么许多种类的节肢动物在温暖地区会表现出更多的节数。值得注意的是，首先，这类研究关注的是表型进化，并且遗传变化遵循表型变化：这取决于环境影响和随后的表型可塑性，从而创造出在选择可作用于其之上的关于节数的种内变异。其次要注意的是，环境诱导而不是突变生成了新的分节模式。这项研究最为概括性的推断是，节肢动物的物种形成模式可能在一定程度上源于许多种群成员的特定可塑性响应的同步诱导。

我在这里给出的只是一些关于进化发育生物学研究的理论复杂性和多样性的示意。总而言之，我们可以从进化发育生物学中获得一些经验教训。进化发育生物学的研究表明，发育在进化中有很多相关的不同方式。在这个简短的部分中，我强调了对进化发育生物学研究途径的贡献，使得发育过程的两个方面都清晰起来。首先，存在着各种各样的进化模式，这取决于可获得的变异性质：在尚不了解控制遗传变异以及表型变异的机制细节的情况下，我们关于进化过程的知识是存在缺陷的。这个观点的内涵在于，向渐进主义发起挑战，正如达尔文所预期的那样：变异不是等向性的，而是丰富的和结构化的。变异形成过程受制于各种限制，但同样可以引导潜在变异的形成。另一种建议在某种程度上是关于跃变的：正如一些进化发育生物学研究表明 [12, 25] 的那样，*自然中存在某种飞跃*，并且比较基因组学使之变得越来越明晰（通过基因组复制以及后续的再功能化，尤其是通过整个基因组复制事件）。无论如何，进化发育生物学想要明确的是，*没有发育，任何变异都是毫无意义的*［这是由发育生物学家杰纳沃（J.Jernvall）所提出的口号］。

第二种我所关注的进化发育生物学的研究主线是，*基因是进化的追随者*（这是由韦斯特-埃伯哈德提出的一种表述），并且发育可塑性是至关重要的。这里对新达尔文主义的攻击涉及对基因突变作用的淡化。我试图去查阅关于表型进化方法的庞大并且非常有趣的文献，其中引用了表型可塑性的现象、发育重组现象和环境的诱导作用。这一途径在生物学和哲学上产生的结果是多样的、复杂的和深刻的。例如，对表型可塑性以及环境诱导作用的关注，将之作为一种针对进化中遗传因素影响的平衡性（counterbalancing）存在，推动了视角的根本性变革：无论如何定义，环境都具有根本的重要性，当与DNA序列相比时，它是根本性的，不再是次要的。从更抽象的角度来说，对环境的重新发现是当代生物学研究的一个根本性结果，超越但深深地影响了进化发育生物学研究本身。

第五节　微观世界的奇观

在这一节中，我将重点介绍细菌及其应对环境挑战的非凡能力。细菌和古生菌主宰着这个星球：它们已经这样做了，并且很有可能会一直这样做。微生物的多样性在新陈代谢上是极其不同的。事实上微生物无所不在，并且在地球上的任何地方都能被找到，甚至可能超出地球的范围（即考虑到泛种论假说）。尤其是在生物学哲学中，这些无可争辩的事实并没有得到足够的重视。多细胞特征（multicellularity）之所以出现是因为细菌为复杂的多细胞生物创造了条件。在可以被归为重大进化转变的生物事件中，光合作用能力的出现已经改变了我们星球的大气，这无疑是最为重要的[26]：在某种意义上，不起眼的蓝藻（亦称蓝绿藻）最终导致了一系列使我们得以进化的事件。

　　虽然微生物学哲学还处于起步阶段，但细菌学一直是生物学的一个关键部分。艾弗里、卢里亚（Luria）、德尔布吕克（Delbrück）和莱德伯格（Lederberg）等人，这些仅仅涉及 20 世纪生物学史上的少数几个杰出人物，他们的工作非常依赖细菌模式生物。细菌遗传学和分子微生物学在这门学科的历史上形成了一些重要的观点，并且未来依旧如此。此外，在进化生物学中微生物学也被设想与其存在基础的相关性：事实上，它的一些结论已经教导了好几代进化生物学专业的学生，并提供了指导研究的启发性原则。其中一个例子可以追溯到 1943 年，就是著名的波动测验（fluctuation test），其认可了新达尔文主义关于细菌突变的官方立场。其认为，细菌突变不是针对需求的拉马克式的反应，突变体在生长过程中以恒定的速率形成，独立于任何选择压力和环境影响（例如生理压力）。即便是"零散的"细菌也是以达尔文主义的方式进化并促进了现代综合运动，一些当代的进化生物学家曾认为它们是"正常"生物体（如动物和植物）中的一种例外。卢里亚和德尔布吕克的实验，以及后来莱德伯格等人在 20 世纪 40 年代和 50 年代的实验都被认为是"判决性"实验。科学哲学家们可能还记得迪昂（Duhem）曾建立了一个彻底的悖论，那就是，不可能存在"判决性"实验，但实际上的科学实践则不同。即使是粗略地查阅一下富有影响力的富图玛（Douglas J. Futuyma）的《进化论》教科书，也能让人意识到这样的实验被当作最终的和确定的证明，真正意义上的细菌定向突变是不可能发生的。

　　这是现代综合确立的一个明确的历史案例。我们使用判决性实验是为了一举排除拉马克主义的现象和过程的可能性，从而使拉马克主义的立场走下神坛。一个经典的库恩式范式已经建立。关于随机性突变的达尔文主义的观念在针对整个有机生命范围的研究中已被证明是正确的，这意味着真实的实

235

验异常现象只是被掩盖了。波动测验的实验局限从一开始就众所周知。事实上，德尔布吕克本人也在 1946 年承认，波动测验有局限范围，因为它不能排除存在突变的适应性机制，究其原因在于测试中施加于细菌之上的选择性压力太强了。实验异常现象与 40 年来累积的公认观点相矛盾，或者说，随着凯恩斯（J. Cairns）等 [27] 适时发表的论文而达到了高潮。另一现象也在 1988 年同步发生，即人们对通常所认为的无趣的细菌的哲学兴趣再度兴起。

　　凯恩斯等 [27] 的论文把拉马克的定向突变思想从地狱的边缘拉了回来。在过去的 20 年间，细菌突变现象得到了深入的研究 [28]。这种现象已经被给予各式各样的名称［最受欢迎的一种是"适应性诱变"（adaptive mutagenesis）］，并且人们普遍认为它在涉及许多机制和过程时是复杂的。人们普遍认为这一现象与达尔文主义的中心原则是一致的，即突变不太可能是有益的 [29]。然而，新达尔文主义范式的所有其他辅助假设都被抛弃了。事实上，与新达尔文主义者最初的想法相反的观点是，细菌突变可以是由环境诱导的，而不仅仅是由于复制错误，其可以针对基因组的特定部分，而不仅仅是由于 DNA 修复的细胞机制的故障。因此，虽然所需细菌突变反应的部分"盲目性"已经得到了充分的证实（除非我们假定就细菌所表现出的现象存在某种神秘的预见，否则它何以可能呢？），但新达尔文主义观点中的所有其他原则都被抛弃了。可以肯定地说，在许多方面已经出现了一种"软化的"新达尔文主义观点 [30]。这种软化的程度是如此之大，以至于亚布隆卡（E. Jablonka）和兰姆（M. Lamb）[31] 都在询问是否应该将这种新兴的观点称为适应性突变形成的"新达尔文主义"而不是"拉马克主义"，这在生物学上具有根本性的意义。

　　适应性诱变研究为我们提供了一系列超越了达尔文-拉马克式辩论的教训。越来越明确的是，细菌能够产生出各种各样的智能反应来应对环境的挑战［吉姆·夏皮罗（Jim A. Shapiro）[32] 称之为*自然的基因工程能力*］。应当强调这项研究的两个方面。首先，当代微生物研究似乎更热衷于针对野生动物的研究。由于基因技术的改良，这是有可能的。这是环境微生物学这一强有力的科学发展非常重要的一步。涉及环境的研究途径是必要的，因为据估计，99% 的微生物菌株是无法培养的。此外，据估计，生活在自然环境中的微生物（如生物膜和其他多重分类的群体）比隔离条件下的微生物更能抵抗抗生素。造成这种情况的原因之一是细菌交换了基因。例如，在压力条件下可以激活 SOS 响应，并且细胞修复机制也会因此受损，大肠杆菌就会接受来自沙门菌的 DNA 以缓解压力。对大肠杆菌的野生菌株 [33] 的研究表明，这种菌株的表型反应比人造菌株的表型反应更多样化、更具有针对性和应激特异性。我们对微观世界进化动力学的忽视，导致每当我们揭开表面就会惊异于意料之外发现的新表型和过程。对微生物的哲学兴趣应该集中在这些新兴的知识和主题上。

直到最近，细菌才开始吸引人们浓厚且非边缘化的哲学兴趣。这里不会专门来讨论其被忽视的原因。人类的思维当然是偏向于可见物，即使细菌创造了复杂的可见聚合体（即生物膜）。多细胞生物被认为更复杂，因此从进化的角度来看也更有趣。这一合理观点忽略了一个简单的事实，即多细胞生物是生态群落。令人吃惊的是，构成人体的人类细胞仅占到 1/10（假设它们共享某一单一的基因组），而其余的全部是原核共生有机体［还不算无处不在的潜伏病毒，如单纯疱疹病毒（*herpex simplex*）或冷制鼻病毒（cold producing *rhinoviruses*）——见下一节］。微生物组的概念（由莱德伯格创造，指生物细胞间合作进行多细胞生物生理运作的共生体异常行为）越来越被认为是相关的，因为，例如，许多人类的生理过程是由人类细胞和细菌活动间的协调和相互作用组成的。人类消化的生理机能（例如脂肪储存）是一个典型的例子，因而存在一种获利颇丰的生物产业，即通过出售益生菌产品来获利，这些产品［如枯草芽孢杆菌（Bacillus reuteri）］能够调节我们的肠道平衡。在中东和印度的酸奶消费反映了一种低消费主义的民众智慧。如果我们考虑到细菌（以及更普遍的微生物）在生物技术工业中（从食品到制药再到生物降解工业）发挥的非常重要的作用，那么细菌在哲学上缺席就会变得更加令人费解。

不能忽略的是，进化发育生物学主要是关于胚胎生物，无论它们是动物还是植物。进化发育生物学为可见生物体（特别是后生动物）提供了一个进化的视角，并且并不关心地球上占绝大多数的单细胞生物的存在；其他还有真核生物，但绝大多数都是细菌和古菌。这种选择性的关注尽管在某些方面是合理的，但却没有考虑到生命的真正本质：其复杂的交互作用动态性。进化发育生物学中的某些研究途径重视不同种类生物体之间的整合程度。吉尔伯特[34]把这种新的综合方法称为"生态发育生物学"。在过去的 10 年中，为了正确理解发育过程，对于生态的和表观遗传的因素的考察范围已经有了很大扩展：虽然最初的重点（我认为主要原因可能与数据可用性有关）是环境因素，如温度、pH 和种群密度，但各种各样的新研究强调了细菌生物和病毒在发育中的贡献。后者的贡献同样也经历了进化：尽管 10 年前，细菌和病毒对发育的贡献主要被置于病原体的名义下进行考量，但如今研究人员已经明白，鉴于多细胞生物的组织方式，细菌在产生可行的发育结果方面起着基础性的作用。韦斯特-埃伯哈德[22]报告称，对斑马鱼的研究表明，环境提供的细菌调节了 212 个基因表达："如果没有这些能够产生高度特定宿主反应的细菌，发育中的鱼就会死亡。"

生态发育生物学是许多研究思潮表达中的一种，旨在捕捉生物过程的整体性特征。从这个意义上说，它可以被视为冠以"整合生物学"（integrative biology）标签的更具普遍性的学术运动的实例。它试图将最初独立发展的各个生物学学科整合起来，但在分子水平的新发现和比较基因组学研究的启示下，这些学科正变得更加易于相互联系。

对于微生物组（microbiome）与有机体细胞之间交互作用的关注具有哲学意义上的多样性。如果细菌和病毒不被仅仅看作是传染性的，而且如果发育过程部分地被这些生物实体所调节，那么我们对于疾病的观念将彻底改变。如果把微生物组的概念认真考虑进去的话，关于人格同一性的传统哲学问题也会发生根本性的改变：我们是什么，仅仅在于我们人类的细胞中持有我们独一无二的基因组（不考虑基因镶嵌性的情况），还是我们需要将考察进一步扩大至环境———一种更广泛的语境？

再次聚焦到进化主题上，微生物组的概念清楚地表明，从属于不同物种和不同领域的生物体之间的合作程度被大大低估了。吉尔伯特和埃佩尔（D. Epel）[35]把许多这样的交互作用称为发育共生（developmental symbioses）。人类肠道中的人类细胞和大肠杆菌之间的共生关系也许是最为典型的例子：大肠杆菌在发育、免疫和生理上都对我们的健康至关重要。在这种情况下，吉尔伯特和埃佩尔推测，许多发育共生案例的存在强化了一种观点，即群体选择是进化中的一股强大力量，正如索伯和威尔逊[36]令人信服的论证一样。

从另一个角度来看，杜普雷（J. Dupré）等[37]认为，元基因组的观点应该得到认同，这个观点将元基因组（群落中存在的所有 DNA）看作是一个群体的资源，而由此构成的生物个体应该被看作是本体论意义上的抽象。

　　总的来说，我相信基因组学有很多潜在的本体论意蕴。首先，它清楚地表明某些发育现象，如镶嵌现象和嵌合现象是非常普遍的，甚至是局部流行的。在这方面，根据某一基因组一致的细胞世系，或拥有某一种纯的且唯一的种质来定义的生物个体的概念在生物学上是有问题的。作为这一论证的延伸，可能会涉及主张所有生物都是多重世系（multi-lineal）以及多重基因组（multi-genome）的。这对单细胞细菌和古细菌来说都是成立的，它们很愉快地交换遗传资源，并且对于多细胞真核生物来说，其可能更应该被看作是由具有多样化基因族源的组成部分构成的。这种对巨生物体或"巨生物"（macrobes）[43]的看法，就如同多重基因组以及多重基因组与多重世系的遗传相关性一样，尤其与我们对个体的直觉相悖。可以大胆地认为，对吉尔伯特和埃佩尔关于群体选择的辩护进行延伸，基因组学提出了一系列新的涉及选择单元争论的议题：即使基因和生物体作为选择的单元是不容置疑的，群体和物种也有很好的机会被认可为同样的单元，依然明确的是，选择运行的方式（即在生物组织的许多层级上），甚至基因组与微生物学形成的开放联合（例如，生物膜是由生物体和诸如质粒等寄生性可动遗传因子组成的单元，封闭的多重世系和多重基因组的生物群落从属于不同分类群，如同复合体等）都可以实现选择单元的角色[38]。当然，联合的选择性角色并不新鲜。梅纳德-史密斯 (J. Maynard-Smith)[39] 推测，共生起源的自然选择并不以达尔文主义的方式（即在个体生物或基因的层级上）进行，但可以说它所做的为宿主带来了好处。但这一观点与揭示选择可以作用于合作关系层级的数据不一致，正如下面所揭示的，例如，通过阿米巴虫和细菌形成的精确联合[40]。无论如何，充满着公共基因池的自然、跨物种的协同交互作用以及共生关系，它们与诸如道金斯这样的极端达尔文主义者们所推崇的过度竞争性的世界是非常不同的。比起爪牙相向的竞争，自然中充斥着合作。

　　如今，微生物生命所在的社会维度正在被深入地研究。一些生物学家认为，我们可以有效地讨论一种新兴的新科学：社会细菌学（sociobacteriology）[41]。像

238

是生物膜形成、群体感应以及趋化性等这些过程越来越被人们所理解。所有这些过程都可以被描述为包含了学习的要素：细菌通过感知环境变化或释放分子来进行交流。艾弗里与其合作者早在 1944 年就发现了细菌能够彼此交流并交换遗传资源。艾弗里的研究小组想要找出无害的肺炎双球菌是如何通过接触已经灭活但仍然具有毒性的肺炎双球菌而变得具有传染性的。他发现，通过吸收分散在周围环境中的 DNA 片段，无害细菌继而学会了如何变得致命。顺便说一下，艾弗里和其同事们也发现 DNA 是基因的组成部分，是遗传的基础：事实上，从灭活且具有毒性的细菌传播到无害细菌的物质正是DNA。其结果的另一个重要方面是发现了 DNA 信息的传播不仅可以是垂直的（从父母到后代），而且可以是水平的 / 横向的（在所有可能的方向上）。

239

在物种内部进行的类似于家族交流式的横向基因转移的过程不会让我们觉得特别具有革命性，但是不同物种的个体之间的相似过程对于许多进化生物学家来说是相当令人不安的 [42]。虽然进化生物学家们承认横向基因转移在微观世界中很常见，但是大多数人否认它会影响到复杂的真核生物。作为该否认所基于的一个根本原因是，如果基因转移是一个普遍的过程，那么达尔文主义关于生命之树的概念及其所有精巧的分支都将会受到影响。事实上，基因组学已经证明了这一观点：对生命形式之间相互关系的最为准确的描述不是一棵树，而是一个网络（我将在下一节中回到这个问题）。

沃尔巴克菌（*Wolbachia pipientis*）是一种寄生细菌，现在已经成了进化理论界的宠儿。直到 10 年前，人们还认为它寄生在一些昆虫物种内，但没有人预料到它是无处不在的。沃尔巴克菌和其真核生物宿主之间的关系如今正被大力研究。最近的一项基因组研究 [43] 表明，横向基因转移发生在沃尔巴克菌和许多被寄生的昆虫（以及其他被研究的宿主）之间，这证明了在细菌和真核生物之间发生横向基因转移的假设。物种形成的后果也潜在地变得有趣起来。如果横向基因转移确实是一种允许基因在甚至属于不同网域的物种间进行交换的过程，那么它就为获取新的表型提供了手段。正如韦斯特-埃伯哈德 [22] 已经强调的那样，物种的地理隔离以及伴随着的遗传多样化的多代过程，这些对于物种形成来说并不是必需的：像沃尔巴克菌这样一种低级的细菌（甚至更加低级的病毒），通过在宿主亚群中插入具有新表型潜能的片段，进而作为遗传上的媒介。在这种情况下，物种形成可能变得非常快。

总之，对于细菌进化的关注给主流的进化思想带来很多挑战。在这一节中，我简要地回顾了旨在揭示生命的合作特质意味着构成发育共生关系的生物体可以被看作是被群体选择所青睐的自然进化单元的研究。我还试图简略地说明，横向基因转移过程可能会改写原核生物与真核生物的历史。但还有一个论题值得特别关注，环境微生物学与生态发育生物学之间有一些共同点：生物组织各个层次的有机体都表现出令人难以置信的表型可塑性。在本节的第一部分，我试图对细菌，特别是其在野生环境中创造性地应对环境压力的方式给出暗示：在我看来，表型可塑性的普遍现象是这种能力的另一个例子。

第六节　病 毒 进 化

如果说存在一个一直被主流进化理论所忽视的生物学分支，那就是病毒学。关于病毒的性质有很多专题研究：它们是活着的吗？如果不是，那我们为什么要关注它们呢？根据维拉里尔（Luis P. Villareal）的说法，这两个问题是相互联系的：事实上，如果一个人认为病毒不是活着的，它们只是作为宿主遗传物质的蛋白质外衣的片段，那么势必会低估它们在进化中的作用[44]。

关于病毒的本体论地位的问题让人迷惑。的确，病毒是需要宿主细胞来进行复制的寄生虫，但细胞的组成部分也是如此：询问核糖体和线粒体是否还活着会让人感到很奇怪。毫无疑问，病毒不能自主完成复杂的生化任务；然而，在适当的环境下，它们就像种子一样，具有"潜在的"生命力。由于是化学成分所构成的，病毒有能力胜任许多非凡的事业。例如，它们是唯一能够"自我复苏"的生物实体。这种现象被称为"多重性活化"（multiplicity activation），其中包括了重新装配其组成部分的能力：病毒残骸的存在足以使病毒基因组恢复其功能；诀窍在于将分散在细胞质中的组成部分重新装配起来。病毒可能不是完全活着的（即自治的），但是它们确实不同于无生命的物质，它们能够复活！在任何情况下，为了继续这样类比，若说种子具有深远的进化影响，那么病毒也同样必是如此。

我并不是说病毒学已经被生物学家们忽视了。相反，它一直是生物学中

240

一个蓬勃发展的领域，部分原因在于，病毒是在实验室环境下易于操作的生物。诺贝尔奖得主卢里亚和德尔布吕克对噬菌体的开创性工作为许多分子技术的出现铺平了道路，并且更多的诺贝尔奖被授予病毒学研究。例如，有三项诺贝尔奖是由于逆转录酶的发现而被授予的。逆转录过程起初在某种程度上是被否认的，可能是因为它违反了分子生物学的中心法则。但是，进化生物学中群落的视角对于病毒在进化中的作用的关注一直受到一些假设的约束，即病毒被认为仅仅是疾病的载体，或者含糊地将其看成有趣的寄生虫，或者略为同情地将其视为外来遗传物质进入宿主基因组的载体（一种被称为转导的过程）。

从后面的意义上来说，大约在过去的 20 年里，病毒已经以某种方式回归到进化的研究视野中。有些人可能还记得泰德·斯蒂尔（Ted Steele）的拉马克学说，其主张要关注通过某种逆转录的机制获得性状的遗传，其中涉及逆转录病毒将躯体信息重新植回到种系中。被同行们排挤的斯蒂尔曾经甚至试图向波普尔爵士寻求帮助［这个非常有趣的故事是由阿诺瓦（E. Aronova）[45]讲述的］，后者曾写过大量反对拉马克主义的文章，但他仍然保持着开放的心态。病毒作为新基因载体的概念与细菌作为载体的概念并没有什么不同，这可以在关于沃尔巴克菌的最后一节看到：寄生虫感染的进化效应在原理上是直接的，因为两者都提供了跨越魏斯曼屏障的适当机制。

然而，只有随着基因组学的出现，病毒在进化中的命运才开始发生剧烈变化。基因技术动摇了生物学中某些最为稳定和珍贵的关于生物间系统发育关系的信念。事实上，目前正在被发现的是，许多病毒已经在包括我们在内的许多物种的基因组上形成了它们的特征。在所有（有胎盘）哺乳动物中，胎盘在发育形成中受到源自病毒的遗传因素的影响[46]。人类基因组的许多部分都有病毒来源［特别是以内源性逆转录病毒（endogenous retroviruses）的形式，也称为 HERVs］。虽然其中的大多数序列似乎没有得到表达，但依然有些得到了表达。其中有一些涉及胎盘滋养外胚层的发育，这是我们生殖器官中一个非常重要和复杂的部分。这一逆转录病毒共生的案例也被吉尔伯特等[34]用作病毒介导的发育共生的例子。维拉里尔[44]认为，这意味着我们的人类特性显然部分上是由病毒引起的。

使病毒在进化中利益得以巩固的最重要的原因之一是间接地源自作为其

创造力基础的复制能力——病毒的生成时间很短；如果有人补充说病毒种群非常庞大，而且病毒甚至可能比微生物更为普遍，那么就会引得人们推测，病毒可能具有极强的创造力，它们有可能比细胞生物更快速地创造出新基因。病毒的遗传创造力的程度是非常卓越的。虽然这并不令人惊讶，但这在很大程度上是未知的。在任何情况下我们获知的都是非常有研究前景的。维拉里尔等[47]表明，与普遍观点相反的是——普遍认为病毒是基因碎片——80%的病毒基因在真核生物基因数据库中没有对应物（counterparts），这显然与病毒起源于细胞基因组的支撑性假说相矛盾。维拉里尔[48]还报告说，基因组证据表明，许多基因的基础版本通常起源于病毒，包括控制真核生物 DNA 复制过程的最基本基因。帕特里克·福泰尔（Patrick Forterre）推测，即使是 DNA 本身也有病毒来源[49]。新的研究表明，病毒的足迹可以追溯到许多调控的和表现遗传的路径的创立，以及在真核生物中关键的 DNA 聚合酶的出现及内含子的起源[50]。病毒的元基因组学研究表明，病毒的多样性即使是与原核生物相比也是巨大的。一些元基因组学的研究似乎表明，至少在某些环境（如海洋栖息地）中，噬菌体在数量级上是最为充裕的生物实体[51]。与细胞基因组相比，病毒基因组相对贫乏，因而使得我们很容易忽视这些结果。但如果这样的话将相当于否定了它们明摆着的进化意义。特别是，带有大量基因组的病毒拥有与当下序列数据库中不同源的实质基因部分[51]。用非常谨慎的话来说，这似乎意味着病毒基因组占据了我们地球上遗传多样性的很大一部分。

在这样的背景下，尤其引人注目的似乎是逆转录病毒共生生物的进化贡献。瑞安（F. P. Ryan）[50, 52]最近在一系列论文中指出，从医学角度来看，病毒共生——从技术上讲病毒感染宿主生殖细胞——越来越被认为是至关重要的。当病毒进入宿主并"内源化"（即进入生殖细胞系并开始以孟德尔式的方式传播）的时候——这一过程绝不是普遍性的却是频繁的——它们与宿主构成一个"共生功能体"（holobiont），即病毒与宿主的共生联合共同使用一个单一的基因组。已知的内源性逆转录病毒，特别是在人类的病例中（在其中，出于医学原因，它们被大力研究），其控制宿主基因的基因表达并发挥各种生理和发育作用。从进化的角度来看最吸引人的事实是，尽管内生化过程，即通过将病毒转化为持久且最终无症状的感染，强烈地限制了病毒的感染能力，但病毒起源的遗传贡献并没有完全沉默，而是仍部分地活跃着。此外，越来越多的证据表明，内源性逆转录病毒保留了创造新基因的能力[50]。一旦内源性逆转录病毒进入宿主基因组，尽管伴随着明显的退化，但它们部分地保留了祖先完整的进化创新能力。一些活跃的序列保留了与新的内源性逆转录病毒或其他遗传因素相互作用的能力。因此，基因组的整合并不等同于"垃圾基因"（junk DNA）。这可能意味着这种"感染"过程应该以一种新见解被看待，即逆转录病毒共生的作用作为基因组响应环境变化能力的形成与进化的方式之一（即基因组可塑性[53]）。

认为病毒具有进化意义的另一个重要原因在于，它们有能力组成一个相互关联的高度可转移的遗传资源库。需要被确定的"移动基因组"（mobilome）或"病毒圈"（virosphere）的概念不局限于病毒，因为它包括各种各样的亚细胞生物实体，比如以质粒为例，可以被标记为"自私复制子"，因为它们无法独立进行转译。仅仅将病毒和质粒看作是"寄生的"实体，等于重申了亚细胞生命与疾病相关而与进化无关的观念。尽管从我们人类的角度来看，质粒是罪魁祸首——例如，其作为载体能为细菌提供躲避我们抗生素武器的手段——但从细菌的角度来看，它们是重要的有用表型资源。质粒、病毒和其他所谓的"可动遗传因子"正日益成为生物学研究的中心。最主要的原因是，比较基因组学和元基因组学证实了可动遗传因子对细胞基因组结构做出了重要贡献的假说。虽然这个假说在原核生物方面是完全正确的，但它与真核生物的关系还有待观察。在这个阶段我们可以说，由可动遗传因子介导的细菌基因组片段转移到真核生物（特别是单细胞生物）宿主的基因组中是相当常见的[51]。

可动遗传因子形成细胞基因组的方式是多种多样的。我们对这个问题是非常无知的，但这个过程明摆着的重要意义正在改变我们的研究态度[54]。基本观点是，质粒和病毒通过在基因组方面的贡献而跨越了物种、网域和世系界限。简而言之，它们是遗传和表型资源整合的重要手段。在整个生物圈中可以采用多种方式进行整合。横向基因转移发生在水平获得新功能的过程中（主要是增强适应性和鲁棒性），通过可动遗传因子与后续基因组的整合来调节遗传方式。但横向基因转移只是生物资源整合的一种方式。另一个基本过程是内共生。它是通过细胞质和可能的基因组中的亚细胞以及细胞生物实体的水平合并而形成的。虽然横向基因转移过程必须进行基因组整合，但内共生过程则不然。不过，通过共生过程的资源整合在手段和范围上甚至可以更广泛，其范围覆盖从不需要基因转移的整个生物体的纵向整合的案例，到通过种质（例如内源性逆转录病毒）纵向感染的案例，再到通过自适应共生有机体层的环境性获得的外共生的案例，对宿主（例如我们肠道中的细菌菌群）发挥了非常重要的生理和发育作用。共生关系是非常多样化的，基于信息交换的性质（如遗传或代谢）、生物体性质（如真核细菌、细菌、细胞甚至亚细胞生物实体）、宿主与共生体之间物理性联系的存在方式，基因转移与遗传整合的方式等多重方式，可以对其进行分类。新的数据证实了"跨世系借取"（cross-lineage borrowing）和资源转移在自然中无处不在的假设。随着我们对生物间联合的研究深入，横向基因转移与共生起源的进化相关性必然会变得越来越重要。

让我们将思绪转移到这些发现的进化意义上。维拉里尔[44,48]强烈支持一种病毒中心进化观，这种进化观将会削弱伴随着选择的遗传突变过程的贡献。这种观点基于两个基本要素：首先是归因于病毒在化学可能性与基因设计空间的探索能力方面的不可超越性，这使得它们可能成为进化新颖性的主要生产者；其次是关于细胞基因组中 DNA 插入机制的知识。正如卢里亚已经指出的那样，病毒提供了一种全新的对基因新颖性进行遗传和传递的系统，这些基因新颖性可以毫不费力地通过融入细胞基因组并从细胞基因组中再现而产生。只有未来的基因组研究才能展示病毒中心的进化观在何种程度上是正确的，以及它对新达尔文主义正统地位的挑战有多大。可以较易于主张的是，横向基因转移的存在和共生整合方式使物种、世系和网域边界能够相互渗透。横向基因转移和共生表明，导致进化变化和新颖性的所有改进不一定必然在世系中发生。因此，似乎可以肯定的是，基因创新来自突变以及来自共生和横向基因转移等综合过程。而结果是，种系遗传学传统的树型研究方法受到了严格的审查。事实上，从比较基因组学[55]获得的数据来看，达尔文主义生命之树的比喻似乎是有问题的。尽管如此，基于所有情况必须强调的是，自然选择依然保留了其根本性的作用：尽管它不创造关系，但它能够编辑新的合作关系。

第七节　结　　论

达尔文主义仍然很重要吗？为了对这个问题给出一个明确的答案，我们需要考虑两个方面。首先，我们可以询问生物学是否针对自然选择为我们提供了适合的选项。我认为这个问题的答案是复杂的，并且在这种背景下是无法进行尝试的。这个问题的第二个方面是关于对新达尔文主义进行修正的必要性和本质。我在最后三节中所说的，与本章开头引自迈尔的论述形成了鲜明的对比。但这种对比在一定程度上是虚假的。来考察一下迈尔 [2] 是如何扩展他的论证的：

> 但还有一些东西确实影响了我们对所生活的世界的理解：那就是它的巨大的多样性。迄今为止，生物种类的绝大多数变异都被研究物种形成的学生们完全忽视了。我们研究了鸟类、哺乳动物和某些种类的鱼类、鳞翅类，以及软体动物等物种中的新物种的起源，并且在大多数研究小组中它们的起源被观察到是（地理上）异域的（allopatric）。诚然，有少数例外，特别是在某些家族中，但在鸟类和哺乳动物中并没有发现例外，在其中我们发现了优良的生物学物种，并且这些群体中的物种形成总是异域的。然而，还有许多其他物种形成方式被发现，它们由于与异域的各种物种形成方式不同而成为异端。这些异端方式都是同域的物种形成方式，通过杂交、染色体多倍性和其他染色体重组、横向基因转移和共生来形成新物种。在某些冷血脊椎动物属中，有些非异域形式是很常见的，但它们可能只是冰山一角。存在另外一类多细胞真核生物，它们大部分的物种形成机制仍旧是完全未知的。对于 70 多种单细胞原生生物和原核生物来说更是如此。在即将发现的新世界中可能会迎来全新的物种形成模式的发现。

我把迈尔的话解读为一种对他之前言论的含蓄否定。在这里，迈尔承认我们是非常无知的，已知的物种形成的生物机制将在未来呈现新的相关性，并可能会发现新的物种。这是我在最后三节一直想要表达的。未来生物学的知识必然会影响我们对达尔文遗产和思想的理解和解读。

　　我想通过两点来总结。第一点想说明的就是，达尔文的自然选择理论绝对是生物学的核心和基础，无论你将之看作是暂时首要的、具有方向性的、积极的、创造性的角色，还是仅仅当成是一种精炼的、附属的和稳定的过程。这个想法非常重要，它可以说是普遍存在的。它无处不在是因为它适用于所有的生命领域和所有的生物实体。但专业研究者在很多特定生物学领域所关注的领域特定性机制问题以同样的理由是说不清的，因为有一些例外（例如，表型可塑性在所有层级上都是非常普遍的生物特征）。道金斯的普遍达尔文主义思想（最初由唐纳德·坎贝尔提出，并被波普尔以某种形式限制）似乎是非常正确的。最近的研究[56]表明，朊病毒（即缺乏遗传物质的生物实体）可以以达尔文主义的方式进化。该研究的作者认为，达尔文式进化并不需要DNA或RNA，因为其在任何一种基质上都是有效的。唐纳德·坎贝尔[57]和波普尔[58]通过援引晶体形成和化学进化也给出了类似的例子。

　　我还想进一步指出，进化不仅仅是一个关于自然选择的故事。进化还是一个由选择的、中性的（如漂变）和复合的过程之间的相互作用进行调节而形成的复杂过程，对于其中的后者，我所指的是基于进化单元的结构化（例如模块化）组织的资源整合现象。这类过程的案例有基因、新陈代谢和其他表型资源跨细胞世系的各式交换现象（例如基于可动遗传因子的横向基因转移）。一些著名的当代生物学家（林奇[59]、库宁[51]）推测，未来的进化生物学将更多的是修补和整合，很少涉及改编，而且从当代生物学中浮现的进化图景将会与新达尔文主义表现得截然不同。

参 考 文 献

[1] Gould, S. J.: Bully for Brontosaurus. W. W. Norton & Co., New York/London(1991)

[2] Fracchia, J., Lewontin, R. C.: Does culture evolve? Hist. Theory **38**, 52–78(1999)

[3] Mayr, E.: Happy birthday: 80 years of watching the evolutionary scenery. Science **305**(680), 46–47(2004)

[4] Coyne, J. A.: Why Evolution Is True. Viking, New York(2009)

[5] Dawkins, R.: The Blind Watchmaker. Longmans, London(1986)

[6] Gould, S. J.: The Structure of Evolutionary Theory. Belknap, Harvard(2002)

[7] Minelli, A.: Evolutionary developmental biology does not offer a significant challenge to the Neo-Darwinian paradigm. In: Ayala, F., Arp, R.(eds.)Contemporary Debates in Philosophy of Biology. Wiley-Blackwell, Oxford(2009)

[8] Müuller, G. B.: Evo-devo: extending the evolutionary synthesis. Nat. Rev. Genet. **6**, 1–7(2007)

[9] Gould, S. J.: Is a new and general theory of evolution emerging? Paleobiology **6**, 119–130(1980)

[10] Hoekstra, H. E., Coyne, J. A.: The locus of evolution: evo devo and the genetics of adaptation. Evolution **61**(5), 995–1016(2007)

[11] Carroll, S. B.: Endless forms: the evolution of gene regulation and morphological diversity. Cell **101**, 577–580(2005)

[12] Minelli, A., Chagas-Júnior, A., Edgecombe, G. D.: Saltational evolution of trunk segment number in centipedes. Evol. Dev. **11**(3), 318–322(2009)

[13] Dawkins, R.: The Extended Phenotype. Oxford University Press, Oxford(1982)

[14] Sober, E.: Philosophy of Biology. Westview Press, Boulder(2000)

[15] Minelli, A.: Forms of Becoming. Princeton University Press, Princeton(2008)

[16] Amundson, R.: Two concepts of constraint: adaptationism and the challenge from developmental biology. Philos. Sci. **61**, 556–78(1994)

[17] Gilbert, S. F.: The generation of novelty: the province of developmental biology. Biol. Theory **1**(2), 209–212(2006)

[18] Ruse, M.: Does evoDevo break the paradigm? Biol. Theory **2**(2), 182(2007)

[19] Popper, K. R.: Objective Knowledge. Oxford University Press, Oxford(1972)

[20] West-Eberhard, M. J.: Developmental Plasticity and Evolution. Oxford University Press, Oxford(2003)

[21] Kirschner, M., Gerhart, J. C.: The Plausibility of Life. Yale University Press, New Haven(2005)

[22] West-Eberhard, M. J.: Developmental plasticity and the origin of species differences. PNAS **102**, 6543–6549(2005)

[23] Badyaev, A.: Evolutionary significance of phenotypic accommodation in novel environments: an empirical test of the Baldwin effect. Philos. Trans. R. Soc. B. **364**, 1125–1141(2009)

[24] Vedel, V., Chipman, A. D., Akham, M., Arthur, W.: Temperature-dependent plasticity of segment number in an arthropod species: the centipede Strigamia maritima. Evol. Dev. **10**(4), 487–482(2008)

[25] Cebra-Thomas, J., Tan, F., Sistla, S., Estes, E., Bender, G., Kim, C., Gilbert, S. F.: How the turtle forms its shell. J. Exp. Zool. **304B**, 558–569(2005)

[26] Knoll, A. H.: Life on a Young Planet: The First Three Billion Years of Evolution on Earth. Princeton University Press, Princeton(2003)

[27] Cairns, J., Overbaugh, J., Miller, S.: The origin of mutants. Nature **335**, 142(1988)

[28] Foster, P.: Adaptive mutation in *Escherichia coli*. J. Bacteriol. **186**(15), 4846–4852(2004)

[29] Lenski, R., Mittler, J. E.: The directed mutation controversy and Neo-Darwinism. Science**259**, 188–194(1993)

[30] Brisson, D.: The directed mutation controversy in an evolutionary context. Crit. Rev.

246

Microbiol. **29**, 25–35(2003)

[31] Jablonka, E., Lamb, M.: Evolution in Four Dimensions. MIT Press, Cambridge(2006)

[32] Shapiro, J. A.: A 21st century view of evolution: genome system architecture, repetitive DNA, and natural genetic engineering. Gene **345**, 91–100(2005)

[33] Bjedov, I., Tenaillon, O., Gérard, B., Souza, V., Denamur, E., Radman, M., Taddei, F., Matic, I.: Stress-induced mutagenesis in bacteria. Science **300**(5624), 1404–1409(2003)

[34] Gilbert, S. F.: Ecological developmental biology: developmental biology meets the real world. Dev. Biol. **233**, 1–12(2001)

[35] Gilbert, S. F., Epel, D.: Ecological Developmental Biology. Sinauer Associates Press, Sunderland(2009)

[36] Sober, E., Wilson, D. S.: Unto Others. Harvard University Press, Cambridge(1998)

[37] Dupré, J., O'Malley, M.: Metagenomics and biological ontology. Stud. Hist. Philos. Biol. Biomed. Sci. **38**, 834–846(2007)

[38] Bapteste, E., Burian, R. M.: On the need for integrative phylogenomics, and some steps towards its creation. Biol. Philos. **25**, 711–736(2010)

[39] Maynard-Smith, J.: A Darwinian view of symbiosis. In: Margulis, R., Fester, R.(eds.) Symbiosis as a Source of Evolutionary Innovation. MIT Press, Cambridge(1991)

[40] Jeon, K. W.: Genetic and physiological interactions in the amoeba-bacteria symbiosis. J. Eukaryot. Microbiol. **51**, 502–508(2004)

[41] Shapiro, J. A.: Bacteria are small but not stupid. Stud. Hist. Philos. Biol. Biomed. Sci. **38**, 807–819(2007)

[42] O'Malley, M. A., Dupré, J.: Size doesn't matter: towards a more inclusive philosophy of biology. Biol. Philos. **22**, 155–191(2007)

[43] Hotopp, J. C., et al.: Widespread lateral gene transfer from intracellular bacteria to multicellular eukaryotes. Science **317**, 1753–6(2007)

[44] Villareal, L. P.: Can viruses make us human?Proc. Am. Philos. Soc. **148**(3), 296–323(2004)

[45] Aronova, E.: Karl Popper and Lamarckism. Biol. Theory **2**(1), 37–51(2007)

[46] Sugimoto, J., Schust, D. J.: Review: human endogenous retroviruses and the placenta.

Reprod. Sci. **16**(11), 1023–1033(2009)

[47] Villarreal, L. P., De Philippis, V. R.: A hypothesis for DNA viruses as the origin of eukaryotic replication proteins. J. Virol. **74**, 7079–7084(2000)

[48] Villareal, L. P.: Viruses and the Evolution of Life. American Society of Microbiology Press, Washington, DC(2005)

[49] Zimmer, C.: Did DNA come from viruses? Science **312**(5775), 870–872(2006)

[50] Ryan, F. P.: Genomic creativity and natural selection: a modern synthesis. Biol. J. Linn. Soc. **88**, 655–672(2006)

[51] Koonin, E. V.: Darwinian evolution in the light of genomics. Nucleic Acids Res. **37**(4), 1011–1034(2009)

[52] Ryan, F. P.: An alternative approach to medical genetics based on modern evolutionary biology. Part 2: retroviral symbiosis. J. R. Soc. Med. **102**, 324–331(2009)

[53] Loewer, R., Löwer, J., Kurth, R.: The viruses in all of us: characteristics and biological significance of human endogenous retroviruses sequences. PNAS **93**, 5177–5184(1996)

[54] Frost, L. S.: Mobile genetic elements: the agents of open source evolution. Nat. Rev. Microbiol. **3**, 722–732(2005)

[55] O'Malley, M. A., Martin, W., Dupré, J.: The tree of life: introduction to an evolutionary debate. Biol. Philos. **25**, 441–453(2010)

[56] Jiali, L., Browning, S., Mahal, S. P., Oelschlegel, A. M., Weissmann, C.: Darwinian Evolution of Prions in Cell Culture. Science Express Online, Dec 31(2009)

[57] Campbell, D. T.: Unjustified variation and selective retention in scientific discovery. In: Ayala, F. J., Dobzhansky, T.(eds.)Studies in the Philosophy of Biology. Macmillan, New York(1974)

[58] Popper, K. R.: Darwinism as a metaphysical research programme. In: Unended Quest, pp. 167–180. Fontana Collins, Glasgow(1976)

[59] Lynch, M.: The frailty of adaptive hypotheses for the origins of organismal complexity. PNAS **104**, 8597–8604(2007)

247

第十六章
新达尔文正统遗传观点理解方面最新进展的启示

马丁·布林克沃思 大卫·米勒 大卫·艾尔斯

第一节 导 言

传统的新达尔文主义认为，遗传变异（突变）导致表型变异的出现，在自然选择的作用之下，那些最不容易适应的变异最终从种群中消失。这个理论的提出不仅假设所有的遗传变异来自 DNA 的突变，而且假定突变会在整个基因组中随机出现。这些原则的某些例外已为人所知，例如自适应性突变和免疫球蛋白体细胞重组，以及 DNA 的一些区域比其他区域（热点区域）对突变更为敏感。然而，这些都是非常特殊的内源性诱导变异的实例，并且不会改变自然选择作用于随机变异的一般原则。对于进化来说更重要的是通过精子、卵子和其前体细胞（种系）的跨代变异。最近的研究发现揭示了基于非随机性遗传突变和非 DNA 的遗传可能性的例子，并且在进化的背景下，关于 DNA 变异来源的案例的了解人们依然知之甚少。所以，这些例外是否会给新达尔文主义带来任何启示是一个切实的问题。

第二节 遗传性突变的变异

表型变异要遗传，变异的指令编码必须存在于种系中。突变在模型系统中可以通过化学物质（诱变剂）诱导产生，这些化学物质包括环磷酰胺，一种抗癌药物，也会引起生殖细胞特别是那些将发育为精子的细胞的突变。由于长时间对大鼠的低剂量治疗会产生精子突变，所以当治疗过的大鼠与未经治疗的雌鼠交配时会导致后代出现胎儿畸形的情况[1]。有趣的是，对以这种方式接受治疗的雄性睾丸的检查结果显示，其生殖细胞死亡的水平低于未接受治疗的雄性[2]。细胞死亡是生物保护自己免受损伤（特别是基因损伤）的一种机制，因此，如果诱变剂引起的损伤导致了突变，同时抑制了作为消除损伤的防御之一的机制，那么它将导致传递给下一代的突变数量的增加。这里的关键是低剂量的环磷酰胺：人们认为这极大地增加了最终发生损害的机会，将环磷酰胺的浓度保持在低于诱发防御机制的临界值，甚至可能会抑制防御机制的产生[3]。同样，暴露在诱变剂环境下通常是长期且低剂量水平的，所以，通过增加可遗传性突变率，这一过程能够在进化的环境下产生相关。此外，诱变剂对细胞防御机制的抑制可能会导致这些细胞继续存活。因此，导致细胞存活的突变可能比其他突变更能频繁地传递，换句话说，它是非随机的。然而，这种类型的突变更可能引起病理结果，而不是产生潜在的有用突变。在妻子怀孕前抽烟的男性，其孩子实际上更有可能患上诸如淋巴瘤或白血病之类的癌症[4]，这可能就是这一过程的结果。

第三节　表观遗传学

目前，对变异特征的遗传传递的研究兴趣集中于表观遗传学上，即对不涉及突变的基因行为的遗传变化的研究。这些包括：将一个化学基团添加到序列中的特定分子上继而对 DNA 进行的修饰（甲基化）；RNA 在代与代之间的传递（副突变）；以及组蛋白的化学修饰（组蛋白修饰），它与 DNA 一起构成了作为染色体物质的染色质。

DNA 甲基化是一种常用的调节机制，它可以帮助细胞控制何时打开或关闭个体基因。因此，甲基化的模式在不同的细胞类型之间存在差异，但它也可能受到诸如饮食等环境因素的影响。最近，关于 DNA 甲基化在肥胖症的病因学中所扮演的角色已经引起了公众的争议。据称，患有糖尿病或高血压的肥胖母亲也会生出患有这种疾病的孩子。然而，认为环境因素能够以拉马克式的方式直接影响进化假设是错误的。饮食和 DNA 甲基化之间的任何可能与和肥胖相关的疾病的关联，都不会是遗传得来的，而是胎儿还在子宫里时获得的。在他们的发育阶段，他们和母亲一样通过血液接触到相同的饮食因素，因此他们发育出类似的、存在异常的 DNA 甲基化模式或许也就并不奇怪了。这种影响可能在下一代消失，除非这些后代是女性，并且当她们成年且怀孕的时候仍继续着与她们的母亲一样的生活方式 [5]。

就进化而言，外部条件影响 DNA 甲基化的状态可能具有某种生存优势，因为它允许生物体在短期内适应环境的突然变化。取决于环境压力的持续时间和生物的世代时间，这一缓冲期内也可能能够提供自然发生的时间，从而随机突变最终能为这个问题提供一个永久性解决方案。

副突变是打破孟德尔第一遗传定律的另一种现象。在这里，某个基因的某种变异或等位基因会影响其他变异的活动，从而导致表型的遗传变化，即便引起该变化的等位基因本身并没有被传递。关于这个问题最有名的例子发生在某些类型的玉米中，其中某个单个的玉米粒可以显示出与它们的基因型不同的颜色。人们认为这种现象可能与不同的机制有关，包括 DNA 甲基化。然而，对于实验箱里培养的副突变鼠，如果其中曾有一只雄性杂合体老鼠从它们的祖先那里继承了白色毛色的等位基因，那么携带正常（野生型）毛色等位基因的纯合体老鼠的脚和尾尖上就会出现白斑。现在我们已经知道，这是因为突变 RNA 在数个代际中持续存在并影响了毛色，虽然突变等位基因并没有出现 [6]。

关于跨代遗传的表观遗传现象的最后一个例子就是组蛋白密码。正如前面所提到的，组蛋白是与 DNA 结合形成染色质的蛋白质。在精子的生产过程中，大部分的组蛋白被移除并且被认为是被名为鱼精蛋白的其他蛋白所取代。鱼精蛋白都是非常小的分子，并以不同的方式与 DNA 绑定，其具有更高的空间效率，并且使精子头部内的细胞核比身体中任何其他细胞的细胞核都要小得多，这样一来，精子就会变得更有活力并且细胞核会更加有效率地移动。然而，一些组蛋白一直被保留下来，并且最近被发现，它们主要保留在与基因表达规则有关的部分 DNA 中，特别是胚胎发育中所需要的那些基因。换句话说，看来这些保留的组蛋白标记了需要在受精后立即表达或非常短时间内表达的 DNA 区域 [7,8]。这可能推翻了一种教条，即认为卵子提供了胚胎在其生命早期阶段所需的所有材料和基因产物。但在这里更重要的是，它可以解释为什么一些男性不育的病例与干扰组蛋白的保留有关。我们认为组蛋白必须在正确的位置，以确保早期胚胎中适当的基因表达并从而使胚胎存活。这种不孕不育的病例与组蛋白受到的相对严重干扰有关，其中检测到组蛋白的变化，即精蛋白比例。极有可能存在更为细微的差异，因此雄性群体在保留组蛋白方面是相对异质性的。在像人类这样的基因多样化的物种中，可以合理地认为，雌性群体在卵子对组蛋白各种差异化模式的耐受性方面同样存在多样性。因此，在一个种群内，保留组蛋白的模式代表一种机制，通过它，我们可以理解个体间的生殖相容性 / 不相容性。

以上建议的结果就是，密切相关的物种，通过精子中的组蛋白提供的表观遗传信息可能比它们基因的性质更具有差异性。精子组蛋白分布和卵子中驱动基因表达的机制之间不兼容将会导致强制的生殖隔离，尽管这两种形式的 DNA（基因型）本身可能如此相似以至于兼容。通过这种方法，在一种物种的变异之间，即便它们占据相同的生态位，也可以确保生殖隔离，并且通过这种隔离，可以获取并发育出其他的差异，使得这些变异进一步分离，直到它们成为不同的物种。人们通常认为，生殖隔离是进化过程中的限速步骤，因为在此之前，新的、不同的表型可以被稀释和吸收到其余种群中。而隔离降低了有效的种群规模，并且进化从而可以更快地进行。因此，即使在保留组蛋白的地方仅存在细微的差异，也可能将一个种群分割为许多亚种群，这是基于雌性在卵子耐受性上的互补性差异。

我们还不清楚为什么组蛋白不能被保留在 DNA 链上的适当位置。在干扰严重的情况下，它很可能是相关细胞系统的某种故障。在更细微的缺陷案例中，在特定位点负责调节过程的突变可能就是原因所在。前一种情况更可能涉及病理性结果的发育；而后者可能在生殖隔离的确立方面发挥作用。

第四节 结 论

这个简短而又远未全面的综述介绍了一些不依赖 DNA 特征的遗传方式，

并揭示出一些有趣的观察结果。首先是病理畸变和进化变化之间的关系。令人吃惊的是，生物医学研究着眼于如何在短期内对可靠的特征遗传进行干扰，从而能通过这个研究对其长期变化形成深入的理解。因此，导致遗传性紊乱的分子机制也可能产生低水平的静默，或在跨越千年的时间里提供可供自然选择运作的多样性，从而形成偶然性的有益变化。我们对导致遗传性紊乱的机制了解得越多，我们就越能更多地了解进化的分子马达。

　　更直接的意义在于，现在越来越多的证据表明生殖细胞系中的表观遗传因子可能会影响后代的基因表达。这些遗传因子的改变可能是环境因素直接作用的结果，或是控制表观遗传过程的基因突变的结果。无论哪种解释方式，都有可能发现相比于突变形成，渐成论（epigenesis）会对生殖成功产生更大的影响。如果表观遗传信号的变化并没有如此深远地导致完全的不育，那么它们便可能会代之以在种群中产生生殖隔离，或者导致已经开始分化的亚种之间的边界锐化。种群的分裂将会提高进化发生的速率。自《物种起源》发表 150 多年以来，新达尔文主义现在有了一个新工具可以支配，即非基因组变异的遗传，它的影响现在需要被评估并整合到我们目前对进化的理解中。

参 考 文 献

[1] Trasler, J. M., Hales, B. F., Robaire, B.: Paternal cyclophosphamide treatment of rats causes fetal loss and malformations without affecting male fertility. Nature **11–17**, 144–146 (1985)

[2] Brinkworth, M. H., Nieschlag, E.: Association of cyclophosphamide-induced male-mediated, foetal abnormalities with reduced paternal germ-cell apoptosis. Mutat. Res. **447**, 149–154 (2000)

[3] Brinkworth, M. H.: Paternal transmission of genetic damage: findings in animals and humans. Int. J. Androl. **23**, 123–135 (2000)

[4] Sorahan, T., McKinney, P. A., Mann, J. R., Lancashire, R. J., Stiller, C. A., Birch, J. M., Dodd, H. E., Cartwright, R. A.: Childhood cancer and parental use of tobacco: findings from the inter-regional epidemiological study of childhood cancer (IRESCC). Br. J. Cancer **84**, 141–146 (2001)

[5] Youngson, N. A., Whitelaw, E.: Transgenerational epigenetic effects. Annu. Rev. Genomics Hum. Genet. **9**, 233–257 (2008)

[6] Rassoulzadegan, M., Grandjean, V., Gounon, P., Vincent, S., Gillot, I., Cuzin, F.: RNA-mediated non-mendelian inheritance of an epigenetic change in the mouse. Nature **441**, 469–474 (2006)

[7] Hammoud, S. S., Nix, D. A., Zhang, H., Purwar, J., Carrell, D. T., Cairns, B. R.: Distinctive chromatin in human sperm packages genes for embryo development. Nature **460**, 473–478 (2009)

[8] Arpanahi, A., Brinkworth, M., Iles, D., Krawetz, S. A., Paradowska, A., Platts, A. E., Saida, M., Steger, K., Tedder, P., Miller, D.: Endonuclease-sensitive regions of human spermatozoal chromatin are highly enriched in promoter and CTCF binding sequences. Genome Res. **19**, 1338–1349 (2009)

索 引 [①]

A

软骨发育不全侏儒症（Achondroplastic dwarfism），169

适应性（Adaptive），3, 15, 17, 19, 33, 38, 78, 181, 191, 197–207, 213–215, 217–219, 231, 235, 243, 249

  适应性进化（Adaptive evolution），6, 197–206, 218, 226, 228

可供性（Affordances），71, 202, 203

年龄（Age），55, 73, 75–76, 88, 169, 170, 172, 178

等位基因（Allele），134, 135, 179–180, 251

祖先崇拜（Ancestorism），149, 157–162

大彗星兰（*Angraecum sesquipedale*），93–108

人则宇宙学原理（Anthropic cosmological principle），91

人择认识论（Anthropic epistemology），5, 90–92

抗抑郁药（Antidepressants），23, 24, 26, 29

A. 艾瑞（Ariew, A.），132, 195, 205

B

弗朗西斯·培根（Bacon, F.），88, 114

培根式归纳（Baconian induction），113–114

交涉（Bargaining），37

---

① 索引中的页码为英文原书页码，即本书边码。

贝纳胞（Benard cells），52

宇宙大爆炸（Big bang），90–91

（物种）生物多样性[Biodiversity (of species)]，122

生物进化（Biological evolution），34, 72, 79, 88, 92, 129, 225

生物学（Biology），2–6, 34, 43, 48, 51, 54, 66, 69–72, 74, 80, 87, 88, 95, 122, 126, 129–144, 167, 168, 171, 173–174, 177, 178, 180, 188, 192, 197–207, 211, 225–245

盲眼昆虫（Blind insects），122–125

　　盲点（Blind spot），50

盲眼（Blindness），14, 50, 123, 181, 235

尼尔斯·玻尔（Bohr, N.），87

大脑（Brain），3–5, 12–21, 23, 26–28, 34, 38, 39, 43, 45–58, 60, 67–69, 71, 177, 179

　　大脑活动（Brain activation），56

　　脑成像（Brain imaging,）43, 55, 56

　　大脑结构（Brain structures），13, 16, 50

C

渠化（Canalization），221

笛卡儿式的意识自我（Cartesian ego），49

笛卡儿式自我（Cartesian self），43, 48

案例研究（Case studies），58, 97, 108, 114, 123

叙述引力的抽象中心（Center of narrative gravity），47

机遇（Chance），17, 23, 25, 47, 91, 139–140, 169–171, 174, 197, 204–207, 213, 214, 221, 238, 250

黑猩猩（Chimpanzees），15, 35, 36, 73, 120, 154

保罗·M. 丘奇兰德（Churchland, P. M.），50, 51, 58

协同进化的（Co-evolutionary），96, 103, 108, 211

我思（Cogito），85

卡尔·科恩（Cohen, C.），148, 149, 161, 162

竞赛（Competition），25, 36, 66, 79, 142

竞争优势（Competitive advantage），132, 135, 136

复杂系统（Complex systems）, 66, 199

生存环境（Conditions of existence）, 191–208

虚构（Confabulation）, 50

意识的自由意志（Conscious free will）, 43, 48

　　意识自我（Conscious self）, 48–50, 54

　　自觉意识（Conscious will）, 44, 53, 54

意识（Consciousness）, 4, 11–20, 49–51, 53, 55, 56, 59, 88, 90–92

　　自我的意识（Consciousness of the self）, 50, 53, 56

融贯（Consilience）, 117–119, 123, 126

限制（Constraints）, 3, 18, 179, 181, 185, 219, 222, 229, 233

偶然（Contingent）, 65, 151, 153, 158, 205, 206

合作（Cooperation）, 182

　　博弈（games）, 220, 221

哥白尼革命（Copernican revolution）, 87

创世论（Creationism）, 5, 90, 116–118, 122, 123, 126 Credibility, 70, 122, 126

M. 克鲁佩恩（Crupain, M.）, 56–59

皮肤兔子幻象（Cutaneous rabbit）, 50

居维叶（Cuvier）, 203

D

查尔斯·达尔文（Darwin, C.）, v–viii, 1–6, 16, 20, 33–34, 66, 70, 72, 73, 76, 79, 80, 92, 94–97, 100–108, 111–119, 121–127, 131–134, 139, 147, 148, 151, 163, 167–169, 171, 173, 174, 178, 181, 191–198, 205, 206, 208, 225–228, 233, 244

达尔文主义（Darwinian）, vii, 1–4, 6, 43–62, 66, 70, 71, 74, 75, 79, 80, 93, 95, 101, 102, 108, 111–127, 129, 131, 133–135, 143, 144, 149, 167, 168, 171, 174, 177, 181, 186, 191–208, 211, 212, 226, 233–235, 238, 239, 243, 244, 249–253

　　达尔文主义解释（Darwinian account）, 43–62

　　基于自然选择的达尔文式进化说明（Darwinian explanations of evolution by natural selection）, 129, 144

　　达尔文模型（Darwinian models）, 143

达尔文式自我（Darwinian self），54–62

达尔文主义（Darwinism），1–7, 16, 18, 67, 70, 72, 73, 79, 93–95, 101, 103, 106–108, 113, 119, 127, 143, 177, 185, 191, 206, 208, 211, 225–227, 243, 244

P. 戴维斯（Davies, P.），90, 91

R. 道金斯（Dawkins, R.），3, 5, 66–70, 74, 79, 80, 130, 151–155, 158, 227, 229, 238, 244

陈述性记忆（Declarative memories），57, 58

抑郁（Depression），4, 23–29, 33–40

笛卡儿（Descartes），11, 85

变化的世系（Descent with modification），1, 66, 72, 75, 79, 81, 191, 192, 194, 197, 206, 207

设计（Design），2, 5, 33, 70, 73, 90, 107, 112, 119, 122–125, 171, 179, 194, 243. 智能设计（Intelligent design）

决定论（Determinism），47

发育（Development），4, 14, 16, 18, 19, 23, 24, 29, 40, 57, 59, 66, 69, 72, 74, 88, 91, 92, 101, 130, 131, 134, 142, 144, 191, 194, 197–205, 207, 213, 215, 226–233, 235–237, 239–241, 243, 251, 252

发育生物学（Developmental biology），3, 6, 171, 228–234, 236, 237, 239

共生（symbiosis），237, 241

定向进化（Directional evolution），132–134

疾病（Disease），6, 20, 23, 34, 172, 173, 175, 177–181, 183–188, 237, 240, 242, 251, 253

脱氧核糖核酸（DNA），67, 77, 80, 168–169, 171, 176, 227–229, 234–238, 241–244, 249–252

二元论（Dualism），11–12, 20, 65, 233

迪昂-奎因论题（Duhem-Quine thesis），100, 111

动态修复（Dynamic restoration），200, 201, 205

E

生态发育生物学（Ecological developmental biology），236, 237

A. W. F. 爱德华兹（Edwards, A. W. F.），158, 159

阿尔伯特·爱因斯坦（Einstein, A.），46, 94, 100

突现（Emergent），51, 52, 66

情绪基调（Emotional tone），55

情绪（Emotions），12, 15, 17–20, 28, 33–35, 37–39, 48, 55

环境（Environment），12–13, 17, 20, 21, 40, 59, 68, 73, 79, 86, 93, 101, 124, 125, 130–135,
    137–139, 141–144, 174, 178, 187–188, 192, 193, 199–204, 207, 213–218, 221, 231–235,
    237, 238, 240, 251

环境的（Environmental），3, 40, 124, 134, 138, 141, 142, 180, 200, 201, 203, 215, 230,
    232–235, 237–239, 242, 243, 250, 251, 253

    环境诱导（Environmental induction），232

渐成论（Epigenesis），253

表观遗传的（Epigenetic），3, 6, 7, 16, 18, 69, 201, 236–237, 241, 250–253

外成性的（Epigenetically），16, 18

副现象论（Epiphenomenalism），18

情景记忆（Episodic memories），57–59

认识论（Epistemology），3, 5, 20, 85–108, 187, 225

优生学（Eugenics），147, 168, 181

进化（Evolution），v, vii, 1–7, 14, 17–19, 34, 36, 38, 39, 50, 66, 69–75, 79, 86–88, 92, 94–
    97, 101–103, 105, 106, 108, 113, 117, 119–122, 125, 129–134, 136, 137, 142, 144, 147,
    149–151, 163, 167–178, 182, 186, 191–208, 213–216, 220, 225–235, 237, 239, 242–245,
    249, 251–253

    随机进化（Evolution at random），174–176

    基于自然选择的进化（Evolution by natural selection），vii, 105, 106, 129–133, 136,
        144, 197, 225, 226

进化的（Evolutionary），v, vii, 2–7, 15, 17, 19, 23–29, 33–40, 43, 48, 50, 51, 54, 55, 58,
    59, 67, 69, 71, 72, 85–96, 103, 106, 108, 112, 119, 121, 122, 126, 129–144, 147, 177–189,
    192, 194, 195, 197–199, 201, 203–207, 211–213, 218–222, 225–234, 236–243, 245, 249,
    250, 252

    进化适应（Evolutionary adaptation），4, 23–29, 35, 39, 40 biology, 3, 4, 48, 51, 54, 95,
        180, 192, 199–201, 203, 228, 234, 240, 245

进化变化（Evolutionary change）, 67, 71, 130, 131, 144, 192, 195, 198, 199, 201, 203, 206, 207, 243, 252

进化发育生物学（Evolutionary developmental biology）, 228–234

进化动态性（Evolutionary dynamics）, 220–222, 236

进化认识论（Evolutionary epistemology）, 3, 5, 85–92, 225

伦理学（ethics）, 147

进化说明（Evolutionary explanation）, 2, 33–40, 86, 87, 108, 130, 133–135, 192, 204–205

进化力量（Evolutionary force）, 135, 199

进化史（Evolutionary history）, 180, 181

进化医学（Evolutionary medicine）, 3, 6, 177–189

进化模型（Evolutionary models）, 34–39, 88, 129, 131, 137, 144, 211 models of depression, 35–40

进化起源（Evolutionary origins）, 25, 34

进化过程（Evolutionary process）, 134–135, 140, 179, 213, 229–231, 233

进化稳定策略（Evolutionary stable strategies）, 218, 219, 222

进化理论（Evolutionary theory）, vi, 3, 5, 6, 50, 95, 106, 108, 112, 119, 121, 122, 126, 129, 136, 137, 177, 183, 192, 195, 197, 239

进化论（Evolutionism）, 75–76

说明（Explanation）, vii, 1, 2, 5, 15, 20, 26, 33–40, 52–54, 57, 66, 78, 86–88, 100, 108, 112, 114–119, 122, 125–127, 129–136, 139, 142, 144, 159, 160, 182, 185, 187, 192, 194–197, 202–205, 214, 225

说明机制（Explanatory mechanism）, 119, 121

F

可证伪性（Falsifiability）, 94, 97, 98, 100–102, 105, 106, 108, 112, 113, 126

证伪主义（Falsificationism）, 111–113, 126, 127

家族相似性（Family resemblances）, 58, 80

生育能力（Fertility）, 170, 174, 251

微调（Fine tuning）, 5, 90, 91, 230

适合度（Fitness），37, 38, 72, 93, 94, 107, 132, 134, 136, 140, 142–144, 181, 195, 215–220

固定论（Fixism），75–76

力（Forces），79, 80, 94–95, 99, 100, 106, 116, 121–122, 131, 134, 135, 141, 152, 195–197, 199, 200, 204, 216, 237

自由意志（Free will），4, 43–62, 71

功能磁共振成像[Functional magnetic resonance imaging (fMRI)], 55, 56, 59–61

G

加拉帕戈斯群岛（Galapagos Islands），174

F. 高尔顿（Galton, F.），168, 174

M. S. 加扎尼加（Gazzaniga, M. S.），50, 56

生成性的侵染（Generative entrenchment），212, 214–216

基因（Genes），2, 4, 16, 26, 38, 51, 66, 67, 69, 74, 77, 79, 80, 168, 171, 173–175, 179, 180, 188, 197–199, 201–204, 207, 211–222, 226, 228, 229, 232, 233, 236–238, 240–242, 250–253

基因损伤（Genetic damage），169, 171, 250

　　遗传漂变（Genetic drift），169

　　遗传变异（Genetic variation），2, 73, 175, 249

遗传的[Genetic(s)], 1–3, 5, 6, 38, 40, 48, 66, 69–71, 73, 79, 102, 137, 158–160, 167–169, 171, 173–175, 177, 180, 181, 200, 201, 207, 211–219, 226, 228–229, 231–245, 249, 250, 252

基因组（Genome），6, 211–213, 227, 231, 233, 235–243, 249

基因型（Genotype），134, 143, 198, 251, 252

地心说（Geocentrism），119–121

种系（Germline），249, 250, 253

种质（Germplasm），198, 237–238, 242–243

目标导向系统（Goal-directed systems），205

目标导向性（Goal-directedness），204, 205

哥德尔定律（Gödel's theorem），88

P. 戈弗雷-史密斯（Godfrey-Smith, P.），132, 215, 216

H

天蛾（Hawkmoth），102, 108. 可参见：马岛长喙天蛾（*Xanthopan morgani praedicta*）

健康（Health），6, 172, 175, 177, 178, 181, 183–189, 237

T. F. 希瑟顿（Heatherton, T. F.），55, 56

遗传（Heredity），4, 130, 143

遗传性（Heritability），38, 143, 249–253

高阶效应（Higher order effect），192, 194–198, 206

M. J. 霍奇（Hodge, M. J.），195

D. D. 霍夫曼（Hoffman, D. D.），50

内稳态（Homeostatic），40, 199

智能小人（Homunculus），49

人类进化（Human evolution），6, 72, 73, 167–176, 232

休谟（Hume），47, 85, 111

假说演绎法（Hypothetico-deductive methodology），5, 68, 111, 113

假设-演绎-法则的方法（Hypothetico-deductive-nomological methods），68

I

模仿（Imitation），5, 67, 80, 139, 141

归纳（Induction），85, 86, 111–114, 200, 226, 232, 233, 250

消去归纳（Induction by elimination），114

（Induction to the best explanation），114

推理（Inference），5, 69, 103, 111–127

更受青睐（to the more favored），115, 119

不育（Infertility），251–253

内在性（Inherency），204–207

内在（Inherent），18, 91, 184, 204–207

遗传（Inheritance），1, 3, 6, 7, 36, 40, 48, 88, 121, 143, 175, 191, 194, 198–199, 201, 202, 204, 207, 211, 232, 238, 240, 243, 249, 250, 252, 253

创新（Innovation），70, 71, 80, 133, 136, 139–141, 213–215, 230, 242, 243

智能设计（Intelligent design），5, 90, 112, 113, 117, 119–122, 127

意向性（Intentionality），12, 19, 20, 62, 66, 69, 72, 194 IQ, 170

J

V. S. 约翰斯顿（Johnston, V. S.），50

K

伊曼努尔·康德（Kant, I.），75–76, 79, 87, 88

J.P. 基南（Keenan, J. P.），56–59

E. F. 凯勒（Keller, E. F.），199

W. M. 凯利（Kelley, W. M.），55, 56

开普勒行星运动三定律（Kepler's three laws of motion），118

W. S. 柯克（Kirker, W. S.），58

T. W.克亚尔（Kjaer，T. W.），56–59

S. 克莱因（Klein, S.），58, 59

知道（Knowing），58, 78, 89, 113, 186, 233

C. 科赫（Koch, C.），50

N. A. 凯珀（Kuiper, N. A.），58

L

I. 拉卡托斯（Lakatos, I.），97–103, 106, 108, 112

拉马克（Lamarck），69, 121, 130, 131

拉马克主义（Lamarckism），211–212, 240

拉马克式（Lamarkian），251

横向基因转移（Lateral genetic transfer），238–239, 242–245

似然性法则（Law of likelihood），114, 115

J. 勒杜（Ledoux, J.），49, 50

R. C. 列万廷（Lewontin, R. C.），130, 133, 158, 159, 225

T. 李（Li, T.），55, 59

B. 李贝特（Libet, B.），45, 46, 51, 53

S. H. 里撒比（Lisanby, S. H.），56–59

R. 利纳斯（Llinas, R.），47–50, 54

K. 洛伦兹（Lorenz, K.），87, 88

H. C. 卢（Lou, H. C.），56–59

B. 卢伯（Luber, B.），56–59

查尔斯·赖尔爵士（Lyell, Sir Charles），vi–viii, 193, 202

M

G.N.麦克雷（Macrae, G.N.），55

C. N. 麦克雷（Macrea, C.N.），56

马达加斯加星兰花（Madagascar star orchid），5, 95, 97, 103. 可参见：大彗星兰
　　（*Angraecum Sesquipedale*）

T. 马尔萨斯（Malthus, T.），193

马尔可夫过程（Markov process），134

火星人（Martians），156–157

M. 马森（Matthen, M.），132, 195

机制（Mechanism(s)），4, 15, 18, 19, 25, 38–40, 49, 50, 52, 60, 66, 71, 79, 86, 107, 119,
　　121, 122, 126, 130, 134–144, 178, 183, 191, 194, 195, 201, 202, 204, 205, 211–214, 221,
　　229, 230, 232, 233, 235, 236, 240, 243, 244, 250–253

黑色素（Melanin），171, 172

模因（Meme），4, 5, 65–81, 130

孟德尔式（Mendelian），177, 198, 241

后生动物（Metazoans），198, 229, 236

微生物群系（Microbiome），236, 237

心灵（Mind），2–5, 11–21, 36–38, 43, 49, 55, 57, 69, 78, 80, 81, 87, 89–92, 112, 123, 151,
　　187, 195, 213, 227, 236, 240

心身问题（Mind-body problem），11, 17

可动遗传因子（Mobile genetic elements），238, 242, 245

流动基因组（Mobilome），242

现代综合进化理论（Modern Synthesis Theory of evolution），191–192, 194, 197, 199,
　　204, 226–228, 234–235

J. 莫诺（Monod, J.），90–92, 204

R. 门罗（Monroe, R.），49

摩尔悖论（Moore's paradox），88

道德地位（Moral status），149–158, 160–162

A. 莫林（Morin, A.），55, 56

G. B. 马勒（Muller, G.B.），169, 205

多层级选择（Multilevel selection），183

突变形成（Mutagenesis），169, 235, 250, 253

突变（Mutation(s)），1, 3, 4, 6, 69, 134–136, 140–141, 143, 144, 168–172, 180, 198, 200, 201, 204–207, 213–214, 218, 227–229, 231–235, 243, 249–253

    突变率（Mutation rate), 169–171, 250

N

T. 内格尔（Nagel, T.），58, 88, 89

幼稚的可证伪性（Naïve falsifiability），101, 105, 108

纳什均衡（Nash equilibria(um)），218, 219

自然选择（Natural selection），vi, vii, 1, 3–6, 19, 20, 34, 50, 71, 73, 88, 94, 101, 104–107, 112, 113, 115–119, 121–123, 126, 129–144, 169, 171–174, 177–179, 181, 185, 186, 188, 192–197, 204, 216, 219, 225, 226, 228, 230, 232, 238, 243, 244, 249

自然选择说明（Natural selection explanation），132, 136, 142–144

新皮质（Neo-cortex），88

新达尔文主义的（Neo-Darwinian），4, 6, 69, 134, 227–229, 231, 234, 235, 243, 245, 249–253

新达尔文主义（Neo-Darwinism），2, 3, 6, 7, 177, 225–245, 249, 253

新达尔文主义者（Neo-Darwinist），66, 78, 79, 88

新古典主义经济学（Neoclassical economics），136, 137

海王星的发现（Neptune (discovery of)），97–103, 105, 108

神经达尔文主义（Neural Darwinism），4, 16, 18

神经网络（Neural nets），58

自由意志的神经生物学（Neurobiology of free will），55

神经化学（Neurochemical），38–40

    抑郁的理论（theory of depression），23

神经科学（Neuroscience），12, 38, 43–48, 54, 55, 58

S. A. 纽曼（Newman, S.A.），205

牛顿法则/理论（Newton's law/theory），98–100, 102, 118

生态位建构（Niche-construction），216, 230, 231

生态位（Niches），123, 202, 216, 230, 231, 252

T. I. 尼尔森（Nielson, T. I.），44, 45, 53, 54

新颖性（Novelty），130, 133–135, 139, 142–144, 230, 232, 243

　　产生机制（producing mechanism），130, 135

M. 诺瓦克（Nowak, M.），56–59

O

奥卡姆剃刀（Occam's razor），26

D. 奥德尔贝尔格（Oderberg, D.），149–151, 155, 160–162

生物体（Organism(s)），3, 6, 48, 53, 55, 68, 74, 76, 79, 107, 140, 179, 181, 182, 185, 191,
　　193–195, 197–207, 211, 213–218, 228, 230–244, 250, 251

生物体中心的（Organism-centered），192, 201, 203, 205, 206

　　approach, 206

　　biology, 201–207

　　environment relations, 192, 201–203

生物的（Organismal），191, 197, 198, 201–204, 236, 237

物种起源（Origin of species），v, 5, 72, 94, 96, 106, 111, 114, 121, 122, 126, 133, 191–192,
　　197, 205–208

P

疼痛（Pain），26, 34, 35, 39, 108, 161, 184, 187

泛心论（Panpsychism），11–12, 20

副突变（Paramutation），250, 251

病理学（Pathology），4, 25, 26, 250, 252

自我的知觉（Perception of the self），49, 56

个性特征（Personality traits），37, 38, 56–61

表型（Phenotype），69, 71, 143, 198, 200–202, 205, 207, 217–222, 228–232, 236, 239, 242,

251, 252

　　表型适应(Phenotype accommodation), 200

　　表型效应（Phenotype effects）, 68, 69, 204

表型修复（Phenotypic repertoire）, 200

可塑表型（Plastic phenotypes）, 221

可塑性（Plasticity）, 6, 17, 52, 71, 199–201, 203, 205–207, 212, 214–216, 221, 231–234, 239, 242, 244. 可参见：可塑表型（Plastic phenotype）

S. M. 普拉特克（Platek, S. M.）, 55

柏拉图（Plato）, 58, 78

K. 波普尔（Popper, K.）, 93–95, 97–102, 106–108, 111–114, 126, 127, 225, 230, 231, 240, 244

正电子放射断层造影术[Positron-emission tomography (PET)], 56–59

预测（Prediction）, 5, 26, 47, 94, 96–98, 100–108, 111, 112, 114, 121, 167, 221

先验概率（Prior probability）, 116, 117

私人语言论证（Private language argument）, 85

概率参数（Probability arguments）, 121, 126

程序记忆（Procedural memories）, 57–59

生产技术（Production technique）, 137–141, 143

心理学（Psychology）, 20, 54, 58, 68, 89, 97

Q

感受性（Qualia）, 12, 17–19

W. V. 奎因（Quine, W. V.）, 11, 13, 20, 100–101

R

种族主义（Racism）, 148, 150, 157–162, 168

V. S. 拉马钱德兰（Ramachandran, V. S.）, 48

随机改变（Random change）, 169, 174

随机突变（Random mutation）, 3, 81, 204–207, 213, 235, 251

瑞利-贝纳对流（Rayleigh-Benard convection）, 51–52

重入活动（Re-entrant activity）, 16, 17, 20

重入（Re-entry），16–17, 19, 20

复制子（Replicator），4, 5, 66–69, 192, 197–199, 201–207, 218, 221

　　复制子生物学（Replicator biology），192, 197–199, 202–204, 206, 207

繁殖（Reproduction），3, 25, 26, 87–89, 92, 131, 135, 136, 143, 144, 168–171, 174, 181, 184, 185, 188, 193, 195, 197, 199, 202, 204, 206, 207

研究（Research），3–6, 24, 40, 59, 69, 80, 90, 95, 98, 101, 106–108, 125, 137, 139–140, 148, 149, 228–230, 232–244

逆转录病毒共生（Retroviral symbiosis），241, 242

环物种（Ring species），152–155

鲁棒性（Robustness），200, 226, 242

T. B. 罗杰斯（Rogers, T. B.），58

D. P. 拉塞尔（Russell, D. P.），46, 90–92, 96

G. 赖尔（Ryle, G.），58

S

H. A. 萨金（Sackeim, H. A.），56–59

R. 萨克斯（Saxe, R.），56, 57

斯堪的纳维亚（Scandinavia），172, 173

E. 薛定谔（Schrodinger, E.），196

次级感官性质（Secondary sensory qualities），49

选择（Selection），vii, 2–6, 15–19, 25, 34, 37–40, 51, 69, 79, 133–136, 138–144, 179, 181–185, 194, 195, 197–199, 204, 205, 212–216, 226–234, 237–239, 243–244. 可参见：自然选择（Natural selection）

因……而受选择（Selection for），34, 38, 40, 122, 143, 195, 214–216

选择优势（Selective advantage），34, 37, 40

　　选择压力（Selective pressures），142, 178, 179, 235

自我（Self），4, 15, 19, 43–62, 85, 199

　　自我归因（Self attribution），56, 57

　　自我意识（Self awareness），6, 55, 148

　　自我面部识别（Self face recognition），55–56

自我认识（Self knowledge），43, 55, 56, 58, 59, 61

自我识别（Self recognition），55

自我关联的（Self referential），55, 58

自我关联（Self relevance），56

自我关联的判断（Self relevant judgments），56–57

自私的基因（Selfish genes），66, 67

语义记忆（Semantic memory），57–59

离别悲痛（Separation distress），4, 35, 38–40

性选择（Sexual selection），88, 180, 181

M. 西尔伯斯坦（Silberstein, M.），52

P. 辛格（Singer, P.），148–150, 155, 161–162

E. 索伯（Sober, E.），106, 107, 114–117, 125, 130, 131, 133, 134, 144, 195, 197, 229, 237

社会达尔文主义（Social Darwinism），72, 73

社会性学习（Social learning），213, 214

社会等级（Social rank），36–37

苏格拉底（Socrates），58

细胞原生质（Somatoplasm），198

精致证伪主义（Sophisticated falsifiability），101, 105, 108

特创论（Special creationism (SC)），117, 118, 122–126

物种（Species），vi, vii, 1–3, 6, 13, 19, 24, 26, 29, 33, 35, 38, 50, 67, 70–72, 74–77, 79, 94–96, 102, 104–106, 108, 120–124, 131–133, 135, 148–163, 171, 174, 175, 179, 184, 185, 193, 194, 197, 217, 229, 232–233, 237–240, 242–244, 252

物种主义（Speciesism），6, 148–151, 153–163

斯宾塞（Spencer），72, 106, 107, 130

斯宾诺莎（Spinoza），46, 91

猎鹿博弈（Stag Hunt game），221

强突现（Strong emergence），51, 52

生存斗争（Struggle for life），191–208

主观自我（Subjective self），18

物质的二元论（Substance dualism），11

最适者生存（Survival of the fittest），72, 79, 94, 95, 101, 102, 106, 107, 163, 230

　　rate, 173, 174

T

技术（Technology），5, 67–72, 77–81, 88, 133, 169, 220

程序目的性的（Teleonomic），204

丘脑（Thalamus），14, 28

进化理论（Theory of evolution），6, 86, 92, 94, 97, 103, 106, 108, 113, 147, 149, 191–192,

　　197, 207, 227

　　力的理论（Theory of forces），131

　　心灵理论（Theory of mind），55, 57

　　神经元群选择理论[Theory of neural group selection (TNGS)]，16

第三脑室（Third ventricle），4, 23–29

时间机器（Time machine），151, 167, 168

G. 托诺尼（Tononi, G.），49–51

M. 图利（Tooley, M.），148

转型进化（Transformational evolution），130, 131

E. 托尔文（Tulving, E.），57

D. J. 特克（Turk, D.J.），56

U

统一的自我系统（Unitary self system），56

　　乌托邦（Utopia），167, 176

V

价值（Values），14, 15, 17, 18, 29, 50, 52, 60, 70–71, 117, 121, 134, 137, 138, 140, 148,

　　178, 184, 186–188

变异（Variation），2, 38, 71, 73, 76, 121, 136, 158, 169, 174, 175, 197, 201, 204, 226–231,

　　233, 244, 249, 250, 253

多样性（Variety），15–17, 20, 55, 56, 73, 92, 133, 134, 138, 139, 192, 227, 228, 230, 233,

　　235, 237, 238, 241, 242

真正原因（*Vera causa*），122, 195

残迹（Vestiges），33, 34, 36, 80, 181

维生素D（Vitamin D），172–173

    Volkow, N.D., 55

    H. 亥姆霍兹（von Helmholtz, H.），195

W

华莱士（Wallace, A. R.），96–97, 104

D. M.沃尔什（Walsh, D. M.），6, 195

W. G. 沃尔特（Walter,），44, 45, 53, 54, 97, 105

G. 沃森（Watson, G.），47, 52, 226

D. M. 韦格纳（Wegner, D. M.），44, 47, 53–54

S. 韦伊（Weil, S.），90

A. 魏斯曼（Weismann, A.），69, 198, 240

M. J. 韦斯特-埃伯哈德（West-Eberhard, M. J.），200, 231–233, 237, 239

W. 休厄尔（Whewell, W.），118

意志（Will），4, 43–62, 90

G. C. 威廉姆斯（Williams, G. C.），177, 181

X

马岛长喙天蛾（*Xanthopan morgani praedicta*），97, 102–107. 可参见：天蛾（Hawkmoth）

    Y染色体（Y chromosome），174, 175

后　记

　　本书的翻译工作始于 2016 年年初，历经两年终于问世。本书面向生命科学前沿，涉及许多艰深的哲学以及社会学问题，并且许多视角在当今看来依然显得另类但却极具启示意义，可能会对未来的科学与哲学研究产生深远的影响，是一部难得的学术精品。这项翻译工作使我受益匪浅，也希望读者们能够喜欢。

　　感谢我的学生陈新雅、郭虹、孙旭男、史中钰、郝怡君、杨宁宁在翻译期间所给予的各种形式的协助。同时也要感谢科学出版社诸位同人在出版过程中所付出的努力，尤其是编辑牛玲、邹聪女士，感谢她们为此的辛苦付出。最后，也要对提供支持的山西大学科学技术哲学研究中心、山西省高等学校哲学社会科学研究项目以及山西省高等学校创新人才支持计划表示感谢。

赵　斌

2017 年 12 月 7 日于山西大学

译 者 简 介

赵斌，1981 年生，山西临汾人，山西大学科学技术哲学研究中心副教授。研究领域为科学哲学，主要研究兴趣是生物学哲学、生物学史。曾赴英国剑桥大学李约瑟研究所、日本横滨国立大学、我国香港岭南大学做访问学者。在《中国社会科学》《哲学研究》《自然辩证法研究》等杂志发表论文 20 余篇，其中多篇被《中国社会科学文摘》《人民大学复印报刊资料》等刊物转载。主持国家社会科学基金项目、教育部人文社会科学研究项目等科研项目多项。获山西省 2012 年度优秀博士学位论文奖、山西省社会科学研究优秀成果奖等奖励多项。